內田悟的蔬菜教室

當季蔬菜料理完全指南

春 夏

保存版

築地御廚店長　內田　悟

前言

我一面持續經營長達三十年的蔬菜店，同時也在五年前開辦「蔬菜教室」。以一般民眾爲對象，在參加人數若達二十人便會爆滿的小小事務所裡，每個月開課一次，教導大家有關當季蔬菜的挑選與栽種法，並發表簡單的蔬菜料理，說明當季蔬菜的魅力與可吃出其美味的食用法。而本書便是從這項活動中，彙集當季蔬菜的處理方法與烹調技術的集大成之作。

以前我曾當過廚師，非常喜歡做菜。在家也幾乎每天都會站在廚房做東做西。距今已近二十年了吧，我不禁想起，自己以前曾用整整兩年的時間鑽研蔬食料理。因爲，我想在烹調上尋求蔬菜的可能性。

結果實在教我吃驚，四季的蔬菜不僅可化身爲主菜，甚至還可調製成高湯或調味醬等調味料，以及只要加入一滴便能使味道完全改變的濃縮高湯。蔬菜的力量，其實非常強大。例如：即使沒有生奶油，也同樣做得出最上等的玉米濃湯；即使不放培根，也同樣做得出美味滿點的義式蔬菜湯（minestrone）；即使不使用魚肉蛋奶類等動物性食材，僅使用蔬菜，也足以做出各式各樣的料理。簡直就是深藏不露！

然而，得以發揮這項潛力的，僅限一部分的蔬菜。沒錯，就是當季蔬菜！產於蔬菜自身的生長時期＝當季的蔬菜，自然輕輕鬆鬆地就成長茁壯；而這股生命力，正是攸關味道的潛力。

我一定使用當季蔬菜來做料理。換言之，我所做的料理，是隨著四季變化、僅有兩個月可享受得到的期間限定料理。話雖如此，我倒認爲這才是原本的蔬菜料理。一種蔬菜的產季結束，緊接而來的則是另一種蔬菜的產季。追著當季蔬菜跑的烹調，縱使忙碌，卻也讓餐桌多了變化，有了四季的主題。大家不認爲這樣的料理其實是很豐富的嗎？

想品嚐到當季蔬菜的美味，就必須視蔬菜如生命。一旦有了這樣的意識，你就會發現蔬菜變化多端，並明白每種蔬菜的狀態都各有不同。爲何蔬菜的形狀與香味會因時期而有所不同？不同部位的美味，又該如何去運用呢？在不斷地自問自答、摸索試做中，自然而然就會注意到，不只是蔬菜的個性，切法也是如此，不同時期的蔬菜，縱切或橫切處理，其味道也將大爲不同。

本書彙整了如此累積起來、屬於我個人特有的蔬菜處理方法與烹調技術。這些技術，與其說是我研究出來的，不如說是蔬菜透過其姿態與香味所教導我的。因此，我相信只要您主動親近蔬菜，自然也會學會這些技術。

蔬菜並非特別之物，而是時常伴隨我們生活左右的日常之物。希望大家能以輕鬆、愉快的心情與蔬菜相處，將它做成料理。然後，一面享受當季蔬菜的美味，一面與家人談天說笑：「好好吃喔！不愧是當季的蔬菜……」這樣的光景如能經常出現在餐桌上，便是我這蔬菜店店長的小小心願。

二〇一二年二月　築地御廚店長　內田　悟

目錄

專欄

《蔬菜的世界》

《內田流》

《蔬菜店店長第30年的想法》

如何使用本書

原產地

透過原產地想像蔬菜生長的環境。這是蔬菜保存的重點所在。

◎原產地

地中海沿岸～西亞

◎產季

4月～5月

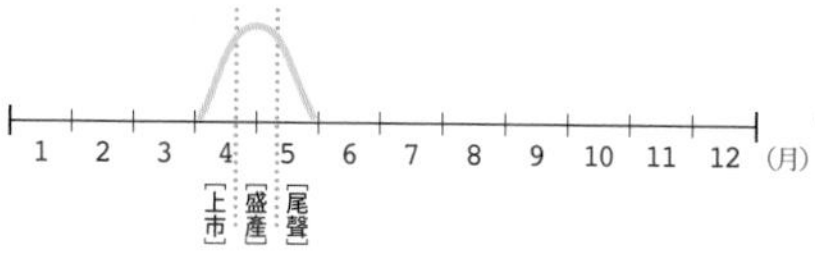

[上市]鮮嫩多汁。

[尾聲]纖維變粗、葉片整體變厚。

◎日本主要產地

長野、香川、福岡

◎臺灣主要產季和產地

3月～10月

屏東、嘉義、花蓮、臺東

產季

產季是以日本國產的露地栽培爲基準，分成「上市」、「盛產」與「尾聲」等三個階段。

[上市]……自上市起的前兩週。水分多、青澀鮮嫩的時期。

[盛產]……出產量增加，風味最好的時期。

[尾聲]……進入產季尾聲的後兩週。水分少、外皮增厚、籽顯而易見的時期。

試著在烹調時，留意一下蔬菜在不同時期的風味差異。

日本主要產地

介紹產量多的地區與盛行露地栽培的地區。

臺灣主要產季和產地

（因應中文版特別增加）

刊載於各類蔬菜專文第二頁下欄的介紹

以內田流的方式介紹該蔬菜的生長狀況、特性，以及烹調要訣等。

如何挑選

辨別蔬菜健康狀態的重點。可作爲挑選蔬菜的參考。

解體

蔬菜各個部位的風味都不一樣。可作爲烹調時的參考。

保存

介紹符合蔬菜特性的保存法。

烹調技術

按烹調流程，依序說明內田流烹調法，幫助大家明白：「原來還有這種方法啊！」知道如何完整提引出蔬菜原有的風味。

簡單的料理

介紹能夠展現蔬菜魅力的簡單料理，同時也會標示出適用該烹調法的產季時期，如上市、盛產或尾聲。

關於食譜的標記

1杯＝200cc；1小匙＝5cc；1大匙＝15cc；鹽1撮＝⅕小匙。高湯的部分，請參閱「蔬菜高湯」（p.23）、「昆布與乾香菇高湯」（p.21）。由於數量與時間，會因季節或蔬菜的大小而改變，請大家視現狀斟酌調整。另外，烹調中如遇到水分不足的情形，也請斟酌加入水或高湯。

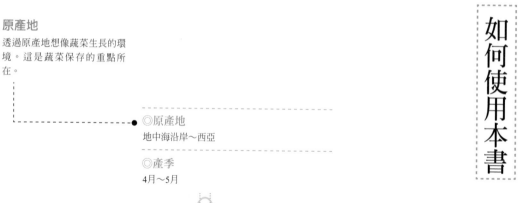

——從拿起蔬菜至完成料理爲止——

漫談內田流規則。

「且聽我道來，
我是如何與蔬菜們相處的吧。」

首先，拿起蔬菜，試著仔細觀察與嗅聞

若要說我的蔬菜料理有所謂的法則，那也是在我每天接觸當季蔬菜的過程中，自然而然建立起來的。

例如：當櫻花落盡、新葉冒出的季節來臨，街道上甫開出五彩繽紛的杜鵑花之際，從北海道送來了第一批的蘆筍。我按捺著勃勃的興致，打開紙箱，從塞得滿滿的蘆筍堆中，取出二至三支，放在手掌心上。接著，我仔細端詳蘆筍，自筍尖看到根部，並試著聞了聞氣味①。嗯，顏色是漂亮的淡綠色，葉鞘分布均勻，香氣清雅宜人。我一面確認蘆筍的狀態，同時也對季節的輪替感到滿心欣喜：啊啊，這正是不折不扣的「當季」蘆筍吶！那這剛上市的蘆筍，該怎麼享用才好呢？想到這，我整個人不禁雀躍起來。

設身處地爲蔬菜著想

享用蔬菜，更要吃出蔬菜的美味。

爲此，有件事我總是銘記在心——由自己主動去親近蔬菜。蔬菜好比人類，各色各樣。按品種或時期的不同，甚至依不同的部位，味道也截然不一樣。譬如說，同爲當季蘆筍，三月產的，鮮嫩而香氣清爽鮮明；而六月產的，質地則較硬，風味也變得更加濃郁。因此，即便是當季蔬菜，其產季期間的風味也不會完全相同。既然如此，那烹調方式也該隨之應變才是。這就是我的基本想法。

畫有※〜〜〜的部分，為重點所在；而標有號碼之處，則於下欄有補充說明。

① 判定蔬菜

風味佳的蔬菜，是按自然的節律，悠然自得地反覆進行細胞分裂、生長茁壯；而蔬菜的生長情況，則會表現在外觀狀貌上。相關詳細說明，請參閱「內田流蔬菜挑選八要點」（p.223）。

氣味也是蔬菜生長情況的表徵之一。

蔬菜是活的。雖然無聲無息，卻很明確地彰顯出自我，絕不任由我們人類擺布。縱使我們有極度渴望做的料理，如果料理與蔬菜的性質不合，做出來的成品也會走樣。所以說，我們要懂得設身處地爲蔬菜著想。只要用心去瞭解今天所買回來的蔬菜之產季、性質與狀態，蔬菜也會以自身最棒的風味來回應。這是我從蔬菜身上所學到的。

至於要吃出蔬菜的美味，首要之事便是維持蔬菜的良好狀態。我在配送蔬菜到餐廳去的時候也是如此，會非常注意蔬菜的保護與保存。蔬菜是活生生的送達我們手上的唯一食材。採收後的蔬菜，不僅水分與養分會不斷流失，也很怕「乾燥」與「空氣」。因此，將蔬菜買回來後，請盡早以報紙或白棉布包裹，避免接觸空氣，並置於少有溫度變化的陰暗處保存②。另外，保有蔬菜原所生長的環境也很重要。例如：茄子就不適合冷藏保存。因爲茄子原本是生長在亞熱帶，不喜歡低溫的環境。

蔬菜的世界中也有親和性之分

那麼，這就馬上來做料理吧！

首先，要決定好菜單。好比說，今天打算要做番茄醬義大利麵，同時也想試著與其他蔬菜搭配。如果是你，你會選擇什麼？竹筍？油菜花？無論搭配哪一種，似乎都很美味，甚至連屬於山菜類的款冬，與番茄也很對味。番茄就是這樣，是心胸開闊的蔬菜，與任何蔬菜都很搭。不過，大多數的蔬菜都有其親和性。既有可以相親相愛、一拍即合的夥伴，也有關係相沖、無論如何就是合不來的冤家。那究竟該怎麼挑選，才不會選錯呢？

---

②蔬菜的保存（p.223）

1 避免接觸到空氣，以防乾燥。
2 以近似原產地的氣候（生長）狀態保存。
3 冷藏保存要置於「蔬果室」。
4 於三～四日內食用完畢。

（注）盛夏時期，以常溫保存爲基本原則的蔬菜，也得放進冰箱「蔬果室」。

A 從包裝中取出蔬菜，讓悶在塑膠袋裡的蔬菜可以喘口氣。
B 以報紙包裹，避免蔬菜接觸到空氣。
C 利用噴霧器補充濕氣後，放進冰箱。
D 如番茄等具追熟*效果的蔬菜或夏季蔬菜，以常溫保存爲基本原則。

*編註：某些水果收成後，放置一段時間，甜味會增加、果肉也會變軟。

其實，這正是**內田流規則1**。話雖如此，這也只是非常粗略的規則。蔬菜的配搭，只要注意到是否爲同種、同季、同科的就行③。所謂的同種，就是指均爲同一種蔬菜；而同季的意思，則是指春季就挑選春季的蔬菜，夏季就挑選夏季的蔬菜。產季相同的蔬菜，因爲生長在相同的氣候環境下，性質自然比較相似。至於同科，便如同蘆筍與洋蔥的組合。二者均爲百合科，這樣的配搭是最讚的。雖然外形有異，卻是屬於同一系統的親戚，在性格上還是會有共通之處。配搭起來，基於相乘效果，不僅能相互襯托出彼此的個性，更能呈現出風味的深度。

只要費點心力去除雜味與澀味，便能展現蔬菜原有的美味

選定菜單所要使用的蔬菜後，接著就是蔬菜的事前處理。

首先，是清洗。春夏的蔬菜，大多爲葉菜或如茄子等垂掛枝頭的果菜，只要以清水沖洗，洗淨髒汙即可。不過，如果擔心卡在葉片間的泥土會影響食用的安全，則可再置於水中浸泡約十分鐘④，減輕顧慮。若過度浸泡，反倒會使蔬菜吸收過多水分，導致纖維損傷，或變得濕軟無味。這便是所謂的過猶不及。

洗淨後，接著就是「事前處理」。蔬菜的事前處理，主要是「去除澀味」和「切削」。那麼，我在此問問大家，請問萵苣有無澀味？事實上是有的。切開萵苣時，可見乳白色液體流出，這就是有損風味的澀味來源。只要是蔬菜，一定都會有澀味。像是：苦味、嗆味，或土味……少了這些雜味，蔬菜就像剝去一層薄皮般，得以如實展現出原有的

③蔬菜的組合
選定主角與配角。二者用量若相當，將難以凸顯蔬菜的個性，因此——
如爲同科，則「主5：配1」；
如爲同季，則「主3：配1」。
以上述的比例作爲搭配的基準，料理的平衡度最好。另外，就算錯過產季，也可採取「剛上市與產季尾聲的蔬菜互搭」的組合（p.11）。

④洗淨髒汙
以大量清水浸泡10～15分鐘，便能減少髒汙或農藥殘留。如果想再徹底去除殘留農藥，則可「撒鹽」、「汆燙」；至於秋冬季的根菜類等，還有「乾製」的方式。

將菜葉完全浸泡在水中。

內田流 1 column

蔬菜們的組合
同種×同種
尾聲×上市

複數的蔬菜相互搭配，可使味道更具深度。我所採用的搭配基準為：「同種×同種」、「同季×同季」、「同科×同科」和「尾聲蔬菜×上市蔬菜」等四種類型。重點就在於二者的比例拿捏。要達到最好的效果，即便是同季、同種，也要決定好主角與配角，並按五比一或三比一的比例來分配分量。至於在過了產季高峰的情況下，若以尾聲蔬菜搭配下個季節的上市蔬菜，也能做出令人意想不到的美味喔！

尾聲×上市

同種×同種

春天的尾聲蔬菜
六月產的蘆筍

×

夏天的上市蔬菜
六月產的青椒

春天的尾聲蔬菜與夏天的上市蔬菜，一起混搭烹調，享受季節輪替的樂趣。熟成蘆筍的濃郁香氣，以及初熟青椒的清涼感，共同演奏出絕妙的和聲。

番茄

×

番茄泥

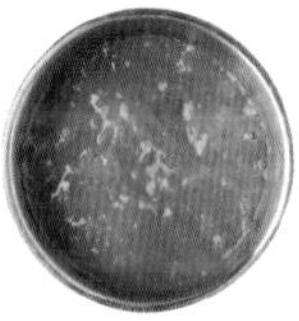

5 ： 1

將以同一種蔬菜搗製而成的泥糊，與其蔬菜本身一同攪拌，做成雙重涼拌蔬食。味道濃厚有勁，得以呈現出蔬菜最道地十足的風味（番茄泥的作法，參閱p.46）。

美味，爽口的高雅風味。

去除澀味，有「泡水」、「撒鹽」及「汆燙」等方法⑤。至於要選用哪種方法，端看蔬菜種類與後續的烹調法而定。話雖如此，無論選用哪種方法都不可過頭。因爲，澀味也算是蔬菜的另一種風味。好比說，山菜的苦味與澀味若完全去除，就像是沒了氣泡的啤酒，一點也不美味！

另外，使用油烹調時，由於高溫的油有助於減輕澀味，因此也可省下一道去除澀味的手續。尤其春夏季的蔬菜，以油煎炒的料理並不少，最好要將這件事牢記在心。

蔬菜料理的烹調，要留意時期與部位

話說回來，希望大家能事先掌握烹調蔬菜時，兩點與蔬菜相關的基本常識。

一是「時期」。蔬菜的產季，呈現山形曲線。先是助跑的上市期（上市的前二～三週），接著迎向產量大增的盛產高峰期，最後是產量平緩下滑的產季尾聲（進入尾聲的後二～三週）⑥。依時期的不同，蔬菜的身體也會有所變化⑦。一般而言，上市期的蔬菜水分多、纖維軟，且因爲仍在生長中，澀味也較重。慢慢地，當蔬菜過了纖維變粗、風味也達香醇臻至的盛產期後，就會開始慢慢走下坡。一旦進入產季尾聲（終盤），雖然蔬菜的水分銳減、外皮增厚且纖維也變硬，但這個時期，正是蔬菜個性最爲鮮明的時候。不僅風味變得更加濃郁，也有的蔬菜變得更難伺候，簡直就像是人的一生……總而言之，一種蔬菜，單只在一季產期裡，味道就有所變化。所以說，我想大家應該都已知道我想說什麼了

⑤去除澀味

1 泡水

蔬菜一經切削，便會出現澀味。請以大量的清水浸泡約10分鐘；同時也要注意別浸泡過久，以免蔬菜的風味流失。

2 撒鹽

於蔬菜上撒滿鹽。澀味將隨同水分一起流出。之後，以清水迅速沖洗。

3 澆熱水、汆燙

將蔬菜平鋪在竹篩上，均勻地澆下熱水；或是放入沸水滾煮數秒鐘後，再撈起也行（汆燙）。

吧？沒錯，烹調法也必須跟著改變。

同樣地，烹調法也要按蔬菜「部位」的不同而轉換。所謂的「部位」，就是指葉、莖、根等，蔬菜身體的各部分。當然，每個部位都有其特徵。說得更明白些，有的蔬菜，即使同是菜葉，葉片內外側、上下方的味道就有所不同。像萵苣就是最佳的一例。如果想好好善用其中央葉片的細膩脆嫩口感，那最好要與質地已變硬的外側葉片分開處理。

本書會逐一介紹每種蔬菜於不同「時期」及不同「部位」的特徵，希望能夠作爲大家的參考。

按時期調整切法，蔬菜的風味將有驚人的變化

確認好蔬菜的基本狀態後，接下來，就要進入「切削」的階段。

「切削」的作業，是決定蔬菜味道好壞的重要步驟。切絲、橫切圓片、切滾刀塊等，按切法的不同，蔬菜的口感也會有所改變。刀功越純熟，味道也越精緻。然而，在這之前，希望大家別忘了我前述提到的「時期」與「部位」。好比說，舉黃瓜爲例。黃瓜切片並非永遠好吃，將剛上市的黃瓜切片反倒會苦苦的。因爲，這時期的黃瓜若切斷纖維，容易產生澀味。所以，不如改爲縱切，好好享受那水嫩多汁的口感。

如此這般，**內田流規則2**便是「上市期採縱切，產季尾聲採橫切」⑧。這項規則幾乎可以套用在所有蔬菜上，只要配合時期改變切法，蔬菜的味道便截然不同，大家不覺得這眞的是很簡單的技術嗎？請務必要試做看看，親自體會效果。

---

⑥ 產季的遷移

雖說因菜種而異，不過每個產地的蔬菜產季多半約爲二週。春夏季蔬菜的產季，由南部產地往北推進；秋冬季蔬菜的產季，則由北部產地往南推進。

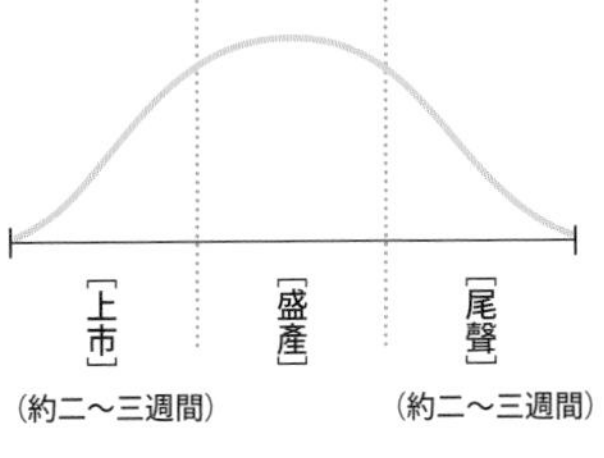

⑦ 按時期改變的蔬菜身體

蔬菜是透過名爲「導管」的管道，吸收水分來生長。由於導管的狀態會影響蔬菜的風味，所以要適時調整蔬菜的切法（p.14）。

⑧ 上市期採縱切，產季尾聲採橫切（參閱p.14）。

內田流 ❷ column

蔬菜的身體與烹調法

導管與切法、加熱

蔬菜在構造上，有用來吸收水分、名為「導管」的細管。還在生長中的上市期蔬菜，由於需要大量的水分，導管自然較細也較多。另外，這時期的蔬菜若橫切，容易有澀味，是因為蔬菜不喜歡導管被切斷。為了制止導管再被切斷，因此才以澀味進行抵禦。不過，越接近產季尾聲，已達成任務的導管就會變粗，而蔬菜的含水量也會跟著減少。基於此項特徵，建議大家要按時期的不同，來調整切法與加熱的方式。

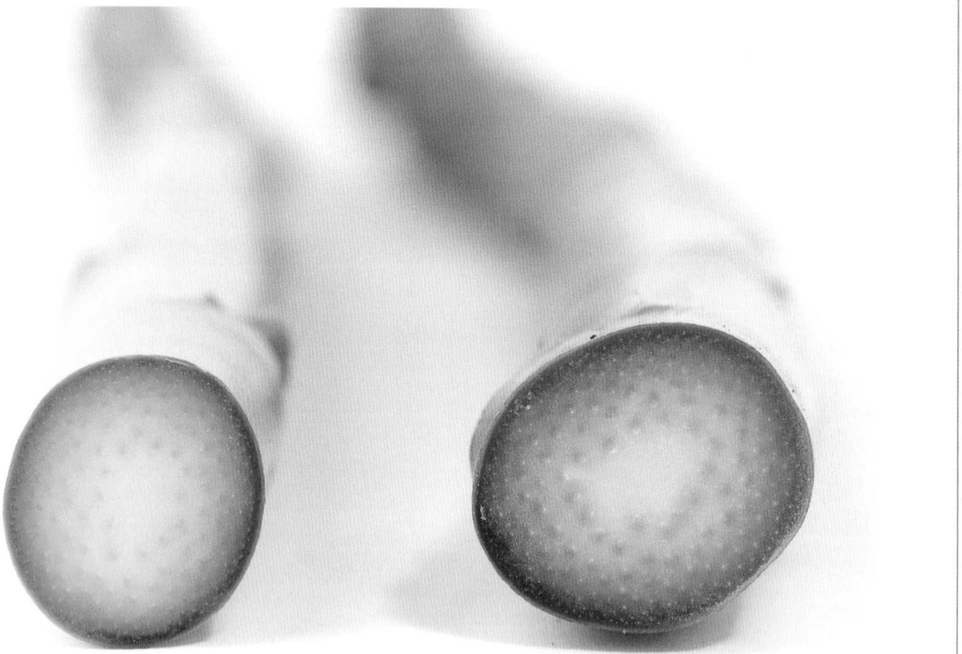

上市
導管較細。
外皮薄且柔嫩。

尾聲
導管變粗。
外皮變得又厚又硬。

上市期的蔬菜「縱切」，產季尾聲的蔬菜「橫切」

上市期的蔬菜水分多，採不會切斷導管的縱切法；產季尾聲的蔬菜因水分減少，外皮增厚變硬，改採橫切法，比較容易食用。

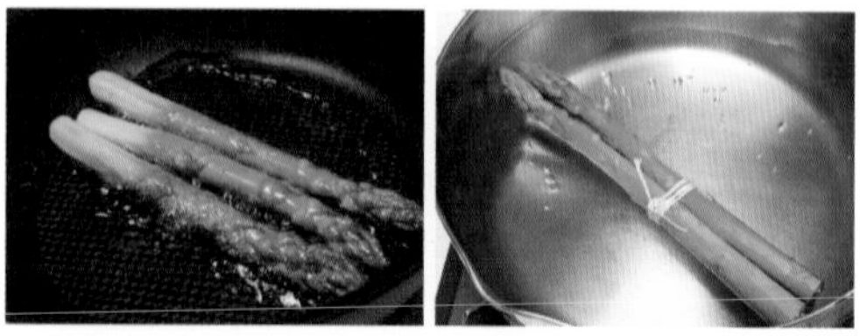

上市期的蔬菜用「油」，產季尾聲的蔬菜用「沸水」

上市期的蔬菜水分多，與油的親和性高，適合炒、炸；產季尾聲的蔬菜因水分減少，則要以水煮的方式來補充水分。

說到澀味，菜刀的使用方式也有影響。而我所採用的方式是「拉切法」（**內田流規則3**）（p.17）。以刀尖下刀，迅速拉切。如此一來，既不會重傷纖維，也不會給蔬菜帶來負擔。如果用推切，大家不覺得蔬菜似乎會發出悲鳴嗎？事實上，推切確實容易破壞纖維以致產生澀味，並破壞口感。

另外，對葉菜而言，金屬是一大忌諱。菜刀一切下去，馬上就會產生澀味，吃起來也不順口。因此，處理葉菜時，盡可能不要使用菜刀，最好改以手「摘折」、「剝碎」（p.17）的方式。

加熱時，要意識到「水」

終於來到緊要關頭──「加熱」的階段！加熱，不只是讓蔬菜過火，更是「提引出蔬菜原有美味」的重要步驟。常言道，要好好善用食材的味道。而加熱正是重要關鍵所在。透過加熱，促使食材的成分產生變化，展現風味與香氣。在這裡，若無法引出食材的風味與香氣，即便想靠調味料扳回一城，最後還是會被調味料的味道蓋過去，嚐不出蔬菜的美味。

雖然以「加熱」一言蔽之，但方法卻有百百種。例如：「燙」、「炒」、「炸」、「煮」⑨。每種加熱法都各有展現蔬菜風味的竅門；而針對不同的蔬菜，也各有適合與不適合的加熱法。有關這部分的說明，我會各別放在各種蔬菜的介紹專欄中。在此，想先跟大家說明兩件事。

⑨ 加熱的竅門

1 氽燙

將蔬菜放入大量的沸水中氽燙。待顏色變鮮豔後，立即撈起。

2 瀝乾水分

氽燙過後，將蔬菜移至竹篩上，以團扇搧風冷卻。若浸泡冷水，反倒會使蔬菜變得濕軟無味。

3 水煮後處理

撒上鹽，保持蔬菜的鮮豔色澤。氽燙過後，如還要以油烹調，則可事先拌入油，避免氧化。

一是方才已說過的「時期」與加熱的關係⑩。由於蔬菜在上市期與產季尾聲的含水量有所差異，加熱的方法也得跟著改變。好比說，以蘆筍爲例。四月產的蘆筍脆嫩多汁，加熱方式絕對是以油烹調尤佳。因爲油可抑制多餘的水分和澀味，將美味封鎖起來。那進入產季尾聲的六月蘆筍，又如何呢？到了這時期，不僅水分減少，纖維也變老硬化。所以，要藉由充分水煮來補充水分，並從纖維深處提引出風味。這種作法，才合乎蔬菜在這時期的自然法則。

二則是借用「水」力量的技術。之所以會稱爲技術，是因爲水（熱水）的使用方式，即爲引出蔬菜風味的關鍵所在。

例如，「汆燙」葉菜。看似簡單，但要汆燙得好卻意外地困難，經常不是汆燙得太爛，就是汆燙得不夠熟透。水量、溫度及汆燙的時間，對熱水的控制，將影響到汆燙成果的好壞。譬如，汆燙毛豆時，水不可燒到開，因爲豆子會變硬。只要以水面湧起波紋的溫度即可。

能夠讓水的力量更加大放異彩的，說來出乎意料，其實是「炒」。大家可能會想：炒菜明明用的是油，爲何說是水的力量呢？然而，光只用油炒，就算過了火，也提引不出蔬菜原本的味道，所以才需要水！我在炒油菜花或竹筍時，都會加一湯匙、不，視情況而定，有時甚至會加到一湯勺的水。這般作法，或許該說是炒蒸吧。在加熱中，蔬菜的纖維會變鬆軟，一點一滴滲出自然美味。接著，若再加入約一小撮鹽，一度滲出的美味便會再度被蔬菜吸收進去。換言之，蔬菜成了自身的美味，而且美味也變得更有深度。

引味，入味。作爲其媒介的，正是一勺的「水」。只要事先將這影像刻劃在腦海裡，

4 炒

爲了避免受熱不均，蔬菜要平鋪鍋內，不可重疊。

5 炸

油的溫度約170℃。以高溫一口氣蒸發掉水分，不使蔬菜過油膩。

※所謂油溫170℃，是指麵衣糊滴入油鍋內，會先下沉至油深度的一半，然後再浮上油面的狀態。

6 煮

煮的同時，記得要勤於撈除渣沫，這樣便能煮出乾淨的味道。

內田流 ③ column

溫柔對待蔬菜、不施加壓力的技法

拉切、以手摘折

蔬菜很不喜歡壓力，若以不鋒利的菜刀，使盡蠻力硬切，就只能眼睜睜地看著風味流失。因為纖維受到損傷，澀味便會跑出來，口感也會變差。因此，要使蔬菜釋放出的風味更上層樓，就該溫柔對待，不給予任何負擔。切菜時，得放輕力道迅速拉切，讓蔬菜絲毫不察：咦？我什麼時候被切了啊？另外，直接以手輕柔地剝折菜葉，蔬菜的味道也將截然不同。

拉切
以鋒利的菜刀刀尖，朝身體方向迅速拉切。

以手剝開
沙拉首重口感與風味。於生菜莖軸處劃上一刀後，再以手輕輕剝開，避免傷及纖維。

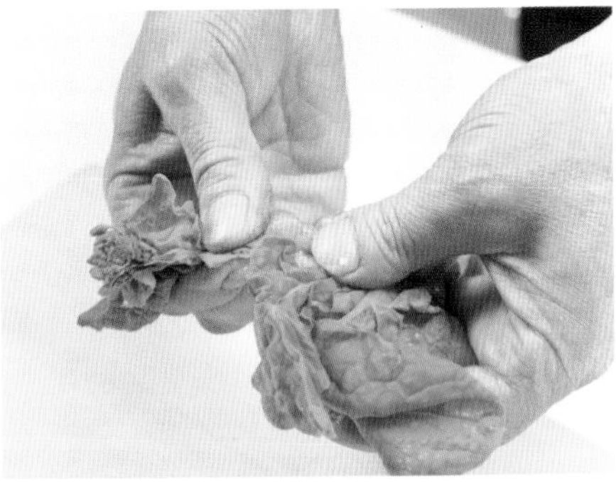

以手摘折
菜葉很討厭鐵鏽味。因為容易跑出澀味，不只菜葉，連菜莖、菜根也都以手摘折。

一氣呵成
削皮時，若過於慎重其事，反倒會傷及纖維。下刀要一氣呵成，迅速削下可收入手掌心的大小。

平行刨削
將蔬菜置於砧板上，一口氣迅速平行刨削。竅門在於，要選用可以將皮漂亮削淨的削皮器。

炒菜大多不會失敗。這便是**內田流規則**4（p. 19）。

另外，就算是不須加熱的烹調，也很需要水的力量。沙拉即爲典型的一例。要做出一道清鮮爽脆的沙拉，一定得補充蔬菜水分，賦予活力。因此，在調味之前，絕不可省略「泡水」⑪的工夫。

接著，決定味道的時刻終於到來。我們將進入「調味」的階段。

若以蔬菜爲本位來思考，調味也有親和性。就我自己的經驗法則而言，蔬菜與蔬菜的味道最搭⑫，尤其以「蔬菜高湯」⑬爲最。蔬菜高湯是以洋蔥、芹菜或胡蘿蔔等香味蔬菜⑭爲基底，再加入當季蔬菜，燉煮一小時製成的蔬菜高湯。我在做蔬菜料理時，只會使用這道高湯。因爲蔬菜高湯與任何蔬菜都很搭，而且還能提引出蔬菜的風味。實際使用起來，效果確實驚人。光只用蔬菜，便足以展現出無比美味。當然，按做菜需求的不同，有時我也會使用昆布或乾香菇的高湯。這些高湯跟蔬菜配起來也很搭。

不僅如此，更厲害的是，蔬菜本身也可以作爲調味料。例如：將蔬菜煮到熟爛，再以果汁機打成「泥糊」⑮。這正是將蔬菜原有的美味濃縮其中的蔬菜精華。以番茄爲首，又如油菜花、茄子、玉米及香味蔬菜……等大多數的蔬菜都可搗製成泥，並散發出驚人的強烈風味。因此，蔬菜也是一種調味料。好比說，將竹筍搗製成泥，淋在乾煎竹筍上，這便是實實在在的竹筍風味，也是好吃到令人飄飄然的人間美味。

---

⑩「時期」與加熱
蔬菜在導管細小的上市期，以及導管變粗大的產季尾聲，含水量不盡相同，所以加熱方式也得跟著調整。（p. 14）

⑪泡水
將蔬菜浸泡在大量清水中，讓纖維補充水分，賦予活力。但要注意別浸泡過久，以免損害纖維，導致美味流失。

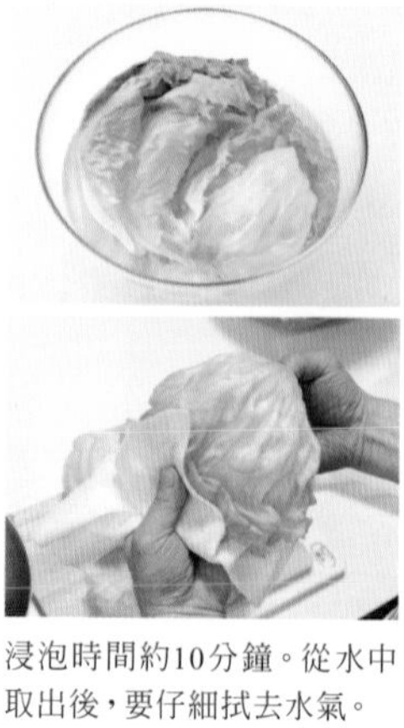
浸泡時間約10分鐘。從水中取出後，要仔細拭去水氣。

⑫蔬菜與蔬菜最搭
這是我個人的基本觀念。如果是風味倍增的當季蔬菜，即使不加動物性美味就很好吃，同時也能提引出強而有力的味道。

⑬蔬菜高湯

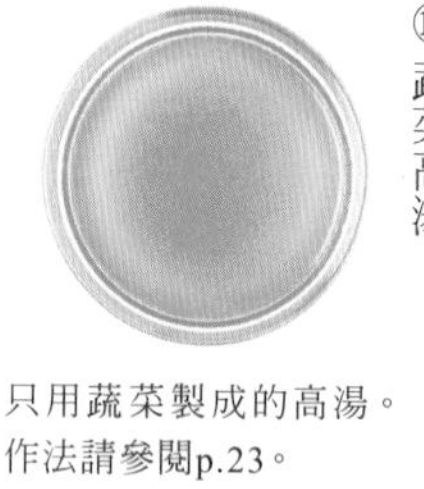
只用蔬菜製成的高湯。作法請參閱p.23。

內田流 4 column

借用水的力量

提引出蔬菜的味道，炒出一盤美味蔬食的關鍵

將蔬菜約略炒過並加水，維持大火，放著不動。當水開始沸騰、蔬菜也變軟了，這就是味道從纖維裡被釋放出來的信號。而蔬菜的表情看似也有所軟化。

縱使以足夠的油，花時間慢慢炒，但有時蔬菜依舊看起來毫無生氣，根本吃不出美味。這是因為蔬菜的味道沒有被提引出來，味道藏在纖維裡。纖維若沒有鬆軟，那麼味道便難以被釋放出來。所以，我們要加水。加入約一大匙～一杯的水，然後再加熱。這麼做，相信蔬菜也會感到通體舒暢。當蔬菜放鬆了，自然就會釋出味道。不過，味道統統跑出來，這也令人頭大。必須想辦法讓味道再回到蔬菜裡去。因此，要加鹽收味，讓一度跑出來的味道再次被蔬菜吸收。如此一來，蔬菜不僅富有原本的味道，而且味道也變得更有深度了。

由於泥糊還可以變化成調味醬、沾醬，甚至湯品，若有預先多做一些冷凍備用，那就十分方便。希望大家能試著將各種蔬菜製成不同的泥糊享用，讓身體牢牢記住蔬菜的原有味道。

發酵調味料×鹽×水

再來，則是調味料。只要備齊最基本的調味料，對蔬菜料理來說，便已十分夠用。我所使用的，有鹽、發酵調味料，以及「加熱」時也會用上的水。發酵調味料的原料來自植物，與蔬菜的親和性佳；而鹽巴則可引出並提升食材的美味。根據搭配方式，不僅可調製出好幾種不同的味道，若再加上三種油——菜籽油（沙拉油）、橄欖油和麻油，更可自由自在地變化成和風、洋風或中華風料理。

不過，無論哪一種調味料，都只是輔助蔬菜的幕後功臣。要是使用過度，調味料的味道將喧賓奪主，壓死蔬菜的味道。還請大家善用自己的舌頭，親自找出最恰當且最有效的「斟酌」竅門。p. 21所整理出的資料，便是我歷經百般嘗試後，認爲是最棒的調味比例和變化方式，提供給大家參考。

啊，對了！還有兩個絕不可忘記的調味料小幫手——「大蒜」和「薑」⑯。我稱呼它們爲調味雙強，在提引味道深度上，是必備的食材。大蒜、薑各別使用，或大蒜×薑使用，這三種使用方式，眞不知將會使料理的味道變得有多深多廣。因爲，大蒜與薑是千變萬化的。

⑭ 香味蔬菜

香味三兄弟：「芹菜」、「胡蘿蔔」、「洋蔥」。味美且香氣豐富，是提味不可或缺的食材。

⑮ 泥糊

將當季蔬菜煮至熟爛，再以果汁機打製而成。加入其他蔬菜或高湯，也可做成沾醬、湯品等多種料理。作法請參閱 p. 77。

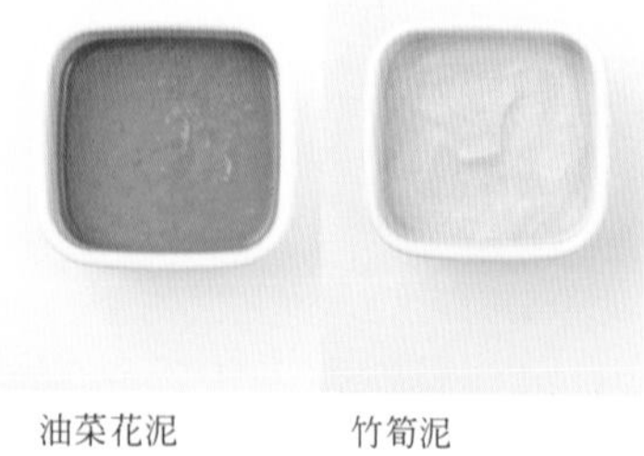

油菜花泥　竹筍泥

內田流⑤ column

調味料的使用方式

和風高湯

「昆布」味美，「乾香菇」香氣佳。在認為僅有蔬菜的味道仍稍嫌不足時，會讓我想混搭二者，協助增加風味。

+

混合配搭的比例基準 1：1

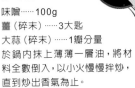

乾香菇高湯

香氣佳為其特徵。適合搭配根菜類。比起單獨使用，與昆布高湯混搭，味道的平衡更好。

乾香菇（中）……3朵、水……5杯

將乾香菇浸泡水中，靜置半日。浸泡後的香菇水可作為高湯使用。若趕時間，直接開大火煮開也行。至於泡軟的香菇，則可用來滷煮或油炒。

昆布高湯

特徵為含有豐富的麩胺酸，且味道淡雅。適合搭配葉菜類或果菜類。

昆布……10㎝×10㎝、水……5杯

將昆布浸泡水中，靜置一晚（夏天則放進冰箱）。開始熬煮時，先讓昆布在水中浸泡1個鐘頭，然後再開中火加熱，並於水滾沸前將昆布撈出。

決定蔬菜料理味道的黃金比例

經反覆嘗試後，最終找到的比例為「高湯3：醬油2：味醂1」。這比例與大多數的燉煮蔬菜或油炒蔬菜都很對味。味道恰到好處，既不會過濃、過鹹，也不會過甜。與蔬菜完全融為一體，充分入味。大家可以用這個比例為基準，試著變化出屬於自己的高湯味道。

高湯 3（※）

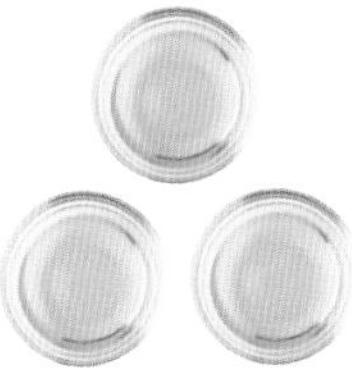

＋

醬油 2

＋

味醂 1

※可以是蔬菜高湯、昆布高湯、乾香菇高湯，或是水等其中之一。

保存、混製調味料

花一點工夫自製的保存、混製調味料，如有事先做好存放，要使用時就很方便。以下五種調味料，無論哪一種都相當好用。

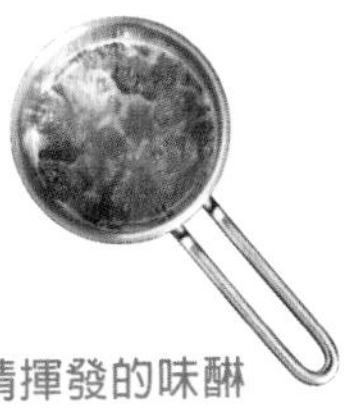

酒精揮發的味醂

將味醂煮開，直至酒精完全揮發。濃縮的美味與甜味，可用於涼拌或醋漬菜上。

酒精揮發的醋

將醋煮開，直至酒精完全揮發，讓美味濃縮其中。調不出好味道時，只要加入一滴，風味就會更加緊緻。

焦燒醬油

於醬油裡加入薑，煮至濃稠狀。炒菜時，或覺得蔬菜味道不夠時，可加入一滴。醬油50cc，薑片1片。

使用醬油時，鹽巴也一併用上

鹽巴能夠讓醬油的美味與蔬菜完美融為一體。使用醬油時，請務必要加入一撮鹽。在二者的美味互補之下，蔬菜的味道會變得更濃郁。一旦養成習慣，就容易調出好味道。

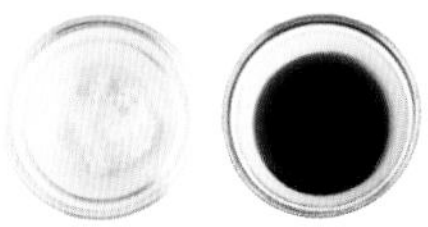

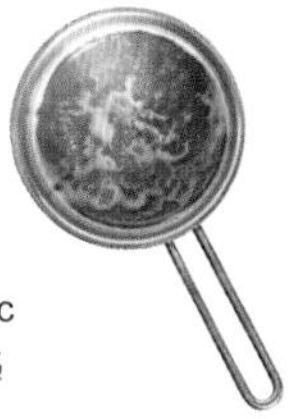

甜醋

醋……100cc

味醂……100cc

粗糖……2大匙

鹽……⅓小匙

將材料倒入鍋內，以中火煮開，讓酒精完全揮發，並持續熬煮至整體的量約剩下⅔左右。粗糖的量，可依個人喜好調整。

炒味噌

味噌……100g

薑（碎末）……3大匙

大蒜（碎末）……1瓣分量

於鍋內抹上薄薄一層油，將材料全數倒入，以小火慢慢拌炒，直到炒出香氣為止。

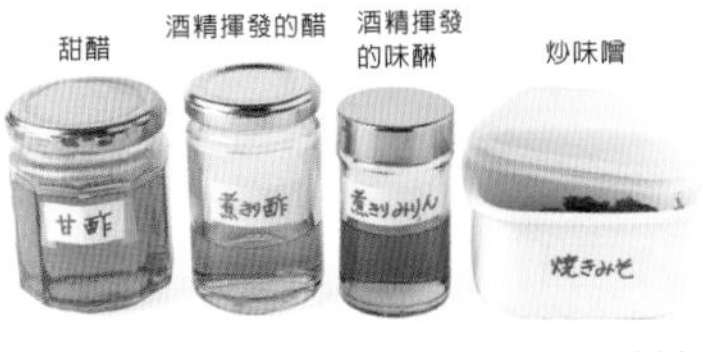

裝於煮沸殺菌過的瓶罐內冷藏保存。可保存一個月以上。

以滿滿的愛來擺盤

終於來到最後的階段了。說到料理的畫龍點睛，自然就是最後的擺盤。就我個人而言，擺盤有點像在繪圖。器皿是畫布，然後用蔬菜來畫圖。藉由整型、配色，爲料理劃下完美的句點。這是令人興奮的一刻。話雖如此，擺盤並無技術可言。只要你溫柔地對待蔬菜、充滿關懷，讓蔬菜看起來略顯光鮮亮麗就好。

最後，我要告訴大家，我的蔬菜烹調技術，全都是蔬菜教給我的。每天站在廚房，與蔬菜朝夕相處久了，蔬菜本身就會告訴我：切了會如何？汆燙了又會如何？我很熱衷於這般反覆的嘗試。因爲，在這個過程中總會有新發現。而現在的我，其實也還處在一直不斷有新發現的階段。

但願你也能親身體會到每天總有新發現的樂趣，找到屬於自己的作法。我的技術所擁有的，就是如此簡單的要訣。

⑯ 大蒜與薑

即便不使用動物性食材或調味料，只要懂得善用大蒜與薑，同樣也能賦予料理美味、增加味道的變化。另外，薑蒜與發酵調味料、油也有很好的親和性。（p.177）

只有蔬菜的高湯

春與夏的蔬菜高湯

一旦做到熟練，蔬菜料理就變美味了

只有蔬菜，味道究竟能有多好？這是我長久以來，在做蔬菜料理上，一直有所執著的事。當然，並非素食主義者的我也會吃魚吃肉，但身爲蔬菜店店長，不免想徹底追求蔬菜的可能性。

於是，因爲這份探究心，我開始以自己的方法，試做只用蔬菜熬製而成的蔬菜高湯。歷經百般嘗試後，最後完成的，便是這道「蔬菜高湯」。步驟非常簡單，只要將當季蔬菜與香味蔬菜下鍋一起熬煮，然後再過濾就行了。不過，要做出滿意的味道，每一次的過程都艱辛無比。因爲蔬菜即使是同產季，從上市期直至產季尾聲，味道也會不斷改變；再者，按產地與品種的不同，蔬菜的味道也不一樣。所以，基本作法固然相同，每次做還是都得進行調整。例如，試著增加蔬菜的量、改變炒菜的方式，或是增減鹽的用量等等。縱使如此，我仍非常享受這樣的過程，在等候熬煮的同時，也滿心期待蔬菜們能努力釋出好味道。因此，當確實熬煮出心目中理想的高湯味道時，那一刻是最令人開心的了。被那晶瑩剔透的琥珀色液體吸引而去的我，夢想就此展開。那麼，接下來該用這高湯做什麼才好呢？

蔬菜高湯的基本作法

材料［完成的量約1ℓ～1.5ℓ］

A・炒蔬菜

- 洋蔥（中）……1個（200g）→**縱切塊**
- 胡蘿蔔……½條（100g）→**滾刀塊**
- 芹菜莖……⅓支（50g）→**切段**
- 長蔥（蔥白部分）……1支（50g）→**切段**
- 大蒜……2瓣→**剝皮、切片**
- 橄欖油……1大匙

B・另行炒的蔬菜

- 菇類（蘑菇、鴻喜菇等）……150g→**蘑菇對切**
- 橄欖油……少許

C・事後加入的蔬菜

- 番茄（小）……1顆（100g）→**去蒂，顆粒較大者則對切**
- 高麗菜……約⅙顆（200g）→**剝成大片**
- 蕪菁……1顆（80g／摘除葉片）→**切成4等分**
- 薑片（去皮）……1片
- 月桂葉……1片
- 胡椒粒（黑）……4～5粒
- 鹽……1撮

礦泉水……2ℓ

1 炒**A**的蔬菜。將橄欖油和蒜片預熱爆香後，依序放入洋蔥、長蔥、芹菜和胡蘿蔔拌炒，炒至蔥蒜類的辛臭味完全消失爲止。**B**的菇類，如果與其他蔬菜一起炒，容易釋出水分；因此待**A**的蔬菜炒完後，再於同一平底鍋倒入少許橄欖油拌炒。

2 湯鍋內加水，放入**1**和**C**的所有材料。以大火煮開，並撈除渣沫、浮油後，轉小火慢慢熬煮出蔬菜的精華。只要以讓水維持小滾狀態的火候來熬煮，煮出來的湯就不會混濁。

3 熬煮約1.5～2小時。待煮出味後，先原鍋靜置冷卻，接著再進行過濾。將高湯裝入寶特瓶，放冰箱冷藏，或冷凍保存也行。

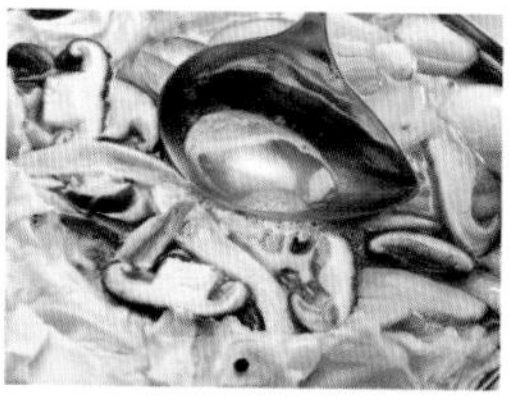

※味道的調整，從菇類和番茄的部分下手。其分量的多寡會左右高湯的味道。

※無論哪種蔬菜，都不要加入葉片。這是造成嗆味的原因所在。

※夏天，除了C的番茄外，其餘蔬菜都要下鍋炒。為了預防腐敗，薑一定要加。當浮在水面上的材料全都沉下鍋底，這就表示高湯已熬煮完成。

《蔬菜殘渣的使用方法》

蔬菜殘渣的部分，也可以這樣二度利用。

1 續煮第二鍋高湯。再添一次水，開火熬煮、過濾。可用來炒菜，或作爲滷菜的芡汁。

2 加入咖哩醬。使用果汁機將蔬菜殘渣與稍多的水打成泥，加入咖哩醬，增加濃稠度。與海鮮咖哩等很對味。

《沒時間的簡易蔬菜高湯》

材料［完成的量約500cc］

胡蘿蔔・芹菜……各4cm、洋蔥……½顆、薑片……1片、菇類（手邊有的）……80g、鹽……1撮。

作法

以滾刀切將材料切成適當大小，放入鍋內並加入3杯水，以中火熬煮。撈除渣沫，繼續熬煮20～30分鐘，別讓水滾沸。待高湯冷卻後，再進行過濾。

季節《3月～6月初》

盛產於春天的蔬菜

春天的新芽蔬菜，都是主張強烈的個性派。
如搗製成泥，將風味濃縮其中，
再巧妙地與發酵調味料搭配，
蔬菜們的個性必定嶄露無遺，而春天的氣息也將化爲美味。

油菜花　帶根山芹菜　番茄　水芹　竹筍　芹菜　土當歸　山菜　豆瓣菜　萵苣　蘆筍　蠶豆　款冬

第一陣春風吹起，群樹搖曳，新芽蔬菜正式登場

誠如「春夏秋冬」所言，春是一年的開端。從番茄、萵苣，直到野生的山菜，各色各樣的蔬菜紛紛上市。然而，若談到春日的主要說書人，無庸置疑，肯定是新芽蔬菜。立春過後，沒多久便吹起第一陣春風，山間群樹隨風搖曳；然後，當第二陣春風吹起，這次則撼動大地，新芽蔬菜登場的季節終於來到。

最先突破大地、探出頭來的，是竹筍與款冬。於山腳下日照較佳之處，「嘣」地冒出小小的頭。它們先靜悄悄地窺探四周，隨後立即加快生長的速度。到了這時候，不僅鄉間的桃花盛開，連田裡蠶豆的豆莢也開始鼓起。水與空氣漸漸回暖，從鹿兒島北上的油菜花前線抵達東部，而櫻花前線也開始在日本各地奔竄。接著，按地域的不同，當盛開的油菜花將大地染成一片金黃時，蘆筍也跟著正式登場。

另一方面，過了四月中旬，遲來的春天降臨北部地區。群山的融雪化爲冷冽的清澈水流，注入河川，流往鄉間。這時，在小河邊與田地水渠邊，五加科的土當歸、莢果蕨等山菜以及水芹，也開始爭相冒芽。大地的每處角落都有生命萌芽。新的一年又開始了。通報我們這消息的，正是春天的蔬菜們！

面對新芽蔬菜，要選擇能凸顯其強烈個性的烹調法

在春意淡薄的寒空下，突破大地生長而出的新芽蔬菜，生命力顯得格外堅強。不僅如此，其個性也十分鮮明且主張強烈。至於帶有點苦澀的獨特風味，則是它們爲了防止蟲鳥啃啄而啓動的防禦措施。因此，要是食用過量，對我們的身體而言，也會造成些許負擔。

想凸顯出這些個性派蔬菜的魅力，首先得牢牢記住它們所聲明的主張。有的蔬菜怕熱，如豆瓣菜；也有的蔬菜渴望充分加熱，如款冬。大家要先弄清楚每種蔬菜的優缺點，再來選擇烹調法。

烹調方面，有件事還請各位銘記在心：春季蔬菜與發酵調味料的親和性極佳。春季蔬菜富含礦物質，易與發酵調味料的美味成分——胺基酸相互結合。好比說，醬油、味噌與味醂。這些調味料都會完美凸顯出蔬菜的苦澀味。另外，春季蔬菜與油的親和性也很棒。簡單地說，上市期蔬菜的魅力就在於，以油烹調，不僅能去除澀味，還能保留住香氣。

再者，春季蔬菜也非常適合搗製成泥。若製成可使其個性濃縮其中的蔬菜調味料，風味就更顯濃郁。本書 p. 77 有介紹製作方法，還請大家試著挑戰看看！

如要將油菜花做成涼拌鮮蔬，
我會選擇「山葵」更勝於芥末。

油菜花

［十字花科］

◎原產地

北歐、地中海沿岸、中亞

◎產季

2月～3月

1 2 3 4 5 6 7 8 9 10 11 12 (月)
[上市] [盛產] [尾聲]

[上市] 鮮嫩多汁，澀味較強。適合以油烹調。

[尾聲] 因質地變老，須充分水煮。一旦開花便進入產季尾聲。

◎日本主要產地

香川、德島、三重、千葉、福岡

◎臺灣主要產季和產地

12月～2月

彰化、台中、苗栗

油菜花前線於立春後，從日本南端開始起跑。

對我而言，提及春天，就會想到油菜花。立春一週後，以第一陣春風爲信號，油菜花前線開始從日本南端一口氣往北直衝而上，並帶著獨特的苦甘味與香氣巡訪列島，通報春天的到來。儼然就像是春天的使者。不過，在這短暫的產季裡，油菜花的味道無時無刻都在改變。剛上市的油菜花細緻多汁，之後慢慢就會越變越粗糙，直到產季尾聲，開出花來時，不僅質地老硬，嗆味也變重，實在令人難以下嚥。因此，大家要趁二～三月這段時間，好好享受油菜花的美味，感受春天的氣息。

爲了避免破壞油菜花獨有的苦甘味，請勿使用菜刀，直接以手摘折。首先，以手折斷花苞、菜莖，然後再輕輕摘下葉片。如此一來，便能抑制澀味，而味道也會變得更柔和。另外，油菜花在汆燙過後，不必再泡冷水，只要平鋪在竹篩上放涼即可。這樣才能保持鮮綠的色澤、留住香氣。

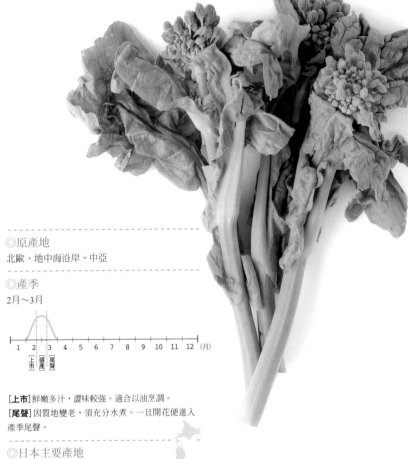

解體

不用菜刀。將油菜花分成花苞、莖、葉等三部分，以手摘折。

首先是解體

分解成「花苞」、「莖」及「葉」等三部分。解體的用意在於，受熱才會比較容易平均。不用菜刀，直接以手摘折。

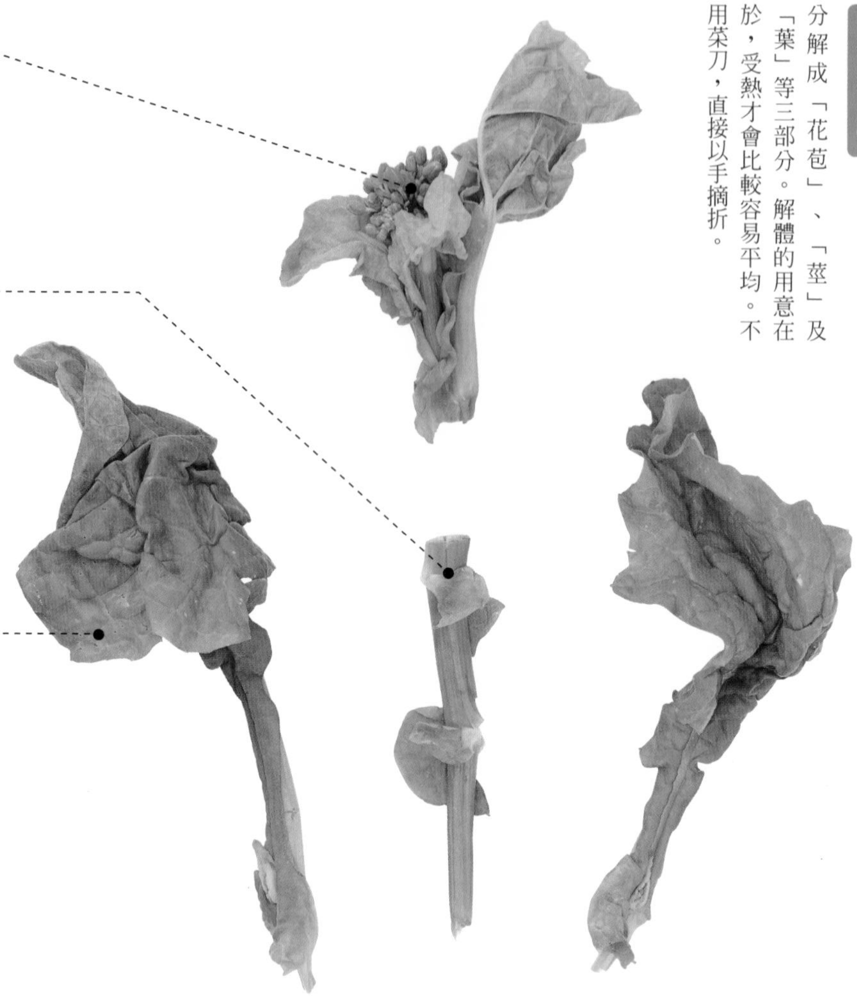

◎如何挑選◎

1 花苞紮實。

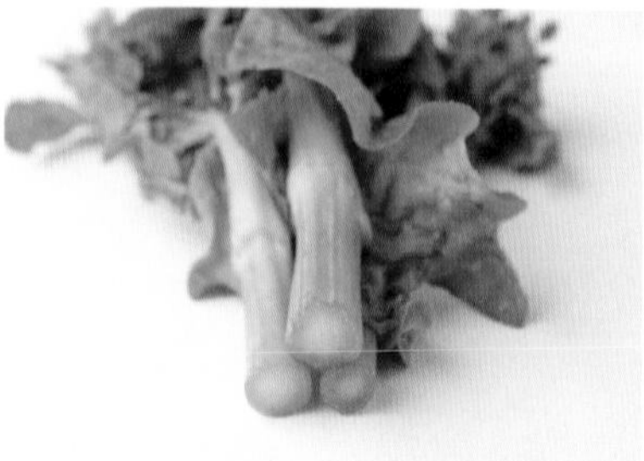

2 莖桿粗碩，橫切面呈圓形、脆嫩多汁。

3 葉脈大體上左右對稱，色澤爲淡綠色。

花苞

特徵◎油菜花特有的苦甘味顯著，擁有花苞才有的香氣與口感。以開花前的味道尤佳，開花後則苦味加重、香氣減退。

料理◎涼拌／溫沙拉／清湯

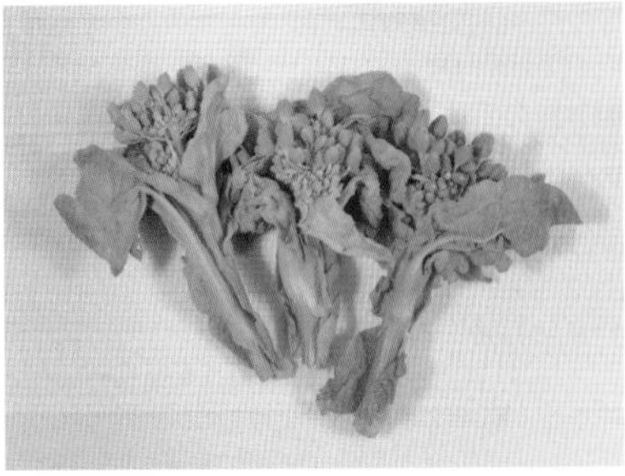

莖

特徵◎內部有輸送水分的管子（導管），而容易有澀味。剛上市時，青嫩多汁；進入產季尾聲後，由於質地變硬，使用前得先將下半段切除。

料理◎涼拌／炒食／醃漬／味噌湯

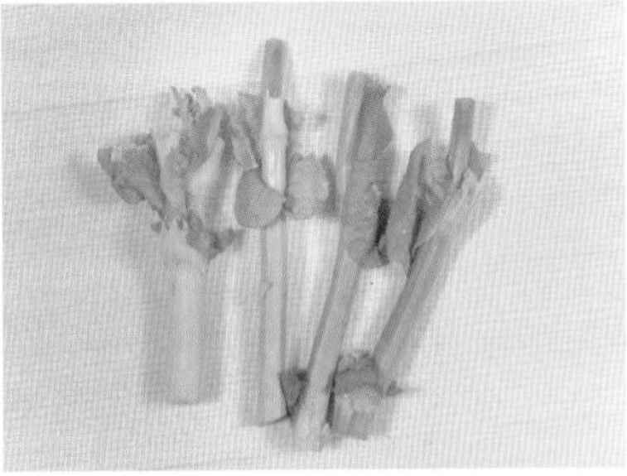

葉

特徵◎之所以要與莖分開處理，是因爲質地較硬的莖與青嫩的葉，在加熱上所需的時間不同。加熱時，葉片要放到最後才加入。

料理◎泥糊／與花苞或莖一起使用（涼拌／炒食）

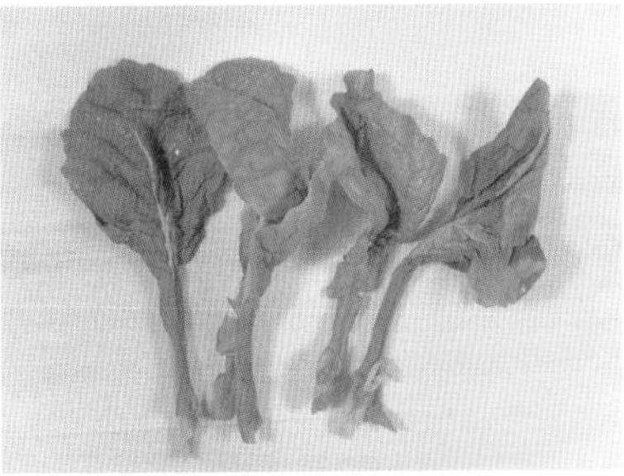

整支使用

特徵◎不解體，整支拿來用，更能展現出油菜花的特色。尤其在青嫩多汁的上市期，汆燙過後即可享用。不過，進入產季尾聲後，因質地變硬，就不適合這麼做。

料理◎醃漬／浸漬／乾煎

保存

將成束的油菜花拆開，讓新鮮空氣進入

保存前，請先解開被束成一整把的油菜花，並捧在雙手上輕輕搖動，使其甦醒、恢復生氣。接著，請以報紙包裹、噴灑些水後，放冰箱冷藏。由於花苞一旦綻開，味道就會變差，因此，要在二～三日內食用完畢。

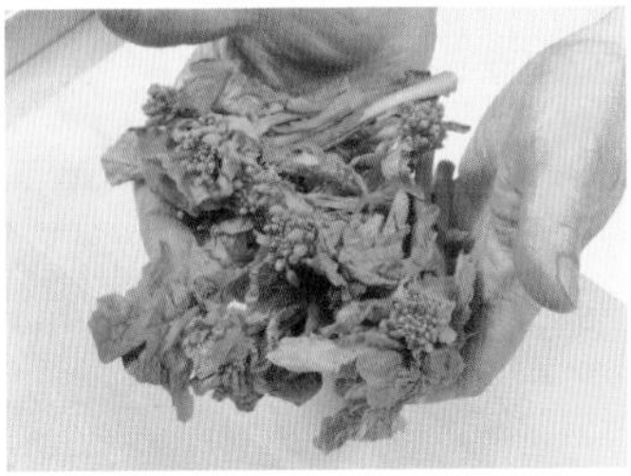

烹調技術

爲保留其苦甘味與美麗的翠綠，迅速汆燙後，不浸泡冷水，直接放涼。

基本烹調方式

1 迅速汆燙後，不浸泡冷水，直接放涼。

2 以手摘折莖、葉，就不會有澀味。

切法

不用菜刀。以手輕柔折斷，小心摘折

如果使用菜刀，油菜花便會對金屬產生反應，而容易有澀味，因此直接以手摘折爲基本處理法。請折斷菜莖，並將菜葉一片片小心摘下。

《分離花苞與莖》

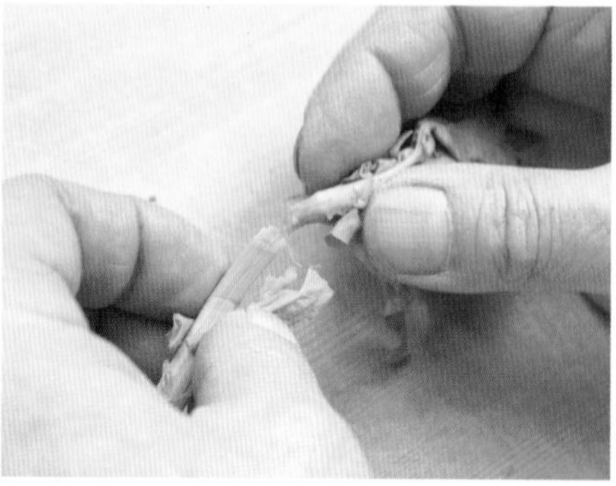

於花苞下方輕輕折斷。

《摘下葉片》

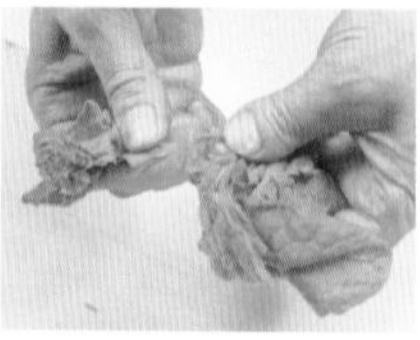

摘下從莖桿長出的葉子。竅門在於指尖要稍微施點力。

《莖若過粗…》

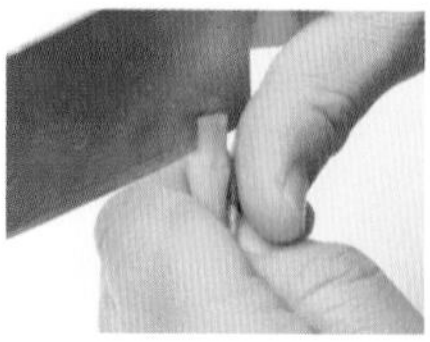

莖若過粗，請於根部用菜刀縱切下約1cm左右的切口。如此一來，就比較容易平均受熱。

內田流 綻放油菜花的魅力

◎整支使用，享受完整風味！

我一看到油菜花，腦中就會浮現出油菜花田盛開的景象，進而興起想要好好善用那美麗模樣與色彩的念頭。這時候，在烹調上，我就會把油菜花整支拿來使用。例如，可做成醃漬菜或昆布包菜。作法十分簡單。油菜花迅速汆燙後，趁熱投入醃漬液內浸泡。擺盤時，以大盤子大膽盛裝，便是一道充滿春意的繽紛料理。（「昆布包油菜花」p.34）

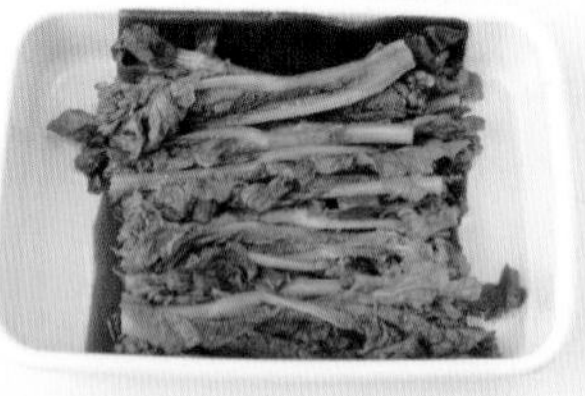

◎使用山葵做成涼拌鮮蔬

說到油菜花，就會令人想到「芥末涼拌菜」。不過，就我個人的作法而言，在此反倒要特意選用同產季的「山葵」。山葵的辣味溫和，再加上其特有的甘甜，更能提引出油菜花淡雅而深邃的味道。

作法 在熬煮完成並放涼後的［高湯3：醬油2：味醂1］（參閱p.21）裡，加入磨成碎泥的山葵。於食用前，再與油菜花拌勻。

《山葵涼拌油菜花》

（譯注：日本富山縣的鄉土料理。以昆布包夾食材，放置一～二晚，使食材增添昆布的香氣與味道）

泡水

烹調前一定要先泡水

油菜花摘折完後，請浸泡水中約10分鐘。不僅有助於恢復生氣，也具有去除澀味的效果。但要注意別浸泡過久，以免花開、質地變硬。

請以大量清水浸泡，避免過度浸泡。

加熱

1 汆燙

汆燙時間只需15秒

將油菜花放入滾開的沸水中稍微燙一下。剛上市的油菜花，只須汆燙約15秒。至於產季尾聲的油菜花，也不可汆燙過久，以免香氣盡失、口感變差。

《各部分分開汆燙》

燒一鍋足以讓蔬菜游泳的沸水，依序放入莖、花苞與葉，迅速汆燙。

《整支汆燙》

於油菜花根部，用菜刀劃出一切口。由根部先下鍋，迅速汆燙。

《冷卻》

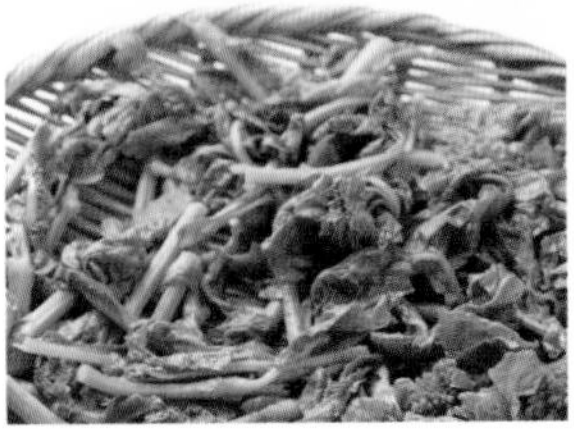

汆燙後，立即置於竹篩上放涼。量少的時候，可以整個鋪平；量多的時候，則以團扇搧風冷卻。

《撒鹽》

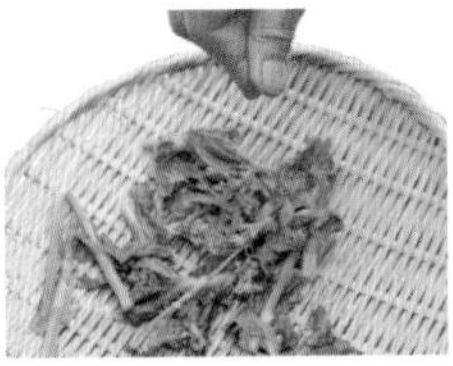

在必須等油菜花放涼後才進行烹調的情況下，如做涼拌菜等，事先撒上鹽，便能保持蔬菜翠綠的色澤。至於在必須趁熱烹調的情況，如做醃漬菜等，就不必撒鹽。

2 炒

利用油抑制澀味

油菜花與油的親和性佳，適合水分多的上市期。炒菜時，直接生的加熱。以油包覆，不僅可抑制澀味，比起汆燙，苦味也較爲緩和且色澤鮮豔。至於產季尾聲的油菜花，由於水分減少、質地較硬，建議還是汆燙較爲恰當。

《以油熱炒》

倒入略多的油加熱，接著依序放入莖、花苞及葉，以大火翻炒。待油菜花全都覆上一層油後，再加入少許的水炒蒸，讓內部也平均受熱。

品嚐油菜花道地的味道

《薑炒油菜花》

熱油、以薑片（1片）爆香後，放入油菜花翻炒，並以1撮鹽調味。趁熱享用，香氣足、口感佳。

烹調要訣

針對油菜花那符合新芽蔬菜所具有的獨特苦味，可以醬油、鹽、昆布高湯爲基底，再加上山葵、芥末、大蒜或薑等香味蔬菜作爲陪襯。在適合以油烹調的上市期，如以油炒或醃漬，都能做出一道極富個性、充滿存在感的佳餚。

適合組合搭配的蔬菜

繖形花科、十字花科的蔬菜，以及有香氣的蔬菜

水芹

土當歸

蘆筍

竹筍

洋蔥

將花苞的生命力
以醃漬包覆起來的料理

醃漬油菜花

《時期：盛產之後》

材料［4人份］

油菜花（花苞與葉）……2把
洋蔥（中央部分）……1顆
大蒜……1瓣
橄欖油……3大匙
蔬菜高湯（p.23）或水……4大匙
鹽……少許
紅胡椒……少許

1 以手摘取下油菜花的花苞與葉，放入沸水迅速汆燙後，撈起置於竹篩上瀝乾水分。接著，將油菜花移至方盤中，趁熱撒上少許鹽，並淋上2大匙橄欖油。

2 製作醃漬液。於平底鍋內倒入1大匙橄欖油，放入對切的大蒜，以小火爆香。加入縱切成片的洋蔥與蔬菜高湯，然後以鹽、胡椒調味，稍微熬煮後熄火。

3 將**2**的醃漬液淋在**1**的材料上，靜置片刻。待入味後，盛裝於器皿中。

重點☞ 汆燙後，淋撒上鹽與橄欖油，既可防止變色又能留住美味。

味苦甘而滑潤
高雅的大人風味

昆布包油菜花

《時期：上市》

材料［4人份］

油菜花……20支
昆布高湯（p.21）……150cc（昆布亦同）
鹽……適量

※昆布高湯中，可依個人喜好加入紅辣椒。

1 將油菜花放入沸水汆燙後，撈起置於竹篩上。

2 於方盤裡鋪上昆布，撒上少許鹽。接著，將**1**的油菜花趁熱平鋪在昆布上，再撒上少許鹽。倒入昆布高湯，約與材料平齊。覆上保鮮膜，以器皿等作爲壓石，醃漬1小時以上即可。

※如隔夜醃漬，風味更醇厚。

重點☞ 油菜花上若再鋪上一層昆布，醃漬起來，味道更為深邃。

蔬菜的世界 column

油菜

油菜種類各色各樣。有青江油菜，也有東京特產的油菜。

油菜，大致上可分為西元前傳自中國的日本原生種，以及西洋種。原生種於江戶時期，為了榨取菜籽油及燈油而廣為栽種。現在所食用的油菜，則為戰後普及化的西洋種。

摘芽菜

北關東自古以來就有的傳統油菜。之所以稱其為「摘芽菜」，據聞這是因為將油菜尚在生長中的嫩芽摘下出貨之故。口感佳、苦味與甜味完美平衡。三～四月上市。

野良坊菜

東京和埼玉一帶從江戶時期開始栽種的作物。因為抗寒又抗病害蟲，據聞於天保饑荒（譯注：1833年～1839年。日本江戶時代四大饑荒之一）期間，老百姓也是靠著這種菜保住性命。香氣、甜味十足，雖有苦味卻無澀味，容易食用。適合做成淺漬菜，或作為味噌湯的湯料。

青江油菜

於青江菜開花前所採收之作物，包含嫩芽、花苞、葉與莖在內。苦味少、具甜味，質地柔軟。從炒食到涼拌，無論如何烹調都容易入口。

在還沒有辦法將外套收起來的早春時期，搭電車之際，有時突然會有一大片染成金黃的大地映入眼簾。那景象真的富有戲劇性。瞬間，就讓我們的心情轉為春天。油菜花的黃色，是春天的象徵，並且告訴了我們生命的光輝燦爛。

不過，我們當作蔬菜來食用的「油菜花」，其實是在開出黃花前的花苞。因為油菜花一旦開花，味道就會變苦，不適合食用。所以，我們也能這麼說：花兒們為了延續生命而存活下來，是讓我們得以一飽眼福。

附帶一提，有許多人都會問我：「油菜」與「油菜花」究竟又何不同？其實，名為「油菜（油菜花）」的植物，原本是不存在的。一般所說的「油菜花」，指的是從大油菜上摘取下來的青嫩菜穗；而「油菜」則是通稱所有十字花科植物在開花前所採收下、包含嫩葉、花苞及側芽在內的作物。因此，擺在店面販賣的油菜，其實種類繁多。例如：最近很熱門的「青江油菜」，便是從青江菜上摘取下來的嫩芽。而所謂的「摘芽菜」，則是指從原生種油菜上摘取下的側芽。除此之外，尚有東京特產的「野良坊菜」、「薹菜」，以及最近登場的中國產「紅菜苔」與「蘆筍油菜」（譯注：中國產油菜的改良品種。「蘆筍油菜」為日本自取的名稱。因為這種菜具有近似蘆筍的風味）等新品種。更加豐富了春天的「油菜」區。因為屬於十字花科，無論哪個品種都有苦甘味，但也各具有不同的甜味、口感與香氣。還請各位好好品嚐，享受油菜的多種美味。

提到帶根山芹菜，可不是只做配角的蔬菜喔！

帶根山芹菜

［繖形花科］

山芹菜當中，尤以帶根山芹菜最具有當主角的存在感。

◎原產地

日本、朝鮮半島、中國

◎產季

3月～5月

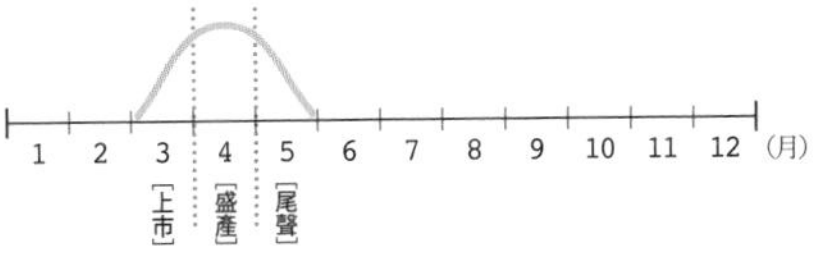

[上市] 莖、葉均青嫩。

[尾聲] 莖桿變粗，香氣強。

◎日本主要產地

愛知、千葉、茨城

◎臺灣主要產季和產地

3月～5月；10月～12月

臺灣中部及南部皆有野生；大部分地區都有栽培當蔬菜吃

在繖形花科中，山芹菜是大家非常熟悉的日本原產蔬菜之一。雖說另有去根山芹菜與水耕山芹菜，但我認爲最像山芹菜的，是帶根山芹菜。帶根山芹菜的主要栽種法爲培土軟化（※），即便沒有四～五月出產之野生山芹菜的野味，那自由奔放的大個兒身軀展現出的存在感，卻教人不容忽視。不僅香氣十足，口感也十分有嚼勁，的確很適合當主角。

尤其是莖的部分，更是萬用食材。只要將一整把帶根山芹菜切成小段，看是要淺漬、涼拌，還是炸什錦餅……可以做成的料理相當廣泛。有趣的是，帶根山芹菜一經加熱，味道就會變圓潤，香氣也會較爲緩和，而能夠與搭配烹調的食材完美融爲一體。其中，跟薄片油豆腐一起做成的淺漬菜，簡直可說是最棒的組合。這時候的重點，就在於烹調前要多下一道工夫——事先以熱水沖燙。去除澀味後，帶根山芹菜的風味將變得更精緻。

※意指將土壤覆蓋在作物根部四周，遮住陽光，使作物長得又白又嫩的栽種法。

解體

以手摘折風味各不相同的葉與莖，分開使用。

首先是解體

由於葉與莖的香氣、口感不同，處理方式相異。因此，即便是做同樣的料理，也會分開使用。以莖稈色澤改變之處為界，直接用手摘折、分離葉與莖。至於根部，則以菜刀切除。

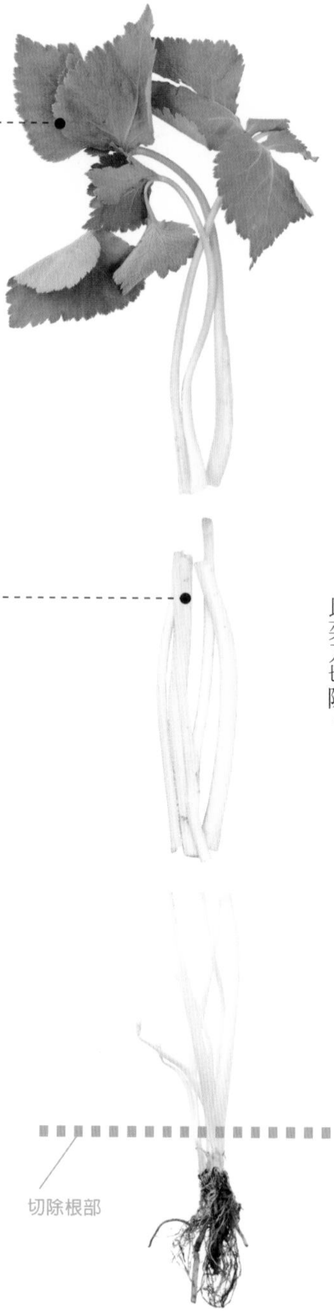

葉

特徵◎帶有綠意香氣，口感細嫩。

料理◎浸漬／涼拌／醋漬／清湯

莖

特徵◎甘甜多汁；香氣十足。爽脆的口感也極有魅力。

料理◎什錦炸餅／浸漬／淺滷／涼拌／炒食／醋漬／味噌湯

◎如何挑選◎

1 葉多，色澤較淡，葉脈清晰可見。

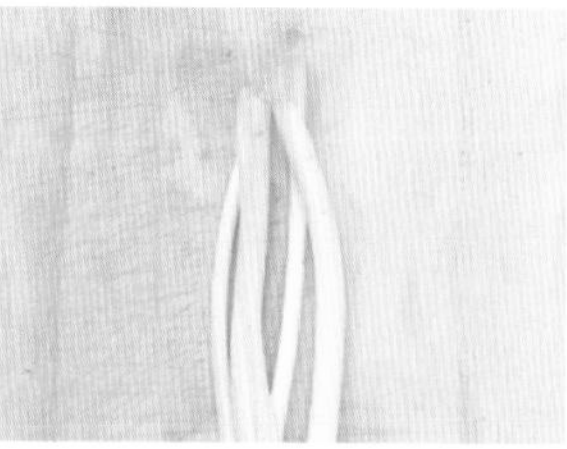

2 莖稈粗，肉質有彈性。

保存

以報紙包裹，並於三～四日內食用完畢

解開成束的帶根山芹菜，以報紙包裹並噴灑些水後，放冰箱冷藏。請於三～四日內食用完畢。

烹調技術

欲善用帶根山芹菜的清爽口感，關鍵就在於去澀、不過度加熱。

基本烹調方式

1 加熱竅門在於以大火「迅速」烹調。

2 以手摘折後，立即泡水，抑制澀味。

切法

以手摘除分枝

分枝會使香氣減退，所以要在烹調前摘除。莖若較粗，可以菜刀縱切。處理好後，立即泡水去澀。

《從分枝處摘除》

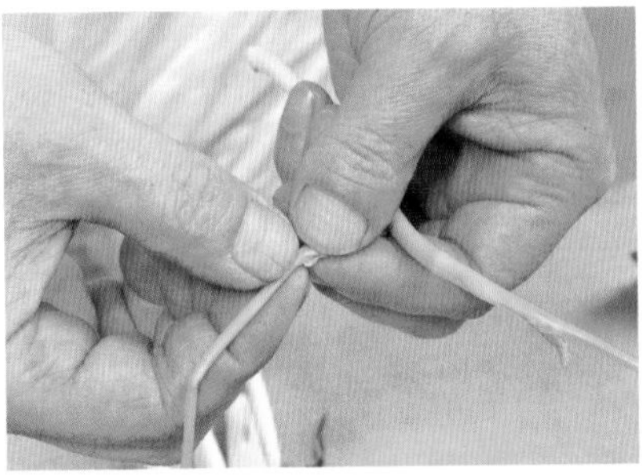

指尖稍加施力，以掐捏的技巧去除分枝。單用蠻力，並無法將分枝摘除。

熱水沖燙

以熱水沖燙去澀，均勻受熱

《以熱水沖燙》

將處理好的菜莖置於濾網中，以熱水全面沖燙。菜葉的作法亦同。

帶根山芹菜的香氣與口感，會因加熱而改變。想做出鬆軟的口感，可用沸水汆燙1～2分鐘；反之，如果想要爽脆的口感，只要以熱水沖燙即可。這麼做，不僅能使食材受熱均勻，更能適當留住香氣與口感，並且去除澀味與雜味。

適合組合搭配的蔬菜

百合科的蔬菜，以及有香氣的蔬菜

洋蔥

水芹

油菜花

◎其他適合組合搭配的食材

櫻花蝦、芝麻、薄片油豆腐

烹調要訣

《淺滷》

若想做出保有口感的淺滷菜，以熱水沖燙後，便淋上煮汁靜置片刻。單單如此，就非常入味。

《涼拌》

放入沸水迅速汆湯，使纖維軟化。待冷卻後，食用前再進行涼拌。以手和長筷拌勻食材與調味料。

對和食而言，無論做什麼料理，帶根山芹菜都是很方便的食材。它與醬油、味噌和醋等發酵調味料無不契合。以熱水沖燙後，便可直接做成各式各樣的料理，如清淡的浸漬菜、芝麻涼拌菜或淺滷菜等。

去根山芹菜

為以軟化栽培法栽種出的山芹菜切除根部的蔬菜。香氣不如帶根山芹菜強，口感細緻水嫩。適合做成清湯、涼拌菜與茶碗蒸等料理。

水耕山芹菜

以水耕栽培為主，一年內即可採收。大多以根部附著於海綿上的狀態銷售。葉、莖色澤濃綠。適合做成涼拌菜、沙拉、清湯等料理。

山芹菜種類繁多。按味道的不同，各別使用。

古時候，山芹菜是可食用的野草。自江戶時期開始栽種後，便栽培出了水耕山芹菜與去根山芹菜等品種。三者味道均不相同，可按料理需求，各別使用。

與薄片油豆腐也很對味。菜莖的爽脆口感，教人大呼過癮

淺漬帶根山芹菜與薄片油豆腐

《時期：上市～尾聲》

材料［4人份］

帶根山芹菜（莖）……½把

薄片油豆腐……1片

煮汁

- 昆布與乾香菇高湯（p.21）……1⅓杯
- 醬油……2大匙
- 味醂……1大匙

1 將帶根山芹菜的莖以手折成約5cm的小段。以熱水沖燙去澀。薄片油豆腐也同樣以熱水沖燙去油，並切成長條狀。

2 將薄片油豆腐放進煮汁中煮15分鐘，充分入味。

3 將帶根山芹菜與薄片油豆腐置於方盤中，淋上**2**的煮汁後靜置片刻，使味道融爲一體。

重點☞ 帶根山芹菜、薄片油豆腐，以及煮汁的溫度若大致相同，就會比較容易入味。

與芝麻、醋都很搭。稍微涼拌一下便風味十足

芝麻涼拌、浸漬

《時期：上市～尾聲》

材料［4人份］

帶根山芹菜……1把

芝麻涼拌調味料

- 白芝麻（半研磨）……4大匙
- 研磨白芝麻糊……1½大匙
- 鹽……1撮
- 醬油・味醂……各1½大匙

浸漬醬汁

- 昆布與乾香菇高湯（p.21）……1大匙
- 醬油・味醂……各2小匙
- 酒精揮發的醋（p.21）……少許

1 切除帶根山芹菜的根部後，放入沸水汆燙約30秒。分離葉與莖，並且將莖折成約5cm的小段。莖稈若過粗，可再對半縱切。

2 將芝麻涼拌調味料的材料拌勻，混入**1**材料一半的量。

3 浸漬醬汁煮開後，靜置冷卻。於食用前，混入**1**的剩餘材料拌勻即可。

重點☞ 做浸漬菜時，待浸漬醬汁與帶根山芹菜適度冷卻後再混拌，便能保持色澤鮮豔。

蔬菜的世界 column

番茄當紅

原產於安地斯山脈的番茄，為何會在日本獨領風騷的原因。

品種的粗略分類

◎粉紅系與紅色系

適合做沙拉的粉紅系番茄，皮薄水嫩，在有食用沙拉習慣的日本深受歡迎。紅色系番茄味道濃厚，由於加熱後會提升美味成分（麩胺酸），因此經常用在加熱烹調上，如義大利料理即為一大代表。

◎尺寸

大型番茄超過200g，迷你番茄約20g上下，中型番茄則落在二者的中間值。

桃太郎《生食～加熱烹調》

粉紅系球形番茄最大眾化的品種。甜味強、酸味適度、果肉緊緻，熟成後果實也不易裂開。從生食到加熱烹調，可運用的範圍廣闊。

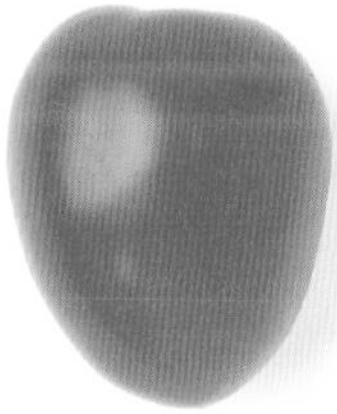

西西里紅番茄《生食～加熱烹調》

原產於西西里島的番茄。水分較少，味道濃厚，與橄欖油很搭，最適合用在加熱烹調上，其中又以義大利料理為佳。生食也很美味。

迷你番茄《生食～加熱烹調》

約一口的大小，使用方便。有紅、黃、橘、綠和黑色等品種。按品種的不同，甜味也相異，從生食到烹調，用途繁多。高糖度的水果番茄，多為這種迷你尺寸。

聖馬札諾番茄《加熱烹調》

尾端變窄、呈細長型。屬於適合做成罐裝產品的加熱用番茄。果肉厚實，籽周圍的膠狀物較少，但富含美味成分，經加熱後味道濃郁度大增。切開、稍微炒過後，便是一道美味佳餚。

去一趟超市，看見番茄區聲勢之浩大，不禁令人吃驚。我是蔬菜店店長，當然也清楚知道番茄受歡迎的程度。甚至，連生產量也是角逐日本蔬菜產量的第一、第二名。不過，能看見這麼多不同顏色、形狀、大小和風味的番茄，排在店頭販售，則是近二十年來才有的景象。在我年輕時，番茄大半都是尖尾、酸味較弱，名為「第一番茄」的甜番茄（譯注：First tomato。日本愛知縣的特產。在桃太郎番茄登場前，為日本的主流番茄。有關命名的由來眾說紛紜，目前最為流傳的一種說法是說，因為最初的栽種者熱愛棒球，而他在所屬的棒球隊裡負責守一壘（first base），所以才會以代表一壘的「first」來命名），迷你番茄相當稀少。後來，進入一九八〇年代後，如彗星般登場的，正是「桃太郎」。熟紅的「桃太郎」，果肉緊緻、糖度高、酸味適度，很快就擄獲日本人的心。而在那之後，對於糖度的追求，變成了番茄的一大趨勢。如所謂的水果番茄，就是糖度的進化版。現在，番茄的顏色也十分多樣，除了黃色、橘色外，甚至還有黑色。而在尺寸上，也出現了比迷你番茄更小的超迷你（micro mini）番茄。如此這般，番茄的市場可真是五花八門哪！

但是，對我而言，說到番茄，還是紅色的好！而且，最重要的是，紅色番茄美味無比。雖說現在連餐廳也都在追求以不同顏色、形狀及味道的番茄來做料理；不過，在家庭裡，我仍是希望大家可以從傳統的紅色番茄開始著手。無論是生食用還是熟食用，都能靈機應變、運用自如，並且盡情品嚐它的美味，是我這個格外喜愛番茄的蔬菜店店長的小小心願。

御廚屋簷下的西西里紅番茄，也已結實纍纍。（2011年夏）

春天的番茄化身爲番茄泥，
慢火細熬，煮至熟爛。
我很喜歡這段幸福的時光。

番茄［茄科］

◎原產地
南美・安地斯山脈一帶

◎產季
3月～5月（溫室栽培）
露地栽培中心的北海道則爲9月

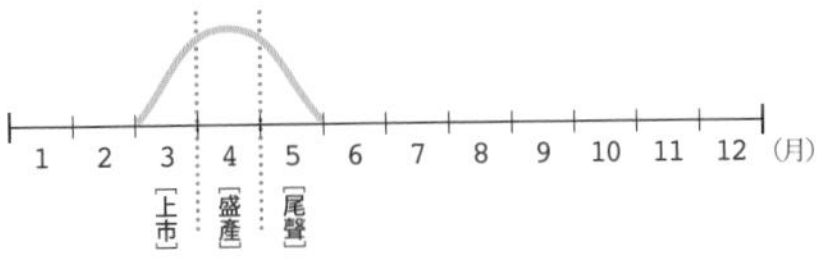

[上市] 皮薄多汁，酸味強。
[尾聲] 外皮增厚，水分減少。甜味增加。

◎日本主要產地
熊本、愛知、茨城、北海道

◎臺灣主要產季和產地
11月～6月
嘉義、臺南、高雄

無論營養還是風味，春天的番茄猶如宇宙般浩瀚。

「番茄產季在於春」這是我個人一貫的主張。因爲，番茄原產地在於南美安地斯山脈一帶，生長在那雨量少且乾燥，而早晚溫差大的荒涼之地。所以，番茄自是對日本高溫濕氣重的夏天甚感棘手。事實上，只要氣溫超過20℃、濕度超過75%，番茄就難以生長了。基於這一點，以接近原產地環境條件來栽培的露地番茄——例如：於晚秋植苗、春天結實的番茄，或是北海道的秋收番茄，不僅含水量少、果肉緊緻，連香氣也十分濃郁、味美醇厚，好吃到教人讚嘆不已。

對於番茄，歐洲從以前就有「醫師派不上用場」的說法流傳。而番茄的生命力，也表現在風味上。無論是生食、燒烤，還是燉煮都行，甚至連番茄的蒂頭與果籽都各有其用，簡直是變化多端！不過，番茄眞正的看家本領，是在於以當季番茄自製而成的番茄泥。那濃縮其中的美味，實在芳醇萬分、強而有勁。從番茄泥延伸出去的料理，像醬汁、番茄醬與湯品等更是多采多姿。由此可見，番茄的包容力之寬大，實則猶如宇宙般浩瀚吶！每當春天一到，我總會如此欽佩莫名。

解體

上市期的番茄皮薄，採縱切。外皮一旦增厚，則改採橫切或汆燙剝皮使用

首先是解體

雖說因料理而異，不過，外皮的狀況是重點所在。上市期的番茄與採收自植株下層的番茄，由於皮薄水分多，故採縱切。至產季尾聲的番茄與採收自植株上層的番茄，因水分減少、外皮增厚，就要改採橫切圓片或剝除外皮，才比較容易食用。

與紋路平行縱切

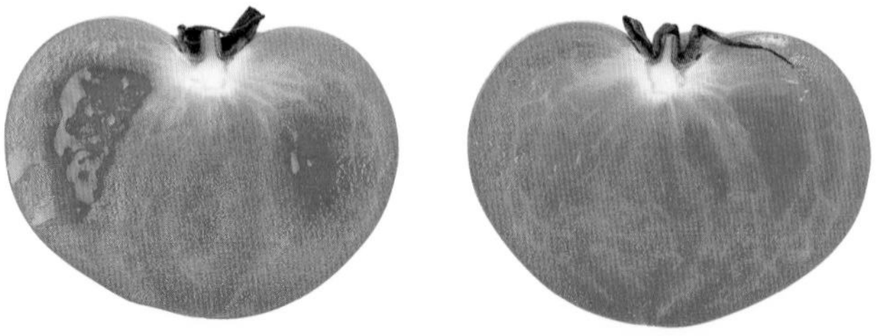

特徵◎適合外皮薄的番茄，外皮增厚的番茄並不適用。順著紋路下刀，就不會切斷子房室（含籽的部分），籽也比較不會流出來。縱切後，再切片成4等分或8等分，便可廣泛用於任何料理。

逆著紋路橫切

特徵◎番茄外皮一旦增厚，採橫切圓片，較易入口。對切後，按料理所需，再決定是否要去籽。外皮較薄者，也可以再切丁。

整顆使用

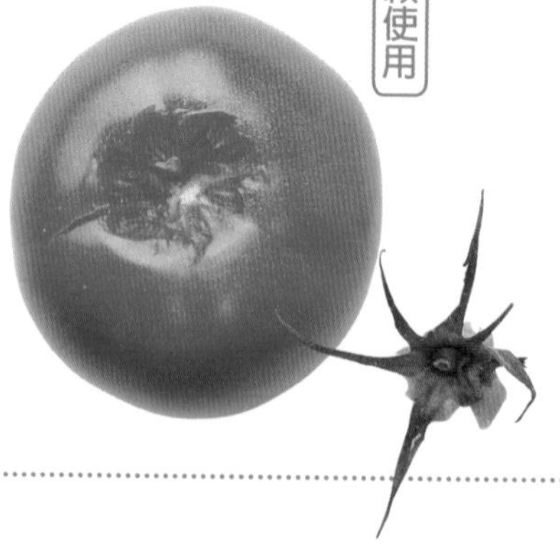

特徵◎番茄整顆拿來使用時，去蒂後可直接以烤箱烘烤，或汆燙剝皮使用。無論是剛上市，還是進入產季尾聲的番茄，都各有其風味。整顆番茄除了可直接做成一道料理外，剝除外皮後，也可再切滾刀塊、切丁或切圓片。

蒂頭◎香氣最強的部位。在做燉番茄、番茄泥或番茄醬汁時，如果想再提升風味，可於燉煮階段加入。

◎如何挑選◎

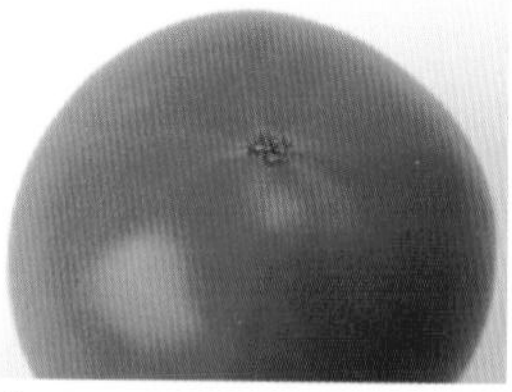

1 尾端呈放射狀的紋路多而輪廓分明。紋路多的番茄，正是細胞分裂旺盛、籽數量多的證明。

2 紋路與子房室的數量相同。可試著橫切圓片查看，子房室大小均一、籽數量多的番茄，味道比較好。

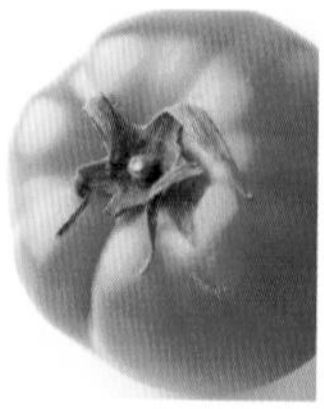

3 外形呈圓狀，蒂頭置中。歪掉變形的番茄，很可能果肉也不夠緊緻。

4 拿起來感覺沉甸甸的。糖度高的番茄會沉入水底。

切法

以鋒利的菜刀俐落下刀

以鋒利好切的菜刀，俐落下刀。菜刀若不夠鋒利，容易損害細胞，導致澀味產生，破壞風味。

《縱切片》

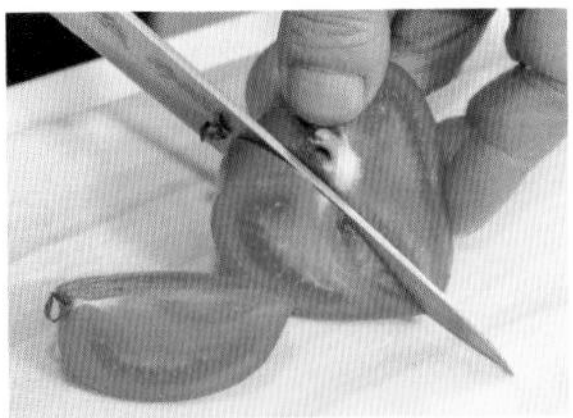

外皮朝下放置，從蒂頭處下刀，切成4～8等分。

《橫切圓片》

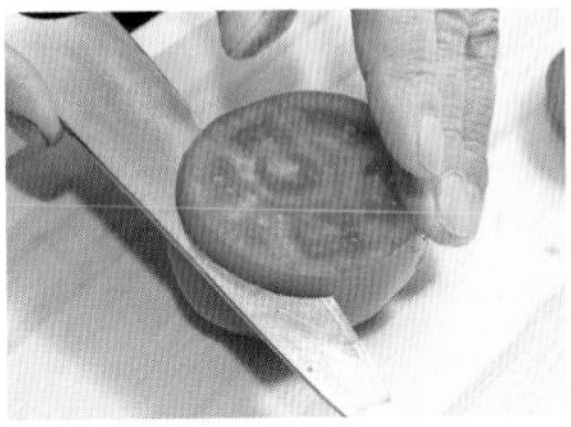

尾端先切除薄薄一塊，使番茄放得更穩。菜刀與砧板平行，俐落下刀，一刀到底。

《去籽》

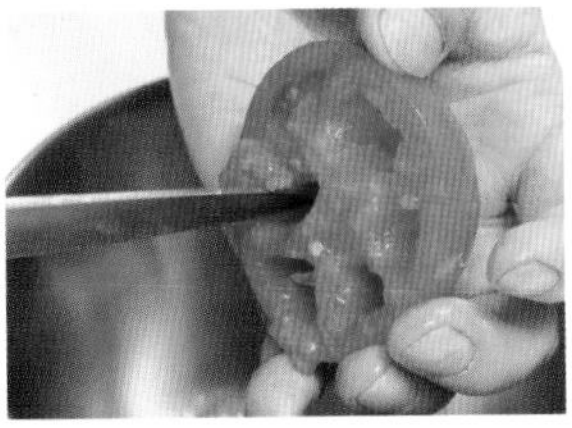

籽附著在子房室的壁面。以刀尖抵住壁面，挖取出籽。

《去蒂》

如要掀起刀尖般下刀，往番茄的方向移刀繞一圈，挖除蒂頭。

《劃切口》

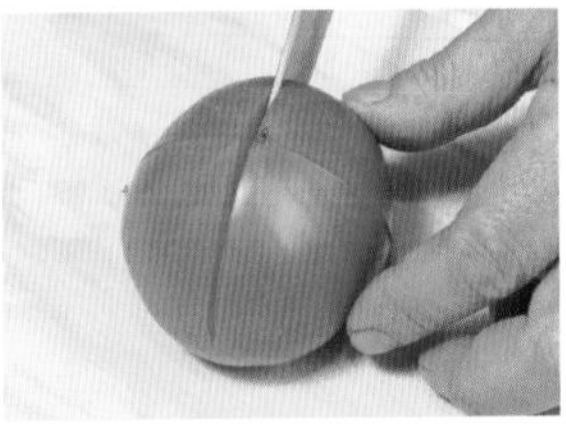

要燒烤整顆番茄時，請於尾端深劃出十字切口。這樣內部才烤得熟，且外皮也比較容易剝除。

《切片》

料理◎沙拉／炒食／番茄泥

《切圓片》

料理◎沙拉／乾煎

《切丁》

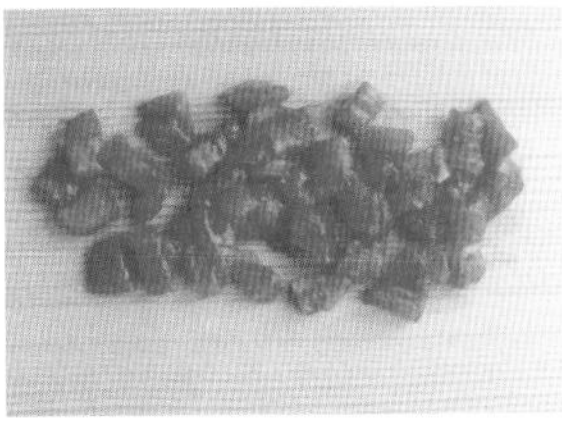

料理◎沙拉／法式香煎魚的醬汁／湯品的湯料

《對切・籽》

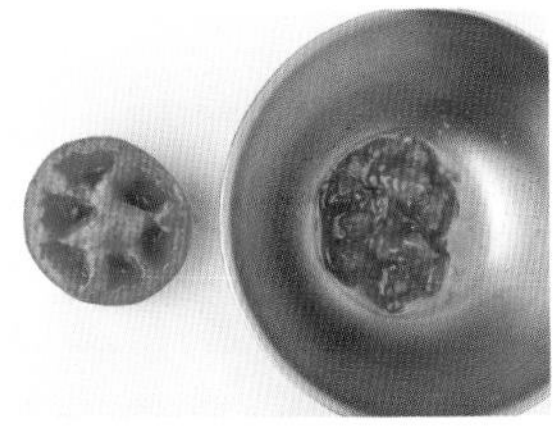

料理◎半乾燥番茄／乾煎等。籽加水熬煮後，可作爲濃縮高湯，如補足甜味的濃縮精華或調味醬等。

《剝皮》

料理◎如做成番茄泥等，可靈活使用。

《剝皮整顆使用》

料理◎烤番茄

保存

保存在不會吹到風的涼爽場所

採收後會再追熟。不放冰箱，番茄上頭覆蓋一層白棉布，放陰涼處保存。

烹調技術

以將當季的美味濃縮其中的番茄泥爲起點，來烹調出多采多姿的料理。

基本烹調方式

1 可以變化的料理繁多，如沙拉、炒食、燉煮和調味料等。

2 若能熟練烹煮番茄泥，也有辦法做出番茄醬、醬汁與湯品。

番茄泥

將當季番茄的美味濃縮其中，可運用自如的調味料

番茄泥（糊），是將完全熟成的番茄加熱後，進行過濾，再次熬煮而成，也是使用於義大利料理等烹調的基本調味料。當季番茄富有美味（胺基酸），與酸味的平衡佳，經過加熱，使風味濃縮其中，便可做成極度濃郁且香醇的番茄泥。

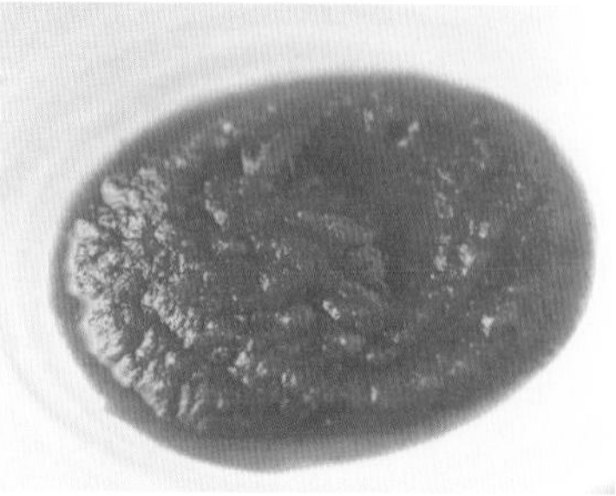

當季風味的濃郁香醇。趁春天之際，多做一些起來冷凍保存，即便在非產季的時候，也可以拿來運用。

《用法》 涼拌／燉煮／醬汁、番茄醬或湯品等

材料［約1杯份］

番茄（中）……3顆（約400g）

1 切片

番茄去蒂，切片成6～8等分。

2 以小火煮至熟爛

將番茄放入厚鍋，以微火加熱，僅靠番茄本身的水分烹煮。

3 靜待煮至熟爛

靜待煮至熟爛。爲避免煮焦，必須以鍋鏟不斷攪拌。

4 煮至熟爛的狀態

待番茄煮至皮肉分離，果肉稀爛的狀態後，熄火。切忌加熱過久，否則會導致果肉與水分分離。

5 以濾網過濾

將煮至熟爛的番茄倒入濾網，以鍋鏟如壓擠般進行過濾，並挑除外皮。

6 過濾後的狀態

呈水分仍偏多的柔滑狀態。

7 再次熬煮

水分若過多，可再次熬煮。煮至濃稠狀後，試一下味道，完成。

起自於番茄泥的展開

↓［＋香味蔬菜］番茄醬汁

↓［＋醋、砂糖、鹽，以及辛香調味料］番茄醬

↓［＋蔬菜高湯（p.23）或水］番茄濃湯

↓［＋適合搭配的蔬果］調味醬

番茄醬汁

於番茄泥中再加入香味蔬菜，做成義大利麵醬汁。

於番茄泥中加入香味蔬菜，便能做成自製番茄醬汁。雖然可以冷藏保存一週，但每隔三天得加熱一次。

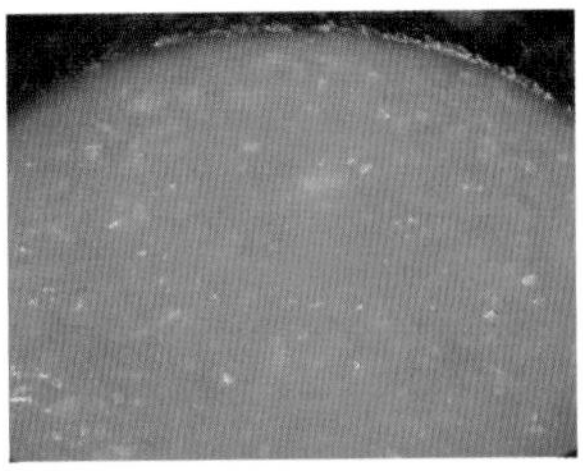

《用法》 義大利麵醬汁／番茄飯等

材料［約2杯份］

番茄泥……1½ 杯
洋蔥（切末）……¼ 顆分量
（從外側剝取，約3瓣）
芹菜莖（切末）……5cm 分量
大蒜（切末）……1 瓣
橄欖油……2½ 大匙
蔬菜高湯（p.23）或水……⅓ 杯

1 於平底鍋內倒入橄欖油與大蒜，以小火爆香後，加入洋蔥與芹菜，將洋蔥炒至透明狀。
2 倒入蔬菜高湯、番茄泥熬煮。煮至水分收乾後，再次補加蔬菜高湯。
3 待所有的材料都融爲一體，煮至濃稠狀後，便可起鍋。

利用番茄醬汁做成的料理

番茄飯

材料［4 人份］

將洗淨瀝乾水的米（2合）（譯注：在日本，用於計算容量的1合=180.39毫升，約爲量杯1杯）放入電鍋，並加入番茄醬汁2杯，以及蔬菜高湯（p.23），直至比一般煮飯所用的水再稍多一點的水位；接著，再放入蘑菇片（3朵分量）與鹽1撮後，便可開始蒸煮。蔬菜高湯可以昆布與乾香菇高湯取代（p.21）。

番茄濃湯

於番茄泥中加入蔬菜高湯（p.23）或水，並以鹽、酒精揮發的醋（p.21）調味。若加入薑汁或柑橘類，則可使味道更富變化。再搭配竹筍或蠶豆等春季蔬菜，便是一道極致奢華的湯品。

只要加入蔬果，以果汁機打成泥即可。加入香蕉為獨門絕活，以做出酸甜平衡、風味深邃的調味醬！

千島醬

材料［約1杯份］

番茄泥……4 大匙
香蕉……½ 根
洋蔥……¼ 顆
胡蘿蔔……⅕ 條
芹菜……1cm
蒜油（p.211）……2 大匙
橄欖油……2 大匙
白酒醋……4 大匙
鹽……1 撮
胡椒……3 粒

1 香蕉橫切圓片，洋蔥縱切片，大蒜也縱切片。
2 將所有的材料以果汁機打成泥。置於密閉容器中，約可保存一週。

綻放番茄的魅力，同種的番茄涼拌菜

番茄如果再加上番茄泥，會怎麼樣呢？簡直就是人間美味！番茄汆燙剝皮後，縱切片，接著只要再與番茄泥一起混拌，就成了一道無與倫比的番茄料理！相較其他蔬菜泥，番茄泥勘稱萬能。它能包容與其搭配的蔬菜，賦予美味，成爲一道風味和諧的料理。因此，於番茄產季多做一些番茄泥來存放，之後便可運用在秋冬季蔬菜的料理上。當然，也可以與冬產蘿蔔搭配囉！

汆燙剝皮

剝除外皮，較易食用

番茄汆燙剝皮後，吃起來更爲滑順。做成沙拉生食時，只要多下這一道工夫，便能吃出番茄的甘甜與極佳的口感。

《於尾端劃刀》

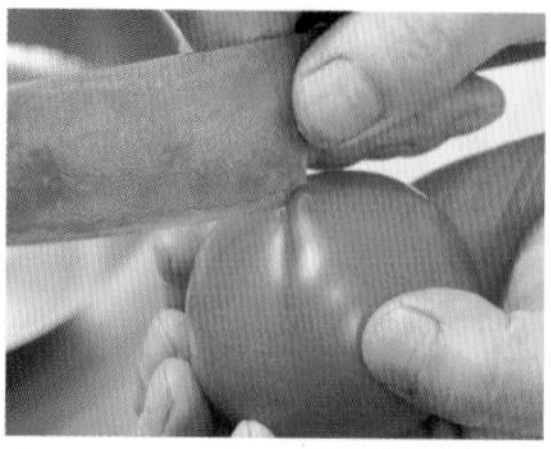

1 番茄去蒂，於尾端淺劃出十字切口。

《沸水汆燙》

2 以沸水汆燙數秒鐘。要注意別加熱過度，以免果肉軟爛。

《冷水浸泡》

3 撈起後，放入冷水中浸泡、降溫。

《拭去水分》

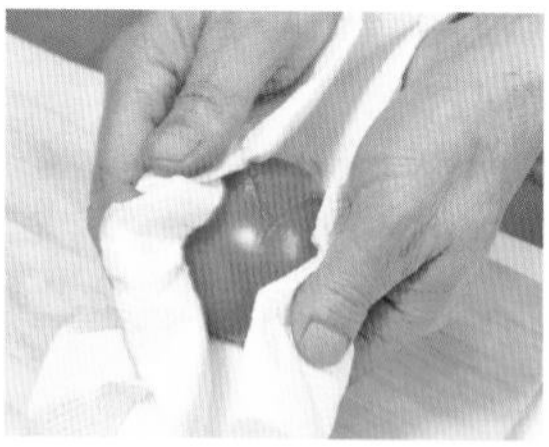

4 冷卻後，從水中取出，以布拭去水分。

《以菜刀剝皮》

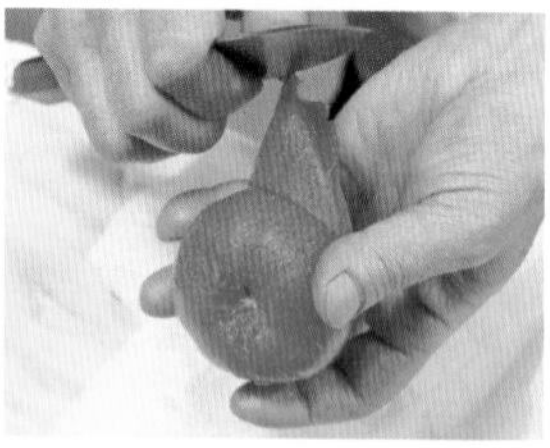

5 以菜刀從切口處，如撕扯般一口氣剝除外皮。

番茄剝除外皮後，不僅吃起來更爲滑順，亦能提引出甜味。

整顆燒烤

燒烤後，甜味提升

能夠讓人享受一整顆番茄的烤番茄。連皮一起烤，因爲汁液不流失，甜味完全濃縮其中。於番茄尾端劃出十字切口後，以烤箱烘烤約15分鐘（烤至外皮略焦的程度）即可。

切口要劃得深。亦可淋撒少許鹽和橄欖油。

只要再淋上番茄泥或醬汁，便是極致奢華的一道佳餚。

大家可以試試看的小技巧

覺得番茄甜味不足時……

半乾燥製法，是一種藉由去除水分、使甜味濃縮其中的技巧。番茄對半橫切、去籽後，於切面上撒鹽，放陰涼處陰乾半日，或以烤箱的餘溫靜置一晚。完成後，可作爲義大利麵的麵料，或切丁，作爲魚料理的配菜。

將番茄置於竹篩上，撒鹽去除水分，陰乾。

番茄籽可用於提味

番茄籽富含酸味與美味。加水熬煮後，便成了可用來提味的濃縮精華。想做出好味道時，只要滴入一滴番茄籽濃縮精華，或是加入義大利香醋（aceto balsamico）、調味醬等，味道就會變得更爲濃郁。

將煮過的番茄籽以濾網過濾，利用湯匙壓榨出汁液來。

適合組合搭配的蔬菜

番茄的親和性是全能的。其中又與下列5種蔬菜最對味

蠶豆

茄子

水芹

蘆筍

洋蔥

番茄的新鮮沙拉

添加柑橘的酸味。充滿水果香的美味

《時期：上市～盛產》

材料［4人份］
番茄……2顆
洋蔥……½顆
（對切後取中央部分）
柑橘類……1顆
橄欖油……2大匙
鹽……適量

1 番茄去蒂後，切成方便食用的小塊。至於柑橘，則取出裡面的果肉，削去白皮層、斜切塊。
2 洋蔥切末、撒鹽，以清水浸泡片刻後擰乾水分。柑橘剩餘的榨汁備用。
3 將**1**的材料與橄欖油、**2**的材料拌勻，以鹽調味。可依個人喜好，撒些芹菜之類的葉片。

重點☞ 柑橘類是用來替代醋。番茄與葡萄柚、夏產蜜柑等都很對味。

乾煎番茄

經燒烤後所提引出的鮮甜多汁與香氣

《時期：尾聲》

材料［2～4人份］
番茄……2顆
麵粉……少許
橄欖油……1大匙
千島醬（p.47）……4大匙

1 番茄橫切成厚度爲2cm的圓片，兩面都均勻拍上麵粉。
2 於平底鍋內倒入橄欖油加熱，以中火煎番茄。當一面煎至微微焦黃後翻面續煎。起鍋前，轉大火烹調。佐千島醬食用。

重點☞ 裹粉量要足夠。若麵粉裹得太少，水分就容易跑出來。

水芹的根，可別丟掉啊！
因爲水芹的風味，全都蘊藏在根部裡。

水芹

［繖形花科］

於短暫的早春期間，
在清流旁
萌芽的古來野草。

◎原產地

日本，以及寒帶地區

◎產季

2月～4月

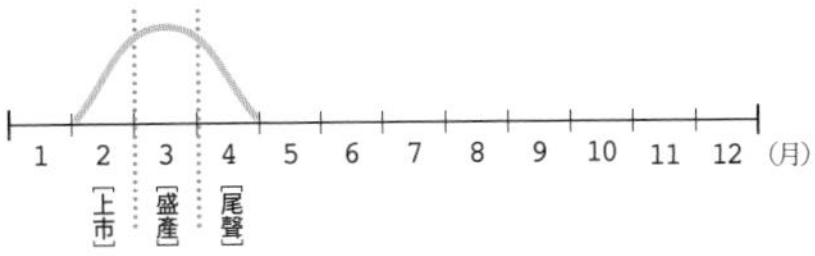

[上市] 青嫩，但澀味重。

[尾聲] 莖粗葉大，澀味加重、香氣增強。

◎日本主要產地

宮城、秋田、茨城、岡山

水芹是日本自古以來的野生菜之一。因爲水芹不僅被列爲七草（譯注：意指春天的七種蔬菜，有水芹、薺菜、鼠麴草、繁縷、稻搓菜、蕪菁，以及蘿蔔），在《萬葉集》中也有歌詠水芹的詩歌，所以我想，古時候的人們勢必也會在初春時分，踩著殘雪，抱著興奮的心情前去摘採吧。又如我去釣魚時，偶然也會在早春的濕地或清流旁，瞧見叢生的水芹。有趣的是，水芹的味道會受到水質的影響，縱使外表長得一模一樣，其生長的土地，卻會一點一滴地改變味道。正因如此，如岡山的雄町水芹與仙台的長水芹等傳統水芹，至今仍舊根扎大地，深受人們喜愛。

水芹的魅力，就在於它的清香與爽脆口感。無論是葉還是莖，可運用的範圍都十分廣闊，從生沙拉到浸漬、炒食，樣樣行；不過，我個人最爲推薦的，其實是「根部」。蘊藏水芹香氣的根部，炸成天婦羅食用，格外美味。而烹調時，火候尤其重要。若過度加熱，將導致香氣流失、口感變差。以大火迅速油炸，是千古不變的鐵則。

解體

「根部」不可丟棄。那可是水芹個性之精華所在的部位。

◎如何挑選◎

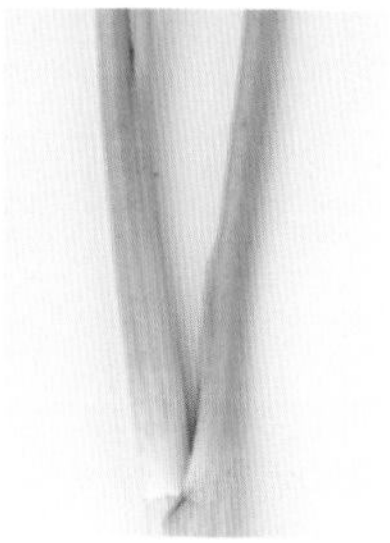

1 莖稈粗碩。

2 多根鬚，根與莖的分界明顯。

3 葉片呈淡綠色，香氣強。

首先是解體

因各部位的加熱方式不同，將水芹分成「葉」、「莖」、「根」等三部分。纖形花科的蔬菜尤其容易對金屬產生反應，導致出現澀味，因此請不要用菜刀，直接以手摘折。

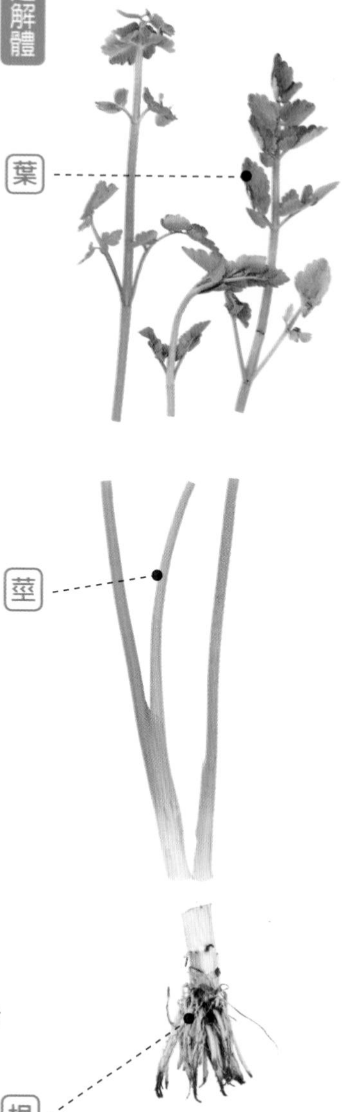

特徵◎青嫩且清香顯著。生食或汆燙後食用均可。

料理◎生沙拉／浸漬／涼拌（芝麻涼拌等）／味噌湯

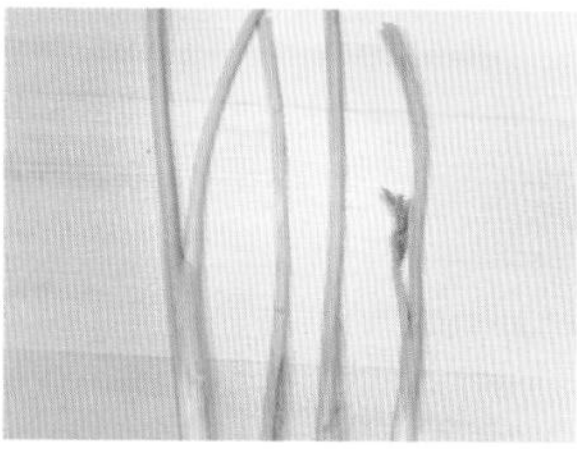

特徵◎沒有纖維感，爽脆可口。除加熱烹調外，生食也很美味。

料理◎涼拌（醋味噌涼拌、芝麻涼拌、芥末涼拌等）／炒食／炒金平／味噌湯

譯注：「金平」爲一種日式烹調法，將食材以醬油、味醂、酒、糖調味拌炒而成。

特徵◎最富有水芹香氣的部位。適合以油烹調。

料理◎天婦羅／味噌湯

保存

根部泡水後，以報紙包裹

水分若流失，水芹容易變得軟趴趴。讓根部吸水約10分鐘後，以報紙包裹，放冰箱冷藏。請於二～三日內食用完畢。

整支使用

整支直接汆燙，適合做涼拌、浸漬或火鍋。

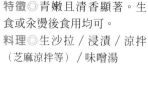

烹調技術

欲保留水芹獨特的清香與口感，就要迅速汆燙、迅速翻炒。

基本烹調方式

1 竅門在於以大火「迅速」烹調。

2 以手摘折後，立即泡水，防止澀味跑出。

切法

不用菜刀，以手輕柔摘折

在葉菜類當中，尤以繖形花科的蔬菜最容易對金屬起反應。如果使用菜刀，水芹就會變成茶褐色，而且也會破壞香氣。以手摘折乃爲基本原則。

《分離葉與莖》

以手摘折，分離葉與莖。

根的處理

仔細搓洗，除去泥土

根部是最能嚐出水芹風味的部位。只要仔細做好事前處理，如洗去泥土、分折成小段等，便能物盡其用。

《洗去泥土》

將水芹浸泡水中片刻，附著在根部的泥土就會自然脫落。如果仍不放心，可再以手搓洗。

《摘下根部》

以手指折斷根部，分折成容易食用的大小。

去澀

摘折完後，立即泡水

斷口處不僅會變色，而且也會有澀味跑出來。摘折完後，立即將斷口處浸泡水中約5分鐘。

莖不必完全泡進水裡，只要斷口處有泡到水即可。根部也同樣需要泡水。

綻放水芹的魅力

◎生食水芹，享受新鮮感

雖說水芹大多以加熱烹調爲主，但我也很希望大家能享受一下「生食」的新鮮感。那在嘴裡擴散開來的清香，實爲人間美味。好比說，做成沙拉。將葉與莖折成小段、泡水，然後再依個人喜好加入調味醬混拌即可。若覺得光只有水芹略顯不足，可再加入同樣以香氣爲其特色的同產季蔬菜——豆瓣菜與山芹菜，使風味變得更有深度，儼如春天的香氣三重奏。

加熱

1 汆燙、炒

無論汆燙或炒，都要以大火俐落烹調

若加熱過度，會白白糟蹋水芹的香氣與口感。無論是汆燙還是炒，加熱的關鍵就在於「迅速」。汆燙時，以同一鍋沸水，依序放入莖、葉汆燙，撈起後則平鋪在竹篩上放涼。

1 以滾開的沸水汆燙質地較硬的菜莖。

2 汆燙約10秒鐘後，以濾網撈起。

3 以同一鍋沸水繼續汆燙菜葉。只要稍微燙一下就行。

4 將葉與莖平鋪在竹篩上放涼，並以團扇搧風，加速降溫。

2 炸

油炸時，油溫維持在170℃

水芹泡完水後，仔細拭去水氣，以生的狀態下鍋油炸。油溫維持在170℃，而食材下鍋後，不要去翻攪，正是油炸的竅門所在。麵衣的部分，按「麵粉對太白粉爲10：1」的比例，慢慢加水和勻。如此，便能炸出酥脆的口感。

《炸什錦餅》

葉與莖可用來炸什錦餅。下鍋後，只要從正上方將麵衣撥散，便能炸出完整的一塊餅。待表面凝固後再翻面續炸。

《油炸根部》

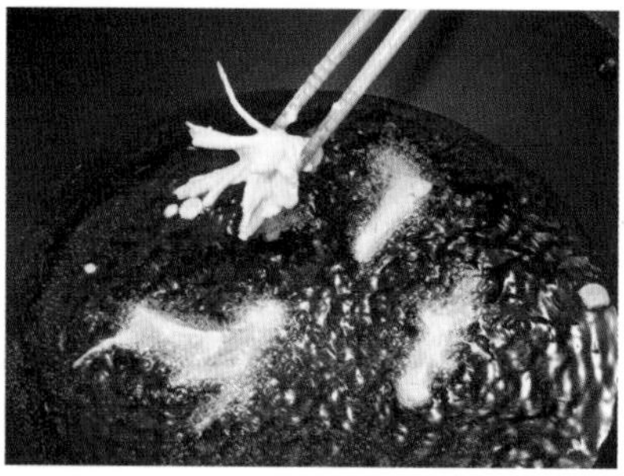
菜根先拍上一層麵粉後，再沾裹麵衣油炸。竅門在於，下鍋時要讓根鬚呈開展的狀態。

烹調要訣

因爲水芹原本就是日本的野生菜，所以在調味上，也是跟日本傳統的發酵調味料比較搭。例如，使用以醬油做成的三杯醋、以味噌做成的醋味噌，或是芝麻等來做涼拌菜。另外，以昆布高湯做成的浸漬醬汁，也是不錯的選擇。

適合組合搭配的蔬菜

百合科的蔬菜，以及香氣獨特的蔬菜

豆瓣菜

山芹菜

竹筍

洋蔥

從葉到根，全炸得酥脆
將香氣完全封鎖起來

水芹天婦羅

《時期：上市》

材料［4人份］

水芹……1把
竹筍……⅛支（尖端的部分）
麵衣（麵粉與太白粉以10:1的比例混合，再緩緩倒入冷水和成糊狀）……適量
麵粉（當黏著劑用）、炸油……適量
沾醬
- 蔬菜高湯（p.23）或高湯（p.21）……120cc
- 醬油……80cc
- 味醂……40cc

白飯……4碗

1 將水芹分成葉、莖、根等三部分。以清水浸泡後，仔細拭去水氣。

2 將沾醬的材料倒入小鍋內，煮開。

3 熱油至170℃。油炸裹好麵衣的菜根。混合葉、莖，裹上麵衣，炸成什錦餅。（沾裹麵衣前，先輕拍上一層麵粉）

4 取器皿盛飯，擺上什錦炸餅與竹筍，最後淋上沾醬即可。

重點☞ 油溫維持在170℃，便能炸出酥脆口感。

連浸漬醬汁也充滿水芹香。
一道清新洋溢的日式料理

淺滷水芹

《時期：上市～尾聲》

材料［4人份］

水芹……2把
薑片……1片
浸漬醬汁
- 昆布高湯（p.21）……1杯
- 醬油……⅔杯
- 味醂……⅓杯

1 將薑片切絲備用。水芹摘除根部後泡水。

2 將浸漬醬汁的材料拌勻，加熱煮開後，靜置冷卻。

3 水芹以沸水迅速汆燙，然後置於竹篩上放涼。待冷卻後，擰乾水分，切成容易食用的大小。

4 將**2**的醬汁與**3**的水芹拌勻，盛裝於器皿中，並以薑絲點綴即可。

重點☞ 醬汁與水芹在二者溫度大致相同的情況下混拌，就能保持色澤的鮮豔。

提前採收的
年輕竹筍，
水煮後切片，
沾取一點山葵食用，
便是一道人間美味。

竹筍（孟宗竹）［禾本科］

◎原產地

中國江南地區

◎產季

3月～5月

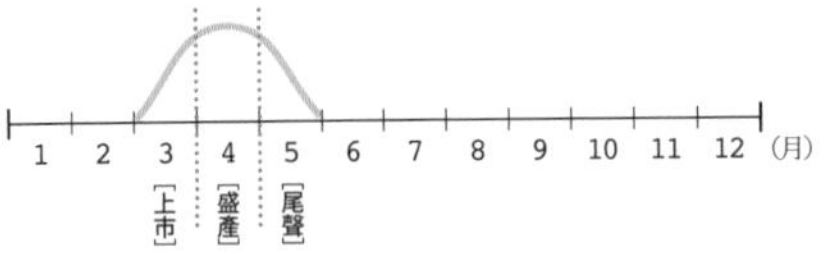

[上市] 體型小而脆嫩，香氣強。

[尾聲] 體型大。質地變硬，嗆味變重。

◎日本主要產地

九州全區、靜岡（北限至福島）、千葉

◎臺灣主要產季和產地

2月～5月爲春筍

11月～2月爲冬筍

南投、嘉義

竹筍是時間命。剛採收的上市期竹筍香氣最強。

我想沒有哪種蔬菜會像竹筍這樣，味道每個時刻都在改變吧。三月初，從九州南部開始北上的竹筍前線，於五月抵達東北南部；但因

竹筍的生長速度相當快，一旦冒出頭，才過沒幾天，就因質地變硬且苦味加重而完全無法食用。如同「筍」一字是竹蓋頭再加上旬，若錯過了竹筍產季，便無緣相見，是一年一度的味覺饗宴。對我而言，剛上市的竹筍尤其是每年春天的一大樂趣。只要做好事前的處理，竹筍就像生魚片般可以直接生食。令人驚豔的清新香氣，充滿稍縱即逝的年輕風味。當然，進入產季尾聲的竹筍，也有獨特的風味。雖然個兒大又有苦味，不過，若有充分加熱，便會釋放出更爲深邃的滋味。

竹筍的鮮度是命脈所在。從剛採收的瞬間起，澀味就會不斷加重，因此，竹筍一到手後，最重要的就是立即處理。事前的處理如果有仔細做好，竹筍的味道便已決定了一半。年輕的竹筍，無論如何烹調，也不會失去緊緻香氣與口感。

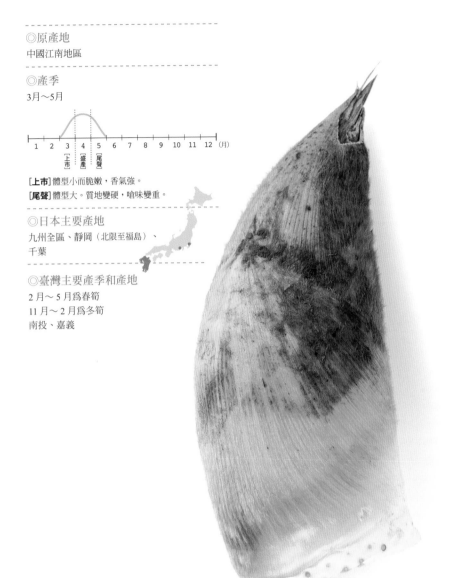

解體

根部質地較硬處，採橫切圓片。上半部的嫩脆部位，則採縱切。

首先是解體

以位於根部的線（節）變薄且凹陷之處爲界，由於下半部的質地偏硬，因此要從這裡將竹筍切分。剛上市的小竹筍可直接分成2段，而體型較大的竹筍，可於筍尖處再切一刀，分成3段。

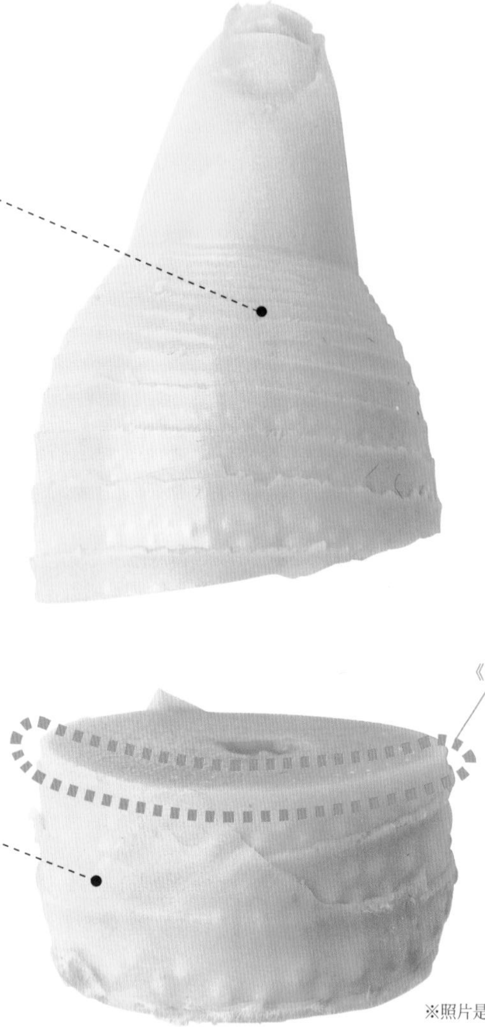

※照片是以上市期的竹筍爲例

◎如何挑選◎

1 筍尖緊實，未呈綠色。
※若呈綠色，表示竹筍有照到陽光，已生長過度。

2 外皮有光澤，含有水氣。

3 根部呈圓形，底邊的疣點沒有變成紫色。

筍尖／中段部位

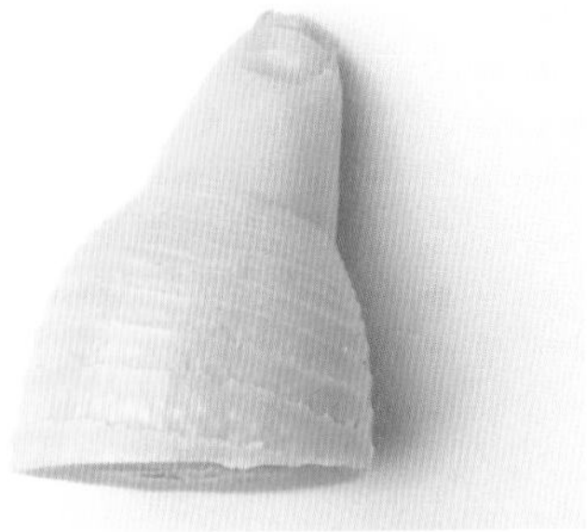

特徵◎越接近筍尖越脆嫩，且少有苦味。因橫切圓片容易破裂，故採縱切成薄片，或4～8等分的小塊。

料理◎筍尖……直接油炸／簡易滷菜

中段部位……炒食／滷菜／天婦羅

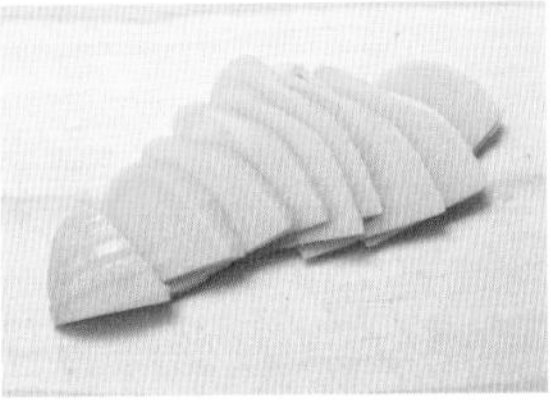

從筍尖至中段部位，基本切法爲順著纖維紋路切成薄片。

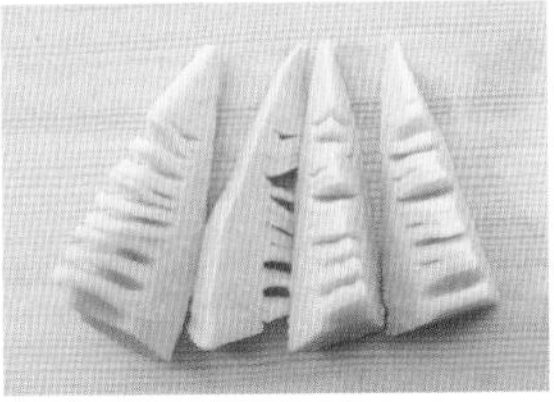

從筍尖直至中段部位，縱切成數等分呈放射狀的小塊。

根部

特徵◎纖維越紮實、質地偏硬。由於苦澀味重且味道濃郁，因此適合做成充分加熱過的料理。

料理◎滷菜／炒食／蒸飯

筍絲再切丁。適合用來蒸飯或炒飯。

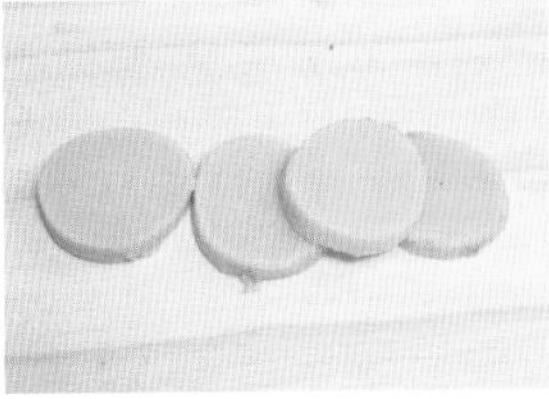

根部因質地較硬，必須橫切圓片，將纖維切斷，才容易食用。

圓片再切絲。適合用來炒食。

保存

浸泡在竹筍水中，冷藏保存

以生的狀態保存，纖維很快就會老化。保存前要先煮過。將竹筍連同竹筍水或清水，一起裝入密閉容器中，放冰箱冷藏。請於三～四日內食用完畢。

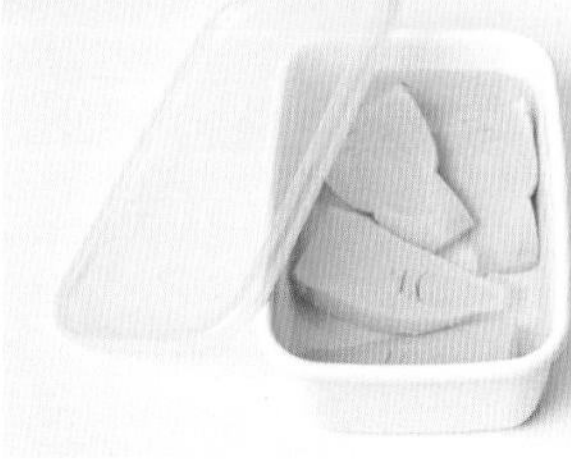

竹筍水（或清水）要剛好蓋過竹筍。

烹調技術

竹筍的事前處理就是一切，不會造成鮮度流失的「買回當日立即水煮」，正是鐵則所在。

基本烹調方式

1 鮮度是命脈。買回當日就得立即處理。

2 上市期的竹筍稍微加熱即可，產季尾聲的竹筍則須充分加熱。

事前處理

竹筍連皮一起水煮，以小火慢煮1小時以上

重點在於連皮一起水煮。因爲外皮含有能夠使竹筍變嫩的成分。煮好後，靜置一晚自然冷卻，接著再剝皮保存。

《事前水煮的材料》
竹筍…約600～700g
米糠…2杯
紅辣椒…2～3根

《事前處理的步驟》

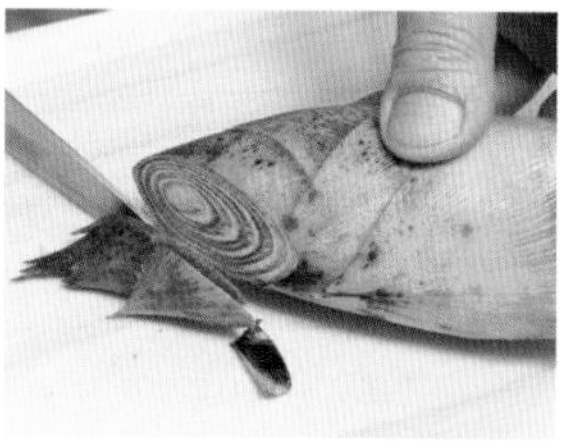

1 切除筍尖
將竹筍清洗乾淨。外皮若有2～3層交疊在一起，爲了讓內部容易受熱，請斜刀切除筍尖。

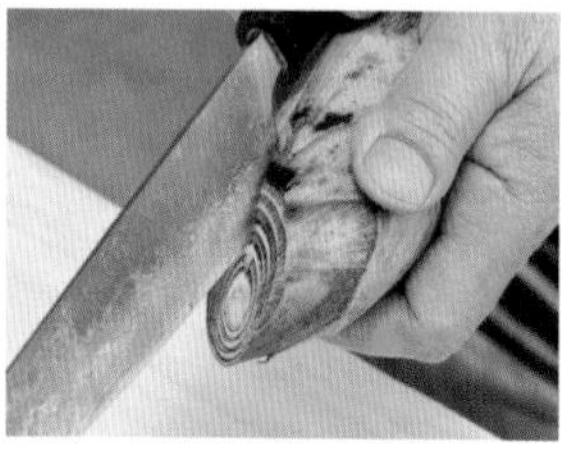

2 於竹筍兩面的正中央處劃刀
將斜切面朝上，於正中央處縱向劃上一刀。

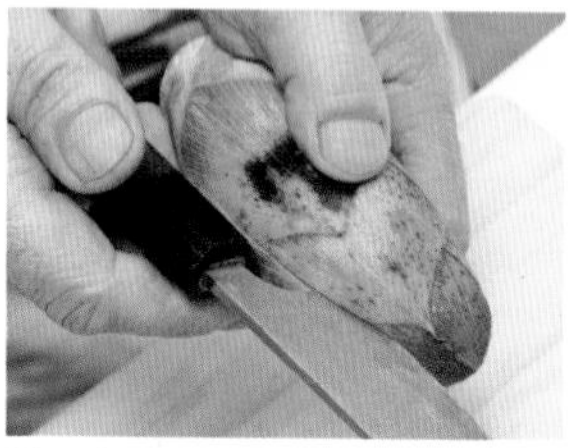

3 翻至背面，再劃一刀
背面也同樣劃上一刀。另外，切口若直達根部，會使味道變差，因此得特別留意。

4 水煮
取一大鍋，倒入約可蓋過竹筍的水，並放入米糠與紅辣椒。開大火加熱，煮開後如果有渣沫浮出，則以濾網撈除。紅辣椒有助於去除嗆味。

5 以小火持續煮約1小時
煮開後，轉小火續煮1小時以上。蓋上鍋蓋煮尤佳。煮至以竹籤可以刺透根部即可。

6 整鍋直接靜置一晚冷卻
讓竹筍泡在湯汁裡靜置一晚（半日以上）冷卻。要是馬上取出沖水，容易傷及筍身，或造成肉質收縮。待冷卻後再仔細沖水洗淨。

7 剝皮
雙手分別握住筍尖與根部，稍加施力扭轉，外皮就會像脫皮般剝落。至於筍尖的部分，則以手指扭轉剝除。

切法

上半段縱切，根部橫切

《採拉切法》

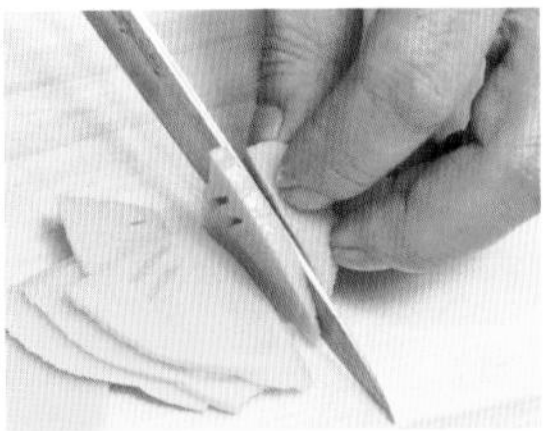

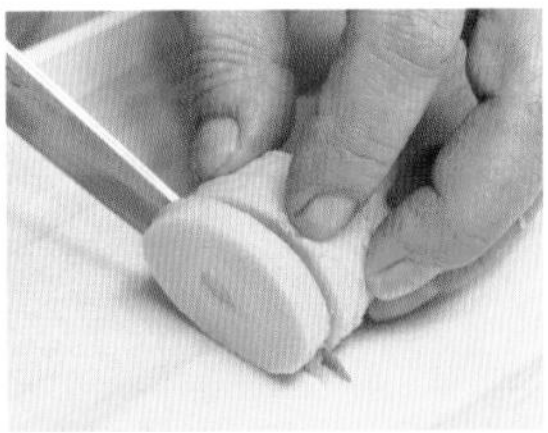

容易崩裂的竹筍上半部採縱切，根部採橫切圓片。以拉切法切削，就不會傷及纖維，自然較無澀味。

《根部的處理》

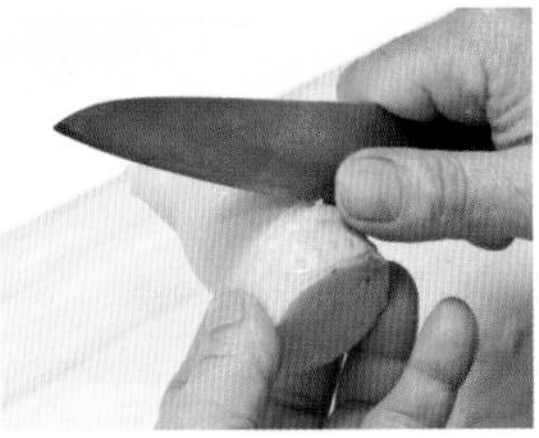

事先削去根部的疣點或凸起物，食用的口感會更好。

加熱

上市期的竹筍脆嫩多汁，只須稍微加熱。進入產季尾聲後，由於纖維老化、質地變硬，必須充分加熱。

1 炸

以170℃的油溫迅速油炸。炸好後，只要撒上一撮鹽，便能品嚐到當季竹筍的美味。

2 炒

將筍片平鋪在平底鍋內，不可交疊，以免受熱不均；而另一重點，則是直至熟透爲止，絕不可翻動筍片。

單只用油煎炒，難使味道融爲一體。於煎炒途中加水，讓竹筍暫時釋出味道，之後再加入調味料，煮至水分收乾，使味道再次回到竹筍裡，且表面呈油亮感。

3 水煮

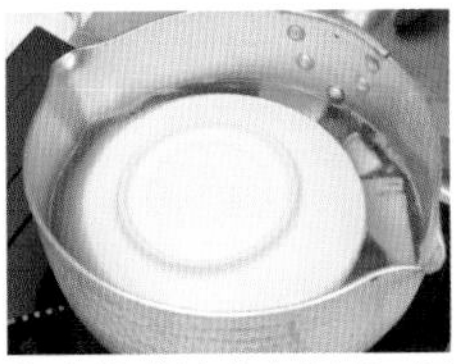

蓋上鍋蓋以小火細煮，便能使竹筍完全入味。煮好後，讓竹筍直接浸泡在湯汁中，靜置冷卻。

烹調要訣

竹筍的味道時時刻刻都在改變，按時期調整烹調方式甚爲重要。上市期的竹筍，單單水煮便香氣撲鼻。其竅門就在於，不要過度入味。至於產季尾聲的竹筍，那就要煮至充分入味才行。如此這般，同樣是做成滷菜，上市期的竹筍只要稍微煮過、清淡入味即可；而產季尾聲的竹筍則要充分煮至濃郁入味。另外，我個人的推薦，吃竹筍飯時，請一定要配上一碗「土當歸味噌湯」，這樣的組合能夠讓你飽享春天的氣息喔！

適合組合搭配的蔬菜

同爲禾本科的米，以及百合科的蔬菜等

洋蔥

薑

油菜花

土當歸

蘆筍

◎其他適合組合搭配的食材
裙帶菜、薄片油豆腐、羊栖菜、乾燥豆

滷竹筍與油豆腐

與油豆腐一起滷煮，濃郁的風味最下飯

《時期：上市～盛產》

材料［4人份］

竹筍（上½）……2支分量

油豆腐……1大塊

昆布與乾香菇高湯（p.21）……約2杯

醬油……2大匙

味醂……2½大匙

1 將竹筍上半部的½縱切成6等分。油豆腐迅速汆燙去油後，切成與竹筍塊相當的大小。

2 倒入高湯於鍋中，再放進竹筍與油豆腐，以大火烹煮。煮開後，撈除渣沫，加入調味料，轉中火並蓋上鍋蓋滷煮。

3 待竹筍與油豆腐完全入味後，熄火。先靜置片刻，使味道融為一體，再盛裝於器皿中。

重點☞ 蓋上鍋蓋滷煮，更有助於入味。

竹筍丼

蒸煮，鋪上。雙重美味的奢華丼飯

《時期：盛產之後》

材料［5～6人份］

竹筍……1支

米……3合

乾煎用調味料

- 蔬菜高湯（p.23）或水……3大匙
- 醬油……2大匙
- 味醂……1大匙

薑片……1片

沙拉油……1大匙

蒸飯用調味料

- 昆布與乾香菇高湯……煮飯所需的量
- 醬油……1小匙
- 味醂……1½大匙
- 鹽……1小匙弱

1 竹筍水煮過後，將下半部的⅓切成5mm的小丁；上半部的⅔則縱切成薄片。

2 將米、筍丁，以及蒸飯用調味料放入電鍋蒸煮。

3 於平底鍋中倒入沙拉油，將薑片爆香後，放入竹筍薄片。待筍片煎至焦黃，加入少許水燒煮，同時也加入乾煎用調味料，與筍片拌勻。

4 將煮好的2的竹筍飯盛裝於器皿中，並鋪上竹筍薄片。手邊如有玉簪花嫩芽等綠色菜葉，亦可用來做裝飾。

重點☞ 乾煎時，調味料要在食材煎至焦黃時加入。

內田流 6 column

蔬菜的雙手工作

蔬菜會主動回應雙手的溫柔對待

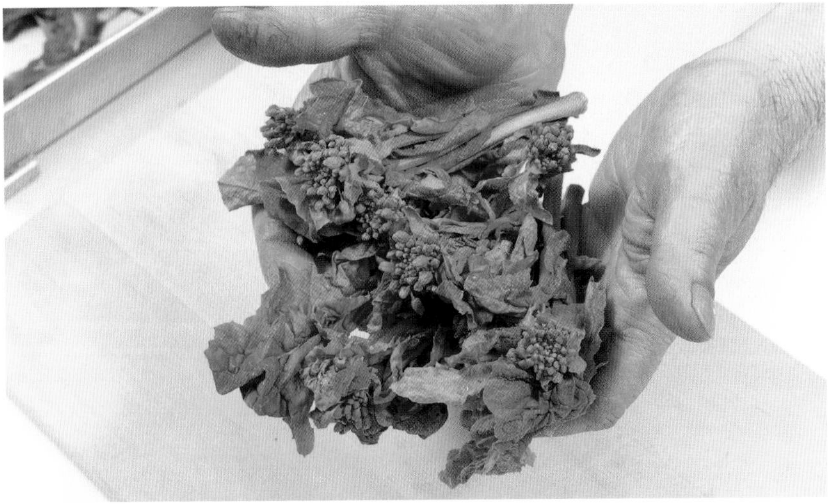

葉菜類買回家後，不要直接放入冰箱。首先，將蔬菜從拘束的塑膠袋中取出，好好解放一下。接著，以雙手捧著蔬菜，如同在哄小孩般，輕輕地左右晃動。如此一來，蔬菜就會慢慢甦醒。只見蜷縮的葉片精神抖擻地開展，色澤也愈發亮麗鮮明。

對待蔬菜之際，「手」得化身為最溫柔的道具。有的時候，是取代菜刀；有的時候，是取代長筷；甚至有的時候，還得化身為搖籃（如上圖所示，輕哄著蔬菜）。以菜刀「唰」地切下，速度雖快，蔬菜卻容易產生澀味。纖細的菜葉，最好還是以手輕柔摘折。至於擺盤，也不是只能靠筷子。以手指輕輕擺放，事實上更易於調整。

蔬菜，感受得到烹調者的呼吸。烹調者如果草率待之，蔬菜的味道也會變得很馬虎。不過，只要溫柔待之，蔬菜就會以最好的味道來回應。上述的這一切，是我從經驗中學習得來，並且在不知不覺中所養成的習慣。疼愛蔬菜的心情。期待蔬菜變好吃的心情。但願大家都能熟練的使用雙手，將這些心情傳達給蔬菜。

放輕力道搓揉，清除絨毛。

裝盤時，以手擺放。

以手混拌，使味道完全融為一體。

纖細的葉片，以手指摘折。

以手撕開，比較容易入味。

芹菜葉不好使用。
不過，請試著炸成天婦羅看看。
只要吃過一次，你就會對它深深著迷。

芹菜

[繖形花科]

強烈香氣的持有者，等待產季來臨，躍升爲主角。

◎原產地

地中海沿岸～中東

◎產季

3月～5月

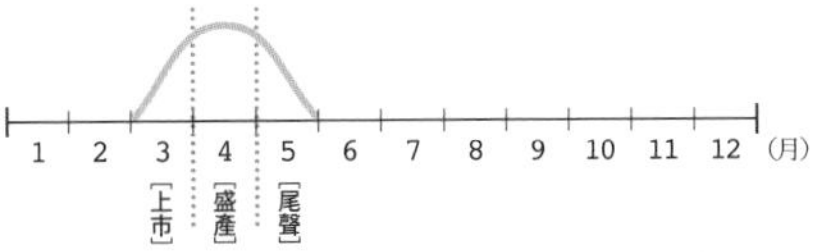

[上市] 纖維細緻柔軟，水分多。

[尾聲] 纖維較粗，質地硬化。

◎日本主要產地

長野、靜岡

◎臺灣主要產季和產地

10月～4月

彰化、雲林

我聽說以前，當芹菜還只是地中海地區的野生菜時，常作爲藥草來使用，甚至有時還會被拿來當除魔的道具。當然，這很可能是因爲它那強烈的香氣所致，但即使到了現代，芹菜在基本調味上，也是絕不可或缺的香味蔬菜。在我個人的廚房裡，芹菜就是一年四季都有的常備蔬菜。話雖如此，其實芹菜原本也是有產季之分。春天產的芹菜，不只是香氣可使用，味道也很棒！

首先是香氣。芹菜的香氣不僅強烈也十分細緻。至於口感，由於芹菜的纖維柔軟，因此咬起來既清脆又爽口。而能夠使芹菜這些特色有所發揮的烹調法，我最推薦熱炒。芹菜與油的親和性佳，以大火快炒，就不怕嚐不到它的香氣、口感，以及鮮明的翠綠。其中重要的是，要懂得與芹菜的纖維質好好相處。因爲芹菜全身上下幾乎全都是纖維，只要事先將它那似乎會破壞口感的筋絲，由上而下撕除，並澆熱水燙過，便能輕鬆做出好料理。這是所有芹菜料理都共通的事前處理，大家要盡早養成習慣喔！

※日本的主流爲Cornell種。綠色種的產季在於秋冬。

解體

菜莖雖同樣是莖，粗的地方與細的地方，味道卻各有不同。

首先是解體

大致分成4個部位。先從莖的第一節（凹陷處）分切成2段。上半段的部分，再將最頂端的葉與兩旁的葉，連同莖一起切下。下半段的部分，則從下方較粗的白色菜梗處切斷。

※如果是整把買回來，要將虛線以下的部位切除。

◎如何挑選◎

1 筋絲的間隔多而細密。

2 葉片柔軟，呈淡綠色。

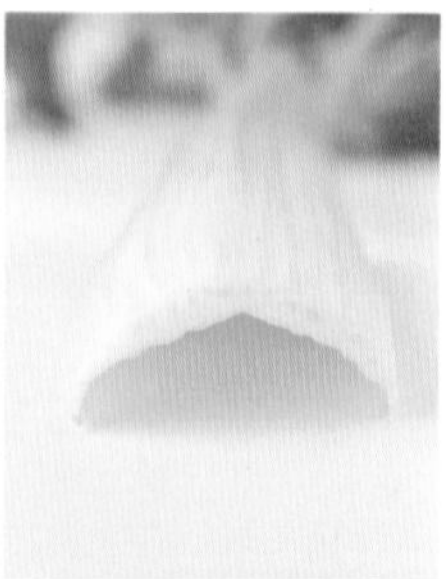

3 莖粗、質地厚，頗具分量。

莖（上）

特徵◎上半段的年輕菜莖較爲青嫩，香氣也較強。將筋絲撕除後，無論生食或熟食均可使用。
料理◎沙拉／西式醃菜／炒食／炒煮／湯品／香味蔬菜

葉

特徵◎質地較硬，香氣強。若是上市期的芹菜葉，因較爲柔軟，亦可加進沙拉。
料理◎天婦羅／佃煮

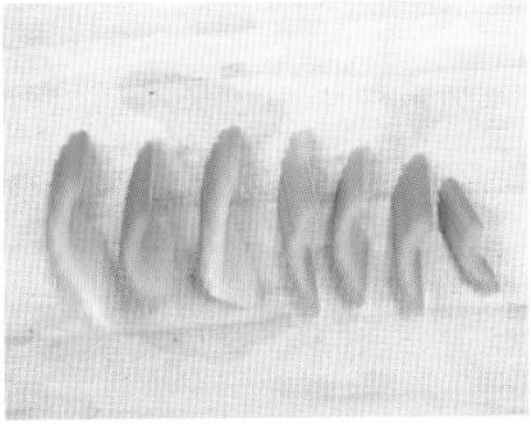

產季尾聲的芹菜莖質地老硬，採斜切，好切斷纖維。

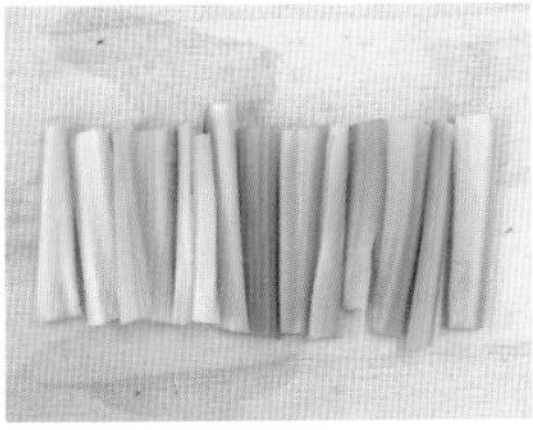

剛上市的芹菜莖脆嫩多汁，採縱切。

莖（下）

特徵◎下半段的粗莖纖維粗硬。將筋絲撕除後，加熱烹調。
料理◎炒食／炒煮／佐蒜香鯷魚熱沾醬（Bagna càuda）等味道濃郁的沾醬食用

保存

以報紙包裹

以報紙包裹、噴灑些水後，放冰箱冷藏。芹菜老得快，葉片容易變黃或乾癟。請於四～五日內食用完畢。

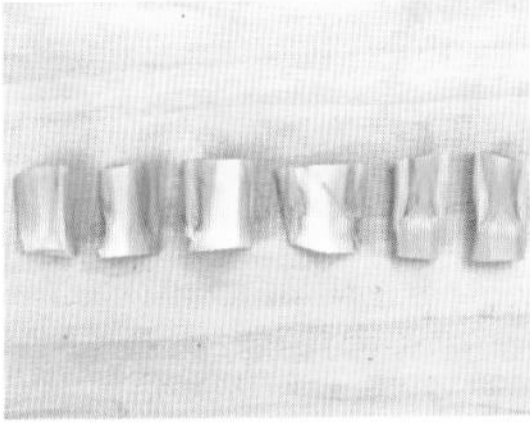

將根部較粗的部位，縱切成2～6等分使用。

莖（粗梗）

特徵◎富含芹菜特有的美味，對切成兩半，用於加熱烹調。
料理◎炒食／炒煮

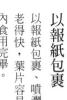

烹調技術

清脆爽口的口感，全靠去筋絲的工夫。以菜刀抵住菜莖，由上往下撕除。

基本烹調方式

1 仔細做好去筋絲與去澀的處理。

2 炒菜時，要讓纖維內部確實受熱。

事前處理——去筋絲

由上往下撕除

以菜刀抵住芹菜莖外側較硬的筋絲，由上往下撕除。青嫩的細莖，只要撕除外側較醒目的纖維即可。如採斜切，由於纖維會被切斷，因此就不必撕除筋絲。

《去筋絲》

由上往下撕除。要是從根部開始撕除，纖維則容易斷裂。

切法

剛上市的縱切，進入產季尾聲的斜切

纖維有無切斷，會影響到口感。在進行切削時，要特別留意。

《上市—縱切》

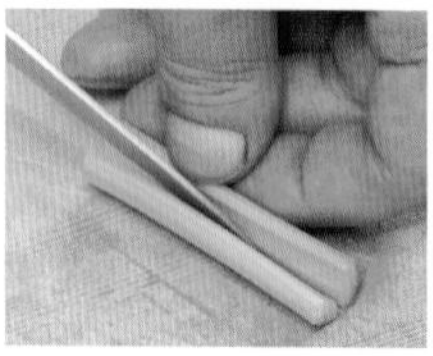

依個人喜好切成適當的大小。順著纖維，以刀尖縱切，就比較不會有澀味。

《尾聲—斜切》

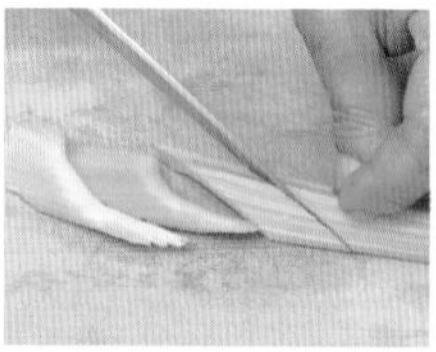

只要撕除外側較醒目的筋絲即可。以刀尖斜切，切斷纖維。採用這種切法，不僅容易入味，口感也較脆嫩。

事前處理——去澀

加熱烹調之際，也要先澆過熱水

生食的時候，請將芹菜切段、泡水。如要加熱烹調，也得先澆熱水去澀。

《澆熱水》

欲進行熱炒等加熱烹調，或做成西式醃菜時，請將切好的芹菜置於濾網中，均勻澆下熱水。

《泡水》

欲做沙拉生食時，芹菜切好後立即泡水，使口感水潤爽脆。如果要使用葉片，處理方式也相同。

《拭去水分》

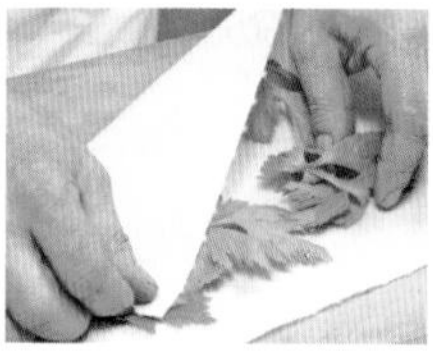

葉片泡完水後，要將水分拭乾。

烹調要訣

芹菜作爲香味蔬菜使用時，因爲葉會導致顏色變濁，僅使用莖的部分。不過，芹菜葉若拿來做佃煮，那就很美味。葉片氽燙1～2次後，如同烹調款冬的葉片般，加入高湯、醬油與味醂一起炒至呈濃稠狀。另外，生的芹菜葉切碎後可加入沙拉，或是作爲湯品的點綴，也別有一番風味。

適合組合搭配的蔬菜

同爲繖形花科的蔬菜，以及香味蔬菜

洋蔥　土當歸　豆瓣菜　款冬　水芹

加熱

1 炸
以高溫迅速油炸

《炸芹菜葉》

裹上薄薄一層麵衣下鍋油炸，同時以長筷調整葉片的形狀。

將葉片攤開，以170℃高溫迅速油炸，炸出來的顏色就會很漂亮。油溫若過低，不僅容易褪色，油膩感也較重。

2 炒
纖維要充分加熱

口感要好，就必須讓芹菜的纖維充分加熱。

《加熱順序》

按質地硬度的不同，所需的加熱時間也不同。先放入質地較爲老硬的下半段菜莖翻炒。

《加水》

加水可以使芹菜釋出味道。在熬煮的過程中，這份味道會再隨同調味料一起回到芹菜（蔬菜）裡去。

滑溜！清脆！絕妙口感的搭配

炒芹菜冬粉

《時期：上市～尾聲》

材料［5～6人份］

芹菜（莖下½與粗梗）……100g
冬粉……25g
木耳（經泡水恢復原狀之物）……25g
大蒜……¼粒
紅辣椒……1根
沙拉油、麻油……各1大匙
乾香菇高湯（p.21）……4大匙
醬油……2大匙
味醂……1大匙
鹽……少許

1 芹菜斜切片。紅辣椒去籽。冬粉泡軟備用。

2 於平底鍋內倒入沙拉油，將大蒜與紅辣椒爆香。放入芹菜梗，以大火翻炒。炒至油亮後，轉中火，加入剩餘的芹菜莖續炒。

3 加入高湯，待芹菜的色澤改變，放入木耳，以醬油、味醂和鹽調味。先炒後煮，起鍋前再淋上麻油即可。

即便油炸過，清新香氣依然猶存

芹菜葉天婦羅

《時期：上市》

材料［5～6人份］

芹菜（葉）……4支分量
麵衣（麵粉與太白粉以10:1的比例混合，再以清水和成糊狀）……適量
麵粉……少許
炸油（沙拉油與麻油）……適量
鹽……適量

1 芹葉片泡水約10～15分鐘後，撈起並拭乾水分。

2 熱油至170℃。葉片先輕拍一層麵粉、再裹上麵衣，下鍋油炸。完成後，撒鹽享用。

這一碗，好吃到讓人受不了。
春天的早晨，
就靠著土當歸味噌湯甦醒！

土當歸

[五加科]

招喚春天降臨體內的山菜佼佼者。因爲很有個性，烹調法也千變萬化。

剛上市的土當歸一入嘴裡，那鮮明強烈的風味，頓時喚醒沉睡的身體。土當歸，就是個昭告春天來臨的山菜代表選手。我的家鄉在北海道。

小時候，一到了五月，就常會看到野生當歸的幼芽，從後山的各個角落冒出。剛採收的野生當歸，即使生食也不會有嗆味，味道十分清新。可惜的是，現在市面所販售的土當歸，幾乎都是栽培種。當歸有土當歸與山當歸。山當歸比較接近野生種，個兒雖小，味道卻相當濃郁。

　土當歸極有個性，它那清冽的香氣、苦味以及爽脆的口感，截然不同於其他任何一種蔬菜。再者，由於土當歸從嫩芽到外皮，全部都可食用，因此稱得上是很寶貴的蔬菜。土當歸的外皮雖帶有絨毛且澀味重。然而，土當歸特有的風味卻全蘊藏其中。將外皮厚削切片，便可做出一道充滿苦澀大人味的炒金平。至於穗尖的嫩芽，則適合炸成天婦羅。基於土當歸的獨特個性，烹調法也跟著千變萬化。不過，唯獨澀味的部分，一定要確實處理好。因爲這正是做出好味道的關鍵所在。

◎原產地

日本以及東亞

◎產季

3月～5月

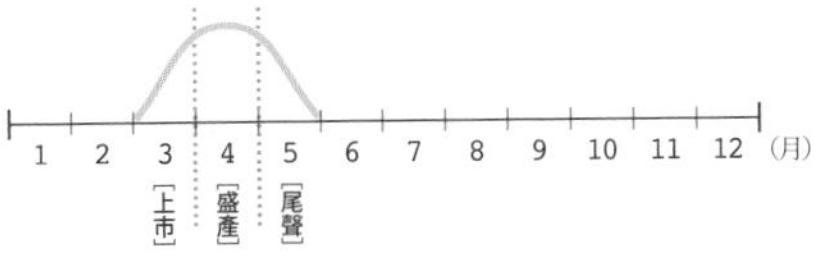

[上市] 青嫩多汁，澀味重。

[尾聲] 外皮變硬厚，有苦味。

◎日本主要產地

東京、群馬，野生種分布於東北

◎臺灣主要產季和產地

全年

臺灣中高海拔山區

※土當歸：白色當歸，栽培於照不到陽光的地下溫室。山當歸：提供日照，使其如野生當歸般，冒出綠色的嫩芽。

解體

幾乎沒有可以丟棄之處。穗尖、莖稈、外皮等，都各有其獨到的賞味方法。

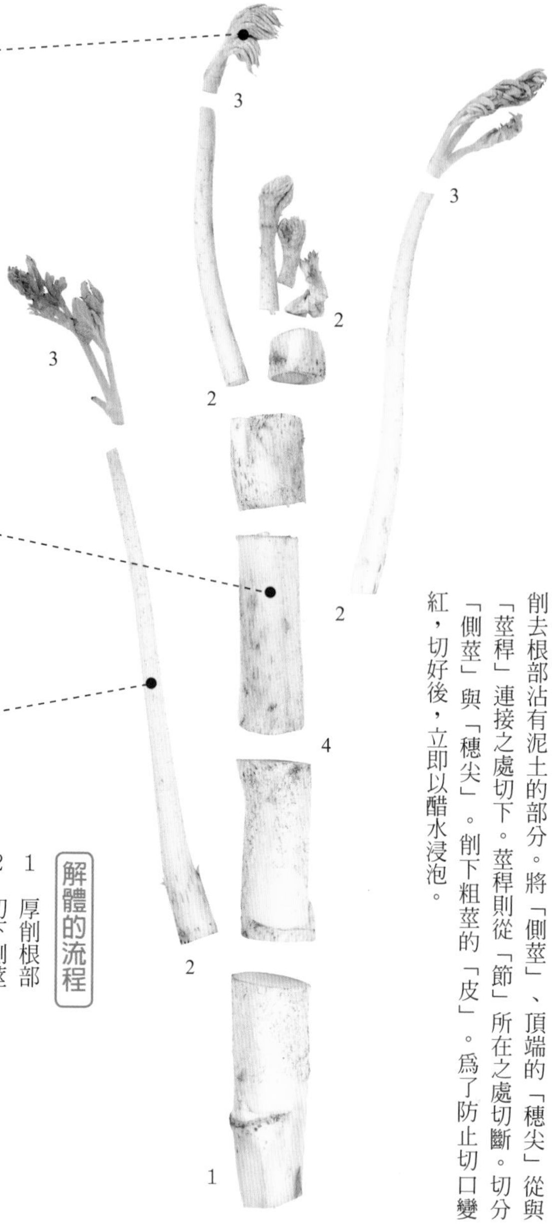

首先是解體

削去根部沾有泥土的部分。將「側莖」、頂端的「穗尖」從與「莖稈」連接之處切下。莖稈則從「節」所在之處切斷。切分「側莖」與「穗尖」。削下粗莖的「皮」。爲了防止切口變紅，切好後，立即以醋水浸泡。

解體的流程

1 厚削根部
2 切下側莖
3 切下穗尖
4 莖稈從節所在之處切斷
5 削皮

◎如何挑選◎

1 穗尖未開展，呈淡綠色。

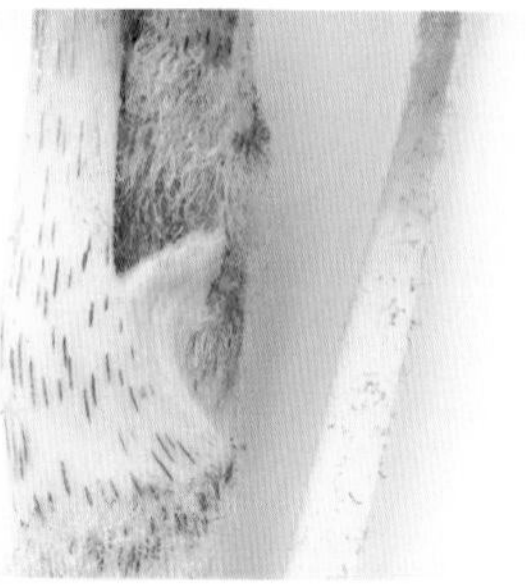

2 莖稈健壯，整體粗細一致。

3 節生長良好，多枝葉。

穗尖

特徵◎香氣、苦味明顯。不必多加工，便可直接做成凸顯其風味的料理。
料理◎天婦羅／味噌湯

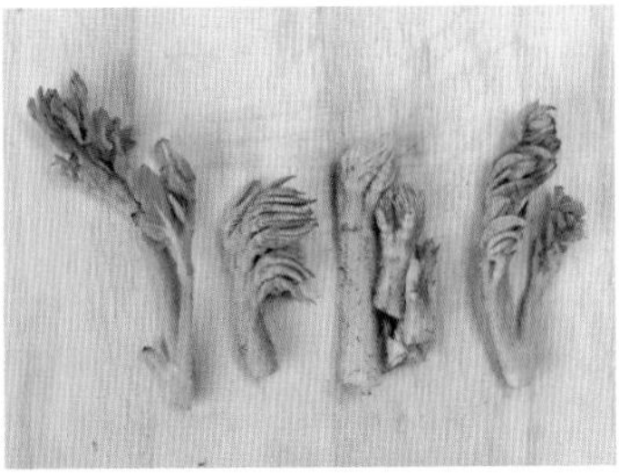

莖（節間）

特徵◎每段節間的味道各有所不同。越靠上半段，皮越薄、澀味越重，且帶有苦味，適合以油烹調。至於下半段，特徵在於帶有清淡的甜味。
料理◎（上半段）醋漬／醋味噌涼拌／炒食／日式湯品（下半段）生沙拉／西式醃菜／醋漬／醋味噌涼拌／滷菜／日式湯品

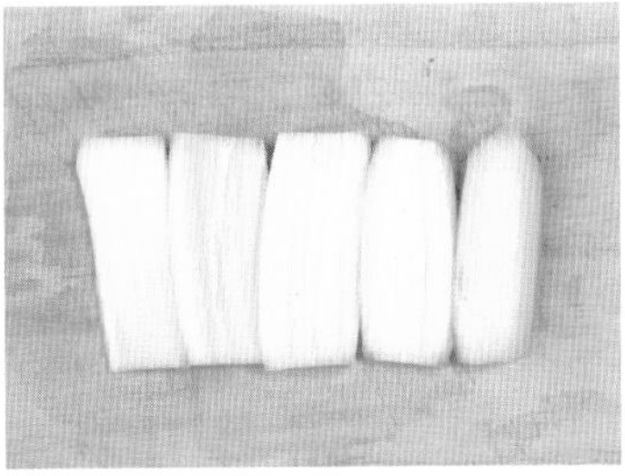

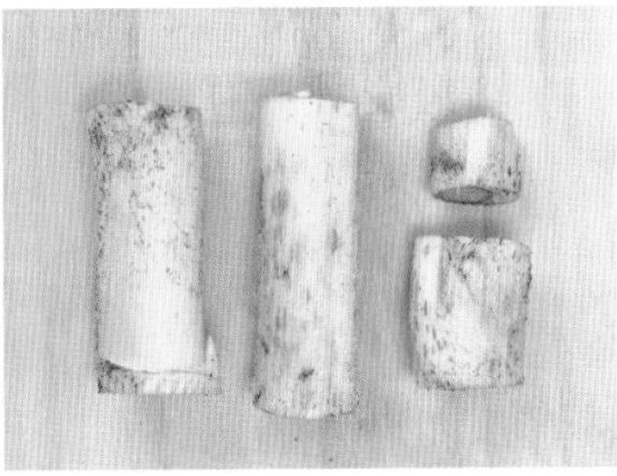

側莖

特徵◎澀味重，帶有苦味。因為外皮薄嫩，可直接斜切使用。適合以油烹調。
料理◎炒食／味噌湯

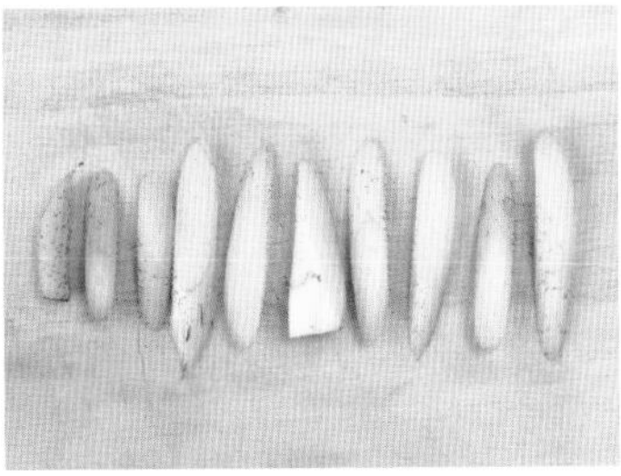

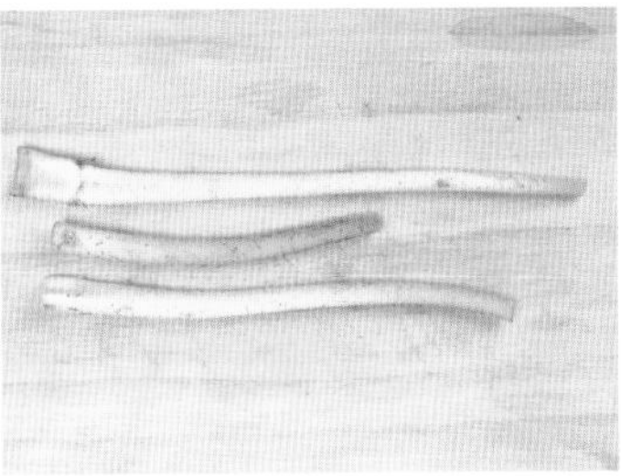

皮

特徵◎土當歸風味蘊藏其中的部位。不必處理絨毛，厚削下來，可用於炒食。
料理◎炒金平

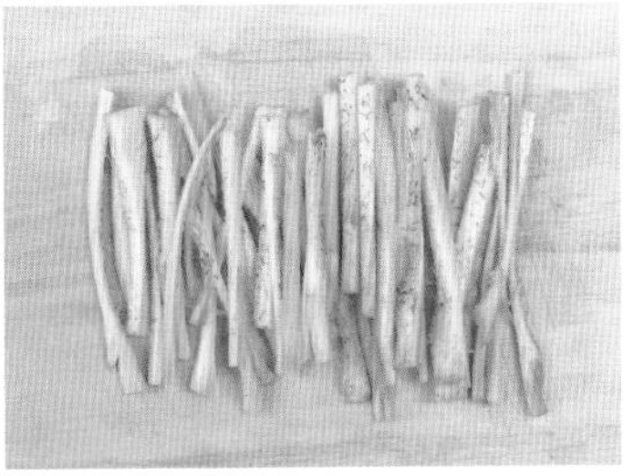

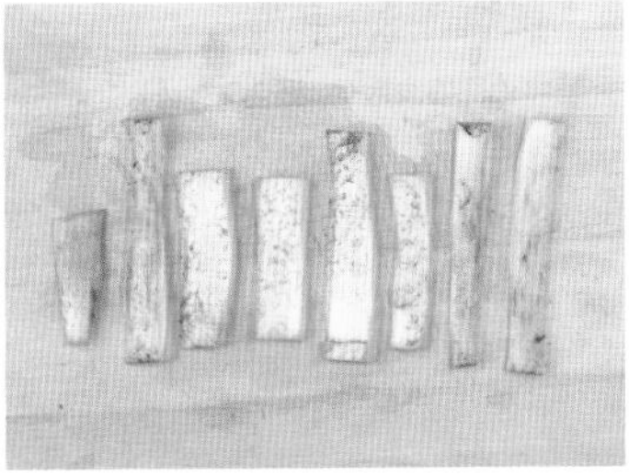

保存

避免日照

若照到陽光，土當歸的質地就很容易硬化。請以報紙包裹，置於陰暗處保存。另外，土當歸一旦以菜刀切過，除了會有澀味產生，也乾萎得快；因此，最好當天就全數烹煮完畢。

烹調技術

事前處理就是一切。厚削外皮、切好後，立即以醋水浸泡，抑制澀味。

基本烹調方式

1 由於筋絲多，外皮要厚削。

2 因澀味重，切好後得立即以醋水浸泡。

切法

外皮厚，順著纖維縱削

土當歸就像是纖維的結塊。竅門就在於，以菜刀順著纖維切。這樣不僅能夠抑制澀味，也不會破壞口感。皮若削得太薄，就會殘留纖維。因此，厚削是亙古不變的鐵則。至於切法，無論是縱切或斜切都行。

《削皮》

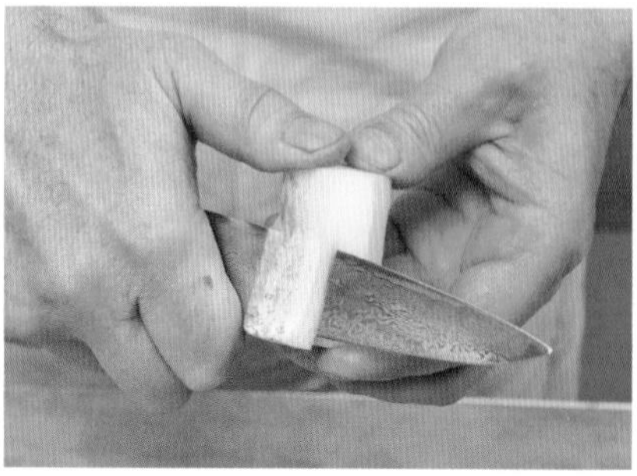

先切成手握得住的段塊。採一刀到底的削法，味道才會滑順。菜刀如果中途停下，便會有澀味跑出而難以入味。由下（粗的一頭）往上（細的一頭）厚削，厚度會比較一致，也好烹調。

《縱切》

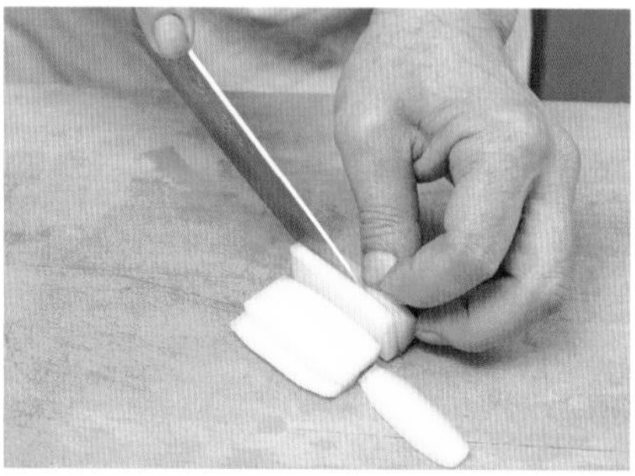

使用刀尖，按料理所需的厚度，縱切成片。無論切方條還是切絲，都以這縱切法爲基礎。

《斜切》

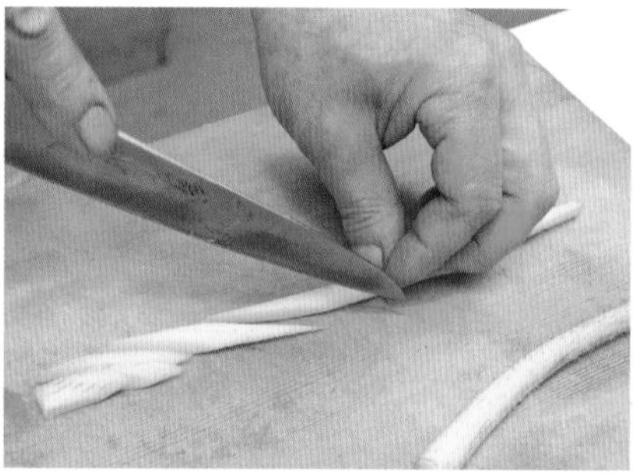

細莖的部分，因爲質地較爲柔軟，可以連皮斜切。

《切絲》

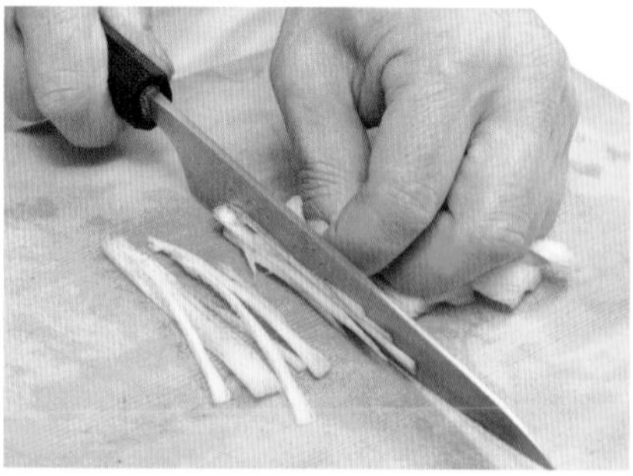

外皮錯開疊放，從邊端開始切起。

內田流

綻放土當歸的魅力

◎煮成味噌湯，可以飽嚐土當歸一切的風味

土當歸料理之中，我首推「土當歸味噌湯」。每年，爲了享受這一碗美味，我總是滿心期待著春天第一批採收的土當歸到來。使用土當歸莖與穗尖的部位；而味噌方面，紅味噌與白味噌都很對味，可任意擇一使用。趁熱喝，第一口便美味得要命！彷彿春天沁香而來。我一面品嚐著苦甘味中的滋養能量，一面如此想著：靠著蔬菜的力量，我的身體也在春天甦醒了。

將浸泡過醋水的細莖與穗尖放入高湯烹煮，煮至仍留有口感的程度後，再依個人喜好，選擇適當的味噌加入攪散。

切法

切好後，立即以醋水浸泡

皎淨的白色正是土當歸的魅力所在。不過，一經切削後，土當歸馬上就會產生澀味且變色。所以，在切削前，要先準備好醋水，方便切好後立即丟入浸泡。

以約爲水量1%的醋調成醋水（※），於烹調前浸泡10分鐘。要注意別浸泡過久，以免味道流失。
※例如：400cc的水，加1小匙的醋。

加熱

1 汆燙

表面顏色一轉白，便立即熄火

對土當歸料理而言，口感也是勝敗關鍵。半生不熟與汆燙過度，都會破壞味道。必須特別留意溫度與汆燙的時間。

《汆燙》

從醋水中撈起後，放入沸水滾煮數分鐘。當表面顏色一轉白，便立即熄火，就能保有恰到好處的爽脆口感。如果想煮至全白，也可用醋水（加入約爲水量1%的醋）汆燙。

《冷卻》

汆燙好後，馬上移至竹篩上放涼。

2 炒

油炒後可抑制澀味，凸顯特有的苦甘味

如穗尖等較靠上半段的部位適合用來炒食。利用油抑制澀味，凸顯其特有的苦甘味與香氣。下鍋油炒前，同樣必須事先泡過醋水。

《油炒》

倒入大量的油加熱後，以大火翻炒。爲了讓土當歸釋出味道，可於翻炒途中加水。水只要加至整體食材均有稍微浸泡到就好。

生食

以醋水浸泡後，撒上鹽

欲做成沙拉生食時，在泡完醋水後，要迅速拭去水氣，並撒上鹽，這樣味道才容易融爲一體，口感也會變軟嫩。

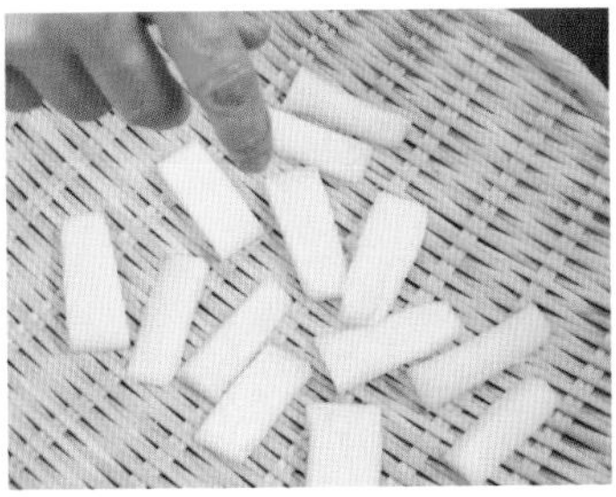

醃漬

做成西式醃菜，能夠保存一個月

去澀後水煮，趁熱以甜醋醃漬。有先充分加熱過，便能去除嗆味，做出清新爽口的醃菜。

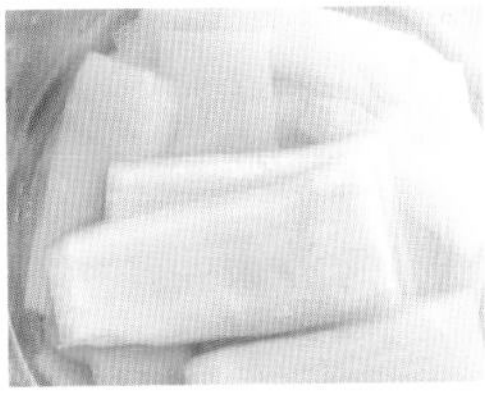

烹調要訣

調味要能凸顯出土當歸的個性。土當歸與醬油、味醂、味噌等發酵調味料的親和性佳，可以做成像是「醋味噌涼拌」、「味噌醃漬」或是「西式醃菜」等料理。至於山葵、薑和紅辣椒等具有香氣的蔬菜，跟土當歸也很搭。另外，土當歸很適合以油烹調，炒煮也是不錯的選擇。

適合組合搭配的蔬菜

山菜類蔬菜，以及有香氣的蔬菜

款冬

竹筍

芹菜

水芹

滿口的爽脆
和風清淡小菜

醋味噌涼拌

《時期：上市～盛產》

材料［4人份］
土當歸（莖稈以下～中段）
……1支分量
醋味噌
醋……3大匙
砂糖……2大匙
味醂……2大匙
昆布高湯（p.21）……1大匙
味噌……3大匙

1 土當歸切成長約3cm的薄片。以醋水浸泡10分鐘後，下鍋汆燙。
2 將醋味噌的材料倒入小鍋內，以微火熬煮後，靜置冷卻。
3 將土當歸盛盤，淋上醋味噌即可享用。

重點☞ 汆燙時，適度加熱可使口感變軟嫩。若過於硬脆，便難以跟醋味噌融為一體，口感也不好。

讓帶有澀味的外皮一展身手！
恰到好處的苦味，教人停不下筷子

炒苦甘味金平

《時期：盛產～尾聲》

材料［4人份］
土當歸（皮、側莖）
……1支分量
薑片……3片
麻油……1大匙
醬油……1大匙
味醂……1大匙
鹽……1撮

1 土當歸外皮切絲，側莖斜切成容易食用的小段。切好後，以醋水浸泡。
2 於平底鍋內倒入麻油，放入薑片爆香後，轉大火，加入土當歸翻炒。待食材整體均已受熱，便加入1大匙水，撒上1撮鹽。加入其餘的調味料調味，並依個人喜好，將土當歸炒至適當的軟硬度後，即可起鍋、盛盤。

重點☞ 加入薑片，是我個人作法的獨到之處。薑能夠去除土當歸的嗆味，使味道變得更圓潤。

內田流 7 column

利用當季蔬菜做成的自製調味料 季節的蔬菜泥

——蔬菜的力量無窮盡

想不到光靠種類有限的當季蔬菜，
就能做出自製調味料，
這真是太神奇了。
當季蔬菜獨有的道地風味，極致的美味。
今年也到了這個季節，
讓我們向大自然的恩惠獻上感謝吧！

《當季蔬菜泥的基本作法》

1 將材料切成適當的大小，以橄欖油拌炒。
2 炒至油亮後，加入高湯，煮至材料熟爛。
3 以果汁機打成泥，並以鹽和醬油調味。
若調不出好味道，可再加入1滴酒精揮發的醋（p.21）。

重點☞

①選用當季蔬菜製作。
②用來作為增加濃稠度的蔬菜，可以選擇澱粉類蔬菜（如馬鈴薯等）。
③蔬菜已有天然甜味，不必再加砂糖。
④春夏季蔬菜油炒，秋冬季蔬菜只要水煮就好。

1 加入高湯，煮至材料熟爛。

2 將所有材料以果汁機打成泥。

3 以鹽和醬油調味。

《當季蔬菜泥的使用方法》

1 「涼拌醬泥」……直接使用。
2 「調味醬」……添加油或葡萄酒醋。
3 「沾醬（如義大利麵、魚料理等）」……添加香味蔬菜或香草。
4 「湯品」……添加高湯（如蔬菜高湯等）。

※冷藏保存1週。
冷凍保存1個月。

油菜花泥

獨特的苦甘味與香氣濃縮其中的個性派蔬菜泥。若加入昆布與乾香菇高湯，味道會變得更細緻。可作為竹筍或土當歸等蔬菜的涼拌醬泥。

材料

油菜花……1把（300g）
馬鈴薯（小）……1顆
洋蔥……⅛顆
芹菜……3cm
胡蘿蔔片……3cm×2片
橄欖油……1大匙
昆布與乾香菇高湯（p.21）……2杯
鹽、胡椒……適量

竹筍泥

熱呼呼的竹筍泥，是充滿苦甘風味的濃縮精華。尤其是進入產季尾聲的竹筍，風味更加深邃濃郁。可作為乾煎蘆筍的沾醬等。

材料

竹筍（上半段）……120g
馬鈴薯（小）……1顆
洋蔥……⅛顆
芹菜……3cm
橄欖油……1大匙
蔬菜高湯（p.23）……2杯
鹽、胡椒……適量

在我決定只用蔬菜烹調，而成為限期素食主義者的那段時間，展現出絕妙之強大力量的，正是以當季蔬菜做成的「蔬菜泥」。作法十分簡單。只要將「高湯＋當季蔬菜」煮過，然後以果汁機打成泥即可。調味方面，除了加少許鹽，或依情況加點醋外，其餘調味料都不加。即便如此，蔬菜泥的味道還是依然強勁有力，因為那是出自於蔬菜濃縮其中的美味。雖說蔬菜極具個性的甜味與香氣，猶如火力全開般，特別顯眼突出，但口中的餘味卻十分清新淡雅。因為實在是太好吃了，所以每當有當季蔬菜送來，我總是懷著躍躍欲試的心情，殷勤地投入蔬菜泥的製作。經過幾番嘗試，就結論而言，除了少數的例外，幾乎所有的蔬菜都能做成蔬菜泥。唯一的條件，是所用的蔬菜必須是當季蔬菜。若非如此，就做不出那強而有力的味道了。

蔬菜泥的用途十分廣闊，不僅可以做成涼拌醬泥或沾醬，若再加入油或香草，也可以做成調味料。另外，蔬菜在不同時期，如剛上市、達到盛產期或進入尾聲，味道也會隨之改變。希望大家可以好好享受這份變化的樂趣。

眞好吃哪！我如此想著。
因爲那是春天的身體渴望享有的——
山菜的苦甘味、澀味、香氣，以及翠綠。

山菜

◎產季

3月～6月（出產於由冷轉暖的短暫季節交替期間）

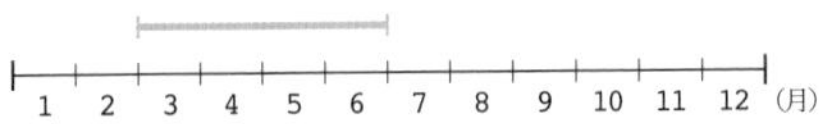

◎何謂山菜……

相對於人工栽培的蔬菜，自然生長於山野間的可食用草木，便以「山菜」稱之。按地域氣候、風土的不同，不僅品種與特性各有差異，產季也不盡相同。近年來，改爲人工栽培的山菜也急遽增多。

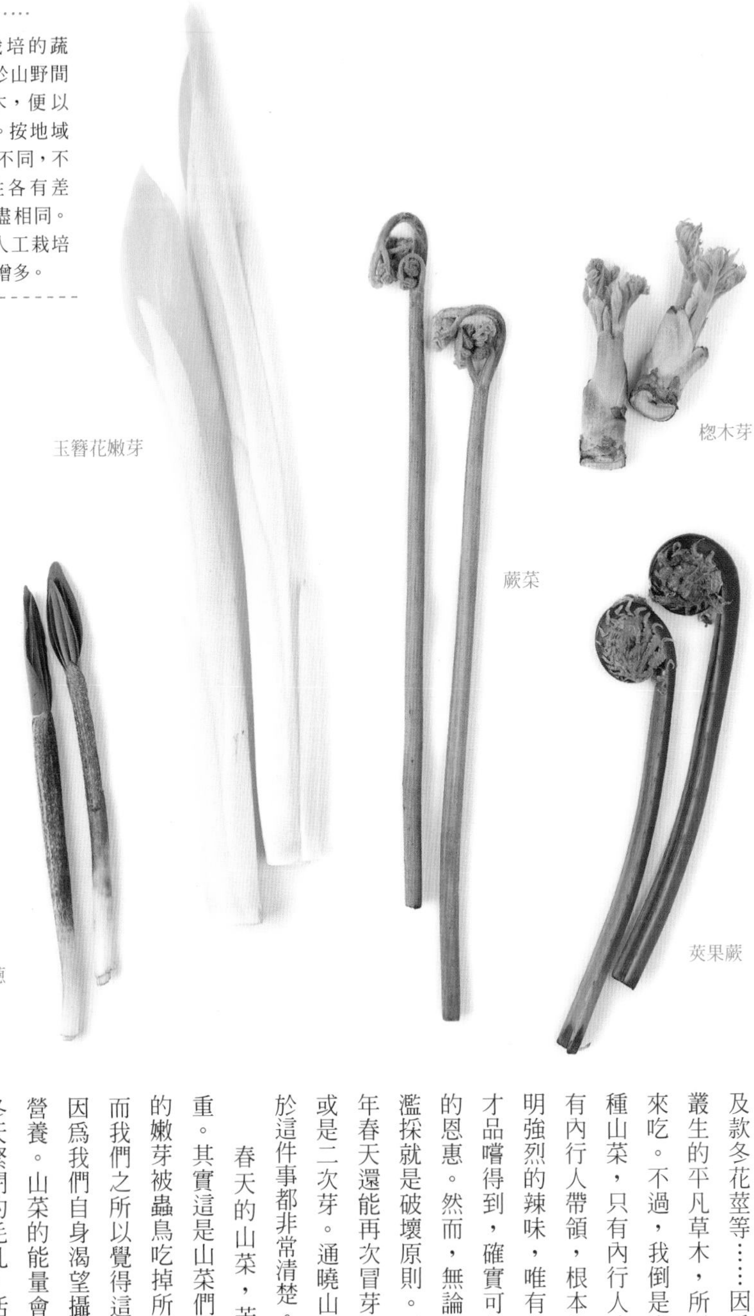

將我們從冬眠中喚醒的個性派春天使者團

在我的家鄉——北海道，待五月雪一融，山野間的草木也跟著吐芽。有筆頭菜、土當歸以及款冬花莖等……因爲這些都是隨處叢生的平凡草木，所以也沒有特地採來吃。不過，我倒是常吃到茖蔥。這種山菜，只有內行人才知道。如果沒有內行人帶領，根本找不到。茖蔥鮮明強烈的辣味，唯有在剛摘採下來時才品嚐得到，確實可稱得上是大自然的恩惠。然而，無論有多好吃，過度濫採就是破壞原則。爲了讓山菜到隔年春天還能再次冒芽，一定要留下根或是二次芽。通曉山菜的內行人，對於這件事都非常清楚。

春天的山菜，苦味與澀味都很重。其實這是山菜們爲了避免剛冒出的嫩芽被蟲鳥吃掉所做的防禦措施；而我們之所以覺得這苦澀美味，則是因爲我們自身渴望攝取這樣的味道與營養。山菜的能量會幫助我們打開在冬天緊閉的毛孔，活化身體排出體內所積存之多餘物質的機能。如此一來，身體就會從冬眠中被喚醒。

烹調技術

山菜是個性派蔬菜。那就做成最能凸顯其風味的簡單料理來享用吧！

基本烹調方式

1 鮮度是命脈。取得當日就得立即做好事前處理。

2 選擇符合其個性的簡單烹調法。

基本的事前處理

以迅速汆燙爲基本原則

少有澀味的山菜，事前處理很簡單。只要洗淨後，「先泡水再汆燙」即可。汆燙完後，置於濾網中放涼。

1 少有澀味的「莢果蕨」、「玉簪花嫩芽」和「　木芽」，以大量清水浸泡10分鐘。

2 放入沸水汆燙。同時處理數種少有澀味的山菜之際，可使用同一鍋沸水，然後從質地較硬的山菜開始，依序放入汆燙。當山菜的色澤變鮮艷，即可撈起。（注）若要炸天婦羅，就不必汆燙。

3 汆燙完後，不泡冷水，直接置於濾網中放涼。

莢果蕨［鱗毛蕨科］

◎如何挑選◎
葉緊實蜷縮，莖軸粗碩

略帶滑溜的清脆口感極富魅力

叢生於九州以北，富含濕氣且日照充足的樹林裡。其中，又以東北地區最具代表性。以水洗淨後，從捲曲的葉端下方下刀切斷，再將下半段的莖切分成容易食用的小段。因少有澀味，可直接炸成天婦羅，或是稍微水煮後，做成涼拌菜、醋漬菜和浸漬菜等料理。與芝麻很對味。

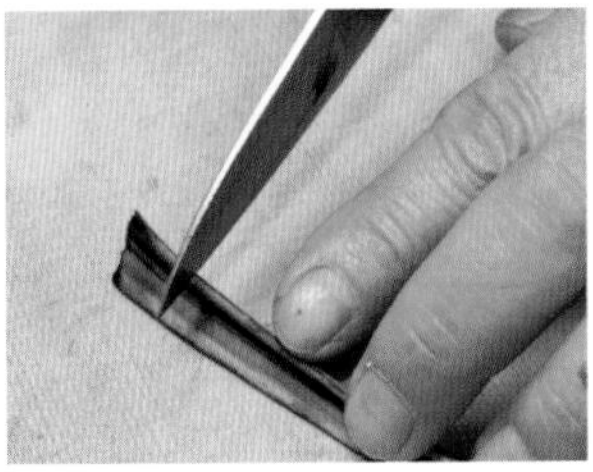

將下半段較硬的部分切除1cm。

玉簪花嫩芽［百合科］

◎如何挑選◎
莖軸粗碩、健壯結實

味道清淡，口感爽脆

生長於日本全國富含濕氣的草地上或河邊。水煮後會有輕微的滑溜感，可享受到其獨特的口感。少有澀味、味道清淡，在烹調上能夠運用的範圍廣闊，例如：適合做浸漬、涼拌、醋漬，或湯料等。不過，由於其纖維軟嫩，要注意別加熱過度。

將嫩芽切分成
綠色的部分與白色的部分

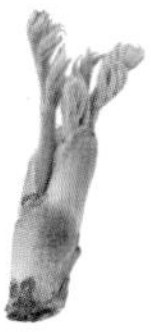

楤木芽［五加科］

◎如何挑選◎
莖稈肥厚，肉質緊緻

帶有苦甘味，以及與土當歸相似的香氣，喚來春意

被譽爲山菜的國王。生長於日本全國山野間、日照充足之處。幾乎沒有澀味，處理時，只要剝除葉鞘，並於質地較硬的根部劃刀即可。可以直接炸成天婦羅，或迅速汆燙後，做成涼拌菜、浸漬菜以及味噌湯等，烹調變化多端。

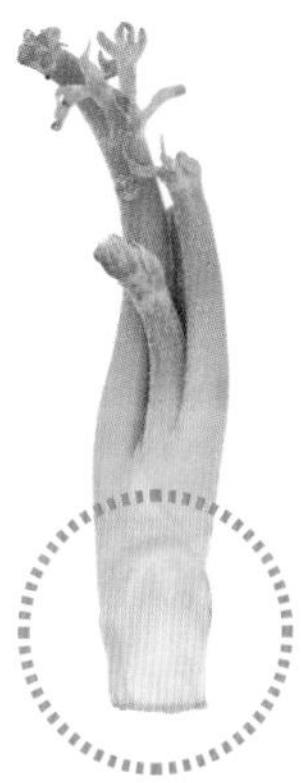

葉鞘的處理

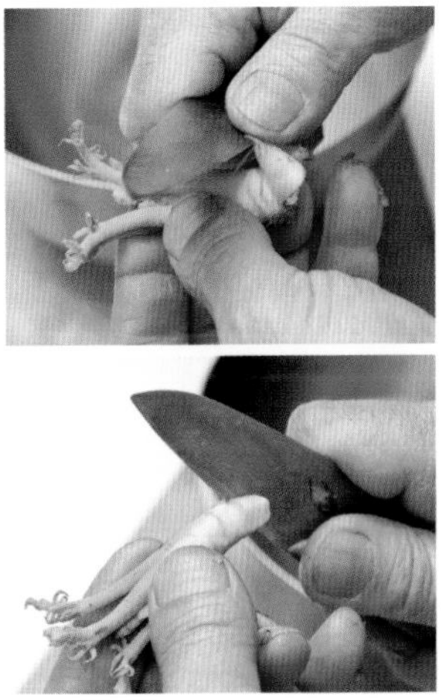

剝除質地較硬的葉鞘，並於根部以菜刀劃出十字切口。

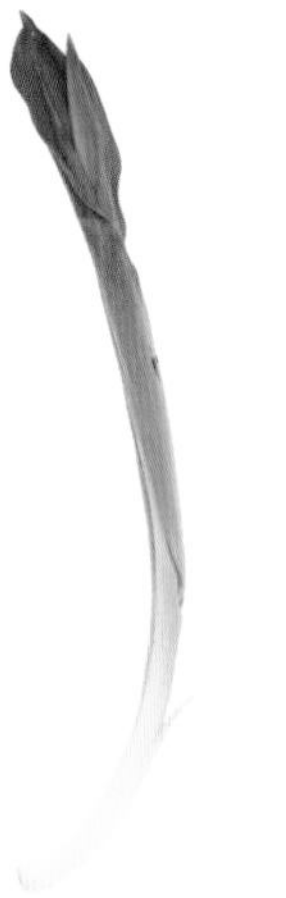

茖蔥 ［百合科］

◎如何挑選◎ 莖稈肥碩，粗細一致

特色在於大蒜味 與帶勁的辣味

據聞以前，在深山修行的僧侶，爲了補充營養，會採食茖蔥。在北海道，茖蔥被俗稱爲「愛努蔥」。主要叢生於關東以北，富含濕氣且日照充足之處。少有澀味，只要撕除最外層的皮，便可食用。除了炸成天婦羅，或是水煮後做成Nuta沾醬（譯注：日本高知縣的特產。主要以白味噌、醋和砂糖調製而成）涼拌菜、浸漬菜和湯料外，也可以醬油浸漬，做成「茖蔥醬油」。

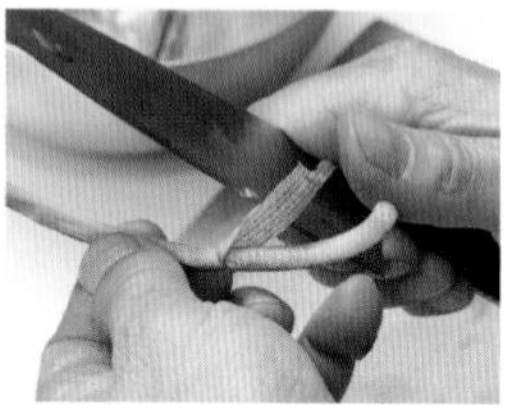

將最外層的紅皮由上往下撕除。

《茖蔥醬油》

只要將處理好的茖蔥浸泡在剛好蓋過身的醬油裡就行。茖蔥可以直接食用，醬油則可作爲炒飯或炒菜的調味料。如果有隨時補充醬油，便能冷藏保存數個月。

蕨菜 ［蕨科］

◎如何挑選◎ 莖稈健壯，個頭不過大

去除澀味 保留苦甘味與口感

叢生於日照充足的樹林裡或草地上。因爲澀味很重，必須使用灰（譯注：多爲稻稈灰或木灰）或蘇打粉加熱水浸泡，靜置一晚去澀。處理好的蕨菜，可以保鮮袋保存三～四日。在烹調上，適合淺漬、涼拌、炒煮或湯料等。

《淺漬》

慢火細煮後，移至方盤中放涼。（料理p.83）

《蕨菜的事前處理》

1 稍微洗過蕨菜後，排列於方盤中，抹上灰或蘇打粉，均勻澆下熱水，直至蓋過蕨菜。500g的蕨菜，蘇打粉的用量爲3～4大匙。蘇打粉若太多，會導致蕨菜的薄皮脫落，所以得特別留意用量。

2 讓蕨菜以**1**的狀態靜置一晚。去澀完成後，以清水沖洗乾淨，並將水氣拭乾。

3 將完成處理步驟**1**、**2**的蕨菜裝入保鮮袋，放冰箱冷藏。請於二～三日內食用完畢。

淺滷蕨菜

獨特的苦甘味與有嚼勁的口感，魅力十足。自古流傳至今的山菜配菜

材料［4人份］

蕨菜……1把

薑……1段

（譯注：約為拇指第一指節般的大小）

淺滷醬汁

- 蔬菜高湯（p.23）或昆布與乾香菇高湯（p.21）……3大匙
- 醬油、味醂……各1大匙

1 將蕨菜抹上灰或蘇打粉後，澆下熱水。讓蕨菜直接泡在水中靜置一晚去澀，隔天再以清水洗淨（參閱p.82）。薑切絲備用。

2 煮開淺滷醬汁的蔬菜高湯，以醬油和味醂調味。加入薑絲、蕨菜，煮至熟爛。完成後，連同醬汁一起倒入方盤中放涼。

重點☞ 蕨菜要煮到入味、熟爛，必須煮上20～30分鐘。

山菜炒飯

凸顯茖蔥的特色，山菜們相互較勁的春飯

材料［4人份］

莢果蕨、玉簪花嫩芽、木芽……各4～5支

醬油漬茖蔥……2支

茖蔥醬油（p.82）……2大匙

飯……4碗

沙拉油……1½大匙

麻油……1大匙

鹽、胡椒……適量

1 茖蔥事先以醬油浸漬（參閱p.82）。

2 其餘山菜分別做好處理後，按澀味的輕重（玉簪花嫩芽、楤木芽、莢果蕨），依序放入沸水汆燙，然後置於竹篩上放涼。將1事先浸漬好的茖蔥切碎。

3 於平底鍋內倒入沙拉油和麻油。待油熱後，放入飯，一面炒一面加入山菜，並以鹽調味。茖蔥醬油沿著鍋邊繞一圈淋下，炒出味道，最後撒上胡椒即可。

重點☞ 加入山菜與飯混炒時，軟嫩的玉簪花嫩芽要最後才加。

豆瓣菜，
甚至連花朵也長得像豆瓣。
看似嬌小、楚楚可憐，
一陣帶勁的辣味卻從舌尖竄上。

豆瓣菜

［十字花科］

新鮮生食，更能吃出那鮮明強烈的香氣與苦味。

日本名稱爲和蘭芥子。原產於歐洲，明治時期傳入日本後，似乎就在地野生化了。豆瓣菜是繁殖力相當旺盛的蔬菜，只要是在水邊，無論濕地或河川，到處都能生長。大家可以試著將豆瓣菜切斷的莖稈放入裝有水的杯子中。沒過多久，它就會長出根來。

露地栽培的豆瓣菜產季爲四月至五月，相較起溫室栽培的，更富有野味。只不過，相對於強韌的生命力，豆瓣菜的性質反倒十分纖弱。以它作爲肉類料理的配菜，存在感固然十足。但其本身因怕熱，受熱後，難得的風味便流失殆盡。因此，我一直都是使用生的，然後以調味醬來變化。即使加熱，也是迅速汆燙一下，做成涼拌菜。至於以油烹調時，與其說是炒，不如說是讓豆瓣菜稍微裹上一層油罷了。這樣，就能使豆瓣菜特有的風味與色澤更爲顯著。

◎原產地

歐洲中部

◎產季

4月～5月

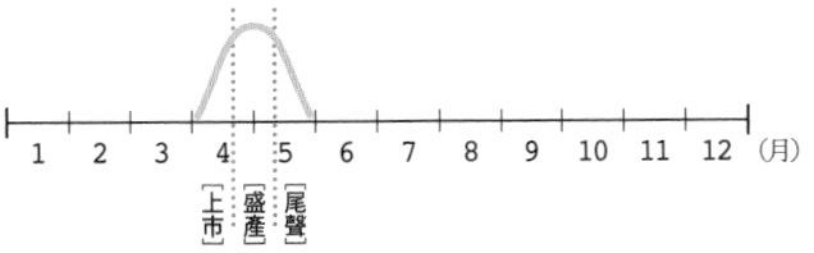

[上市] 青嫩多汁，香氣清新。

[尾聲] 莖稈變粗，質地硬化。苦味加重。

◎日本主要產地

如山梨縣等，富士山山麓一帶

◎臺灣主要產季和產地

12月～5月

雲林、彰化

解體

輕柔摘下分枝，葉、莖分開使用。

首先是解體

將豆瓣菜分成「頂端」、「莖」和「葉」，好方便食用。不用菜刀，直接以手摘折。煮火鍋時，整支拿來使用，不必摘折。

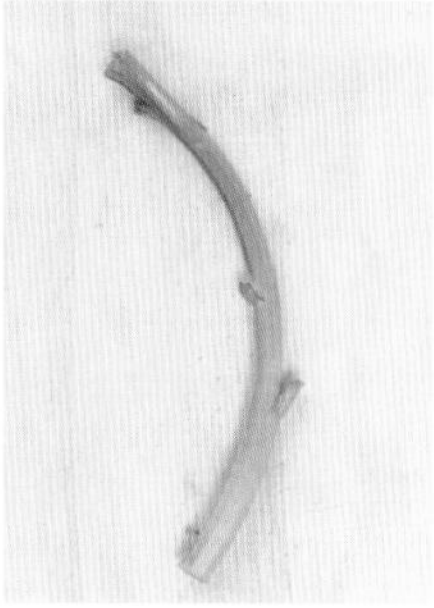

莖

特徵◎剛上市的豆瓣菜，莖稈脆嫩多汁；進入產季尾聲後，莖的質地就會變硬。可以跟葉片一起使用，或作爲湯料。

料理◎沙拉／涼拌／湯料

葉

特徵◎摘取下來後便可直接使用，對配菜的調製等而言，是很方便的食材。

料理◎配菜／沙拉／涼拌／湯料

頂端

特徵◎位於頂端的葉片最爲軟嫩，不僅香氣強，苦味也重。可以直接用生的來做配菜。

料理◎配菜／沙拉／涼拌

保存

保存前要補充水分

買回來後，將豆瓣菜從塑膠袋中取出，好好解放一下。豆瓣菜很怕水分不足，所以要先噴灑些水濕潤葉片，再以報紙包裹，放冰箱冷藏。請於三日內食用完畢。

◎如何挑選◎

1 莖稈粗碩，呈圓形。

2 菜葉的分枝狀態良好，生長茂密。

烹調技術

使用「手」，有效運用生食的新鮮感。

基本烹調方式

1 一經加熱，香氣便會流失。採新鮮「生食」。

2 以手摘折，抑制澀味。

3 烹調前以清水浸泡，賦予活力。

切法

不用菜刀，以手細心摘折

《分離頂端與莖》

從葉片生長密集的頂端下方折斷。

《摘下莖的分枝》

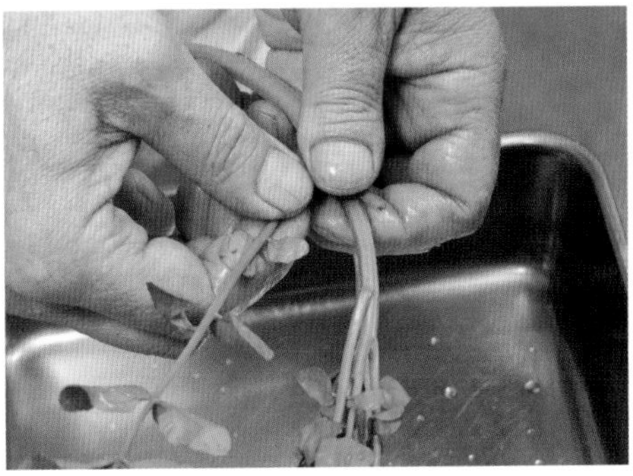

摘下莖的分枝。竅門在於，以指尖稍加施力摘折。

《莖》

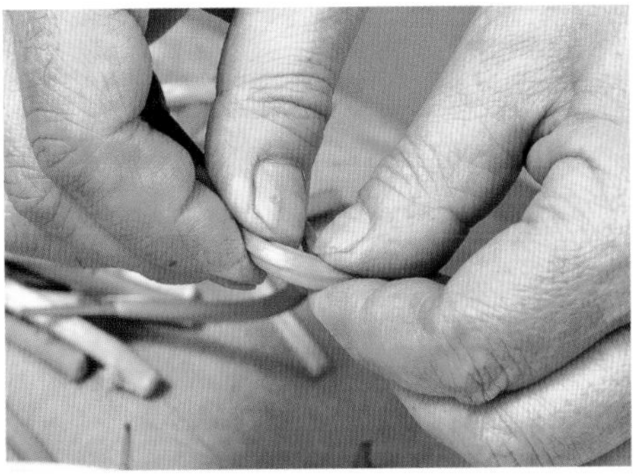

分折莖桿時，要從節所在之處折斷。

泡水

烹調前，泡水去澀

烹調前，以水浸泡約15～20分鐘，使葉片恢復生氣。泡水，不僅可去澀，苦味若偏重，也可以適度去除苦味，讓味道變得更爲溫和。

就食用花卉而言

到了春天即將結束的五月中旬，豆瓣菜便會開出白色小花。這時候，葉與莖都會產生苦味，無法食用。不過，花朵仍舊芳香四溢且帶有辣味。不禁讓人想用它來做配菜，增添樂趣。

烹調要訣

以由橄欖油或葡萄酒醋調製而成的調味醬作爲變化的基礎。例如：加入洋蔥碎末或大蒜泥等香味蔬菜，味道就會變得更強而有勁。如果要吃清淡一點，可以高湯爲基底，利用醬油和醋調味。

適合組合搭配的蔬菜

同爲百合科的蔬菜，以及有香氣的蔬菜

水芹

山芹菜

洋蔥

青紫蘇

簡單的料理

豆腐與豆瓣菜的和風沙拉

帶勁的獨特辣味，最適合作為佐料

《時期：上市》

材料［4人份］

豆瓣菜（頂端部位與分枝）……1把分量
絹豆腐……1塊
番茄……½顆
和風沾醬
- 高湯、醬油、醋……各1大匙
- 鹽……¼小匙

1 豆瓣菜的葉片撕成適當的大小。番茄去籽，切成粗末。
2 拌勻和風沾醬的調味料。
3 豆腐切成適當的大小，盛盤。以番茄粗末點綴，撒上豆瓣菜。食用前，再淋上和風沾醬。

重點☞ 豆瓣菜泡完水後，要確實拭乾水氣。

熱蒜香豆瓣菜沙拉

淋上熱呼呼的調味醬，頓時清香四溢

《時期：上市～尾聲》

材料［4人份］

豆瓣菜……1把
大蒜……1瓣
沙拉油……4大匙
調味醬
- 洋蔥……½顆，從外側剝取5瓣
- 醋、橄欖油……各4大匙
- 鹽……適量

番茄（須汆燙剝皮）……½顆

1 於平底鍋內倒入沙拉油，大蒜切片入鍋爆香後取出。
2 豆瓣菜的葉與莖摘折成容易食用的大小。番茄切丁。
3 將2的材料盛盤，撒上1的大蒜片。
4 製作調味醬。於平底鍋內倒入橄欖油。洋蔥切粗末、加鹽搓揉並輕輕擰乾水分後，放入鍋內。接著，加入醋，開火加熱。完成後，趁熱淋在3的食材上。

重點☞ 大蒜以小火爆香，不要炒焦。

內田流 8 column

如何傳達對蔬菜的愛

勤於付出心力

我非常喜歡蔬菜，甚至說我愛上了蔬菜也行。而這份心情，又該如何表示呢？就我而言，我會以名為「心力」的情書來傳達。因為我們無法靠言語與蔬菜溝通，所以我就將愛意寄託在「心力」上。情書有確實送到蔬菜手上時，就是自己有勤於付出心力的時候；情書沒順利送達時，就是自己心情頹喪消沉或漫不經心，少做了一道手續的時候。蔬菜很老實，會照實以味道回應。當然，如果情書有確實送到，蔬菜的味道確實是好得沒話說。如果沒有順利送達，那就會變成有點落寞的味道。

在烹調中，有不少付出心力，也就是遞送情書的機會。例如：切青椒時，若有多做一道去籽、去紋路的手續，不僅口感變好，加熱時也不怕會受熱不均。又如，有花心力削去小黃瓜頂端的外皮，便能抑制苦味，使味道變圓潤。大家覺得如何？你要不要也試著殷勤遞送情書看看呢？送出後一定會有回應的情書，這不是很讚嗎？

修整邊緣

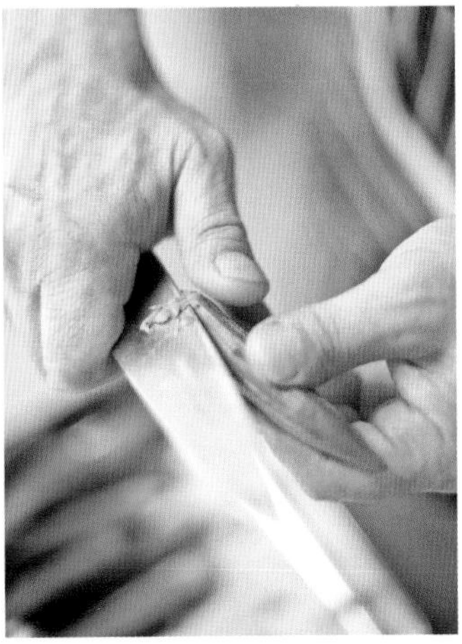
削去稜角

細心攪拌、再攪拌

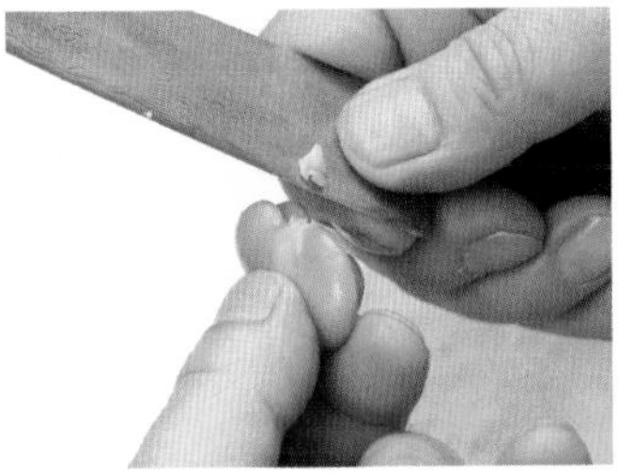
去芽

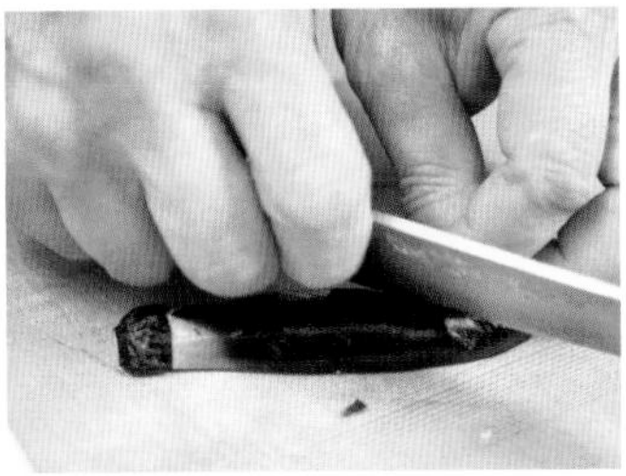
劃刀

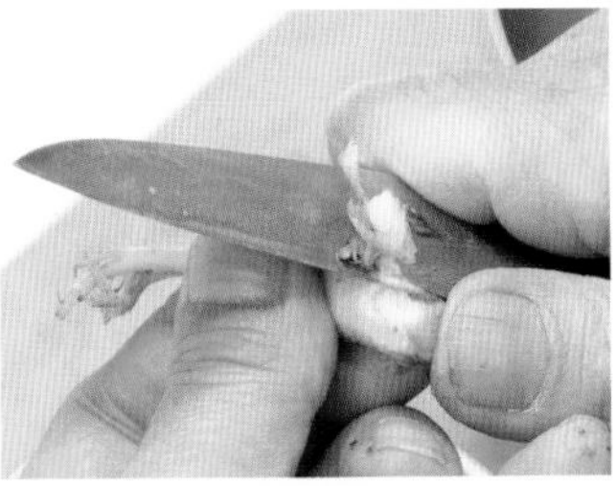
處理根部

削去苦味的源頭

去籽或果囊

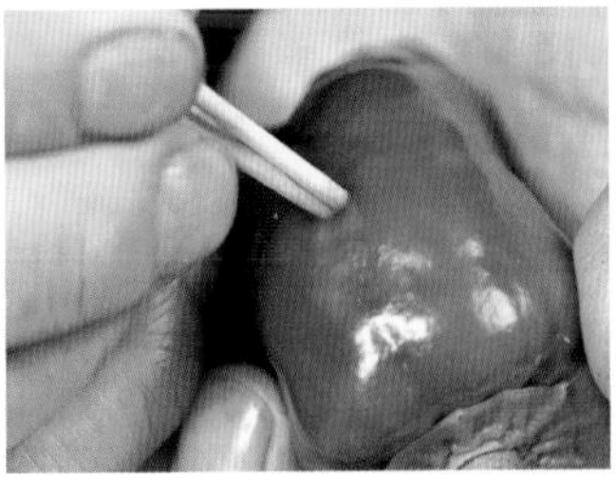
打洞

萵苣的中心部位，
這裡，很美味喔。
因爲，遽聞法國的太陽王
只會將這個部位盛盤，
並以刀叉享用呢。

萵苣［菊科］

◎原產地
地中海沿岸～西亞

◎產季
3月～5月

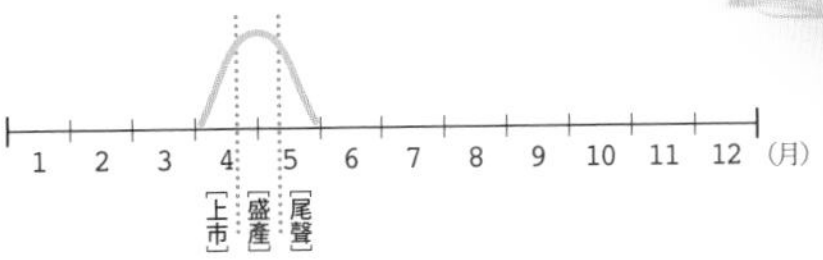

[上市] 水分多而嫩脆。
[尾聲] 纖維變粗，葉片整體變厚。

◎日本主要產地
茨城、長野、香川、兵庫

◎臺灣主要產季和產地
10月～4月
花蓮、嘉義、雲林、南投、彰化

並非只能生食。無論煮或炒，當季的萵苣一樣嫩脆爽口！

說到萵苣，我就會想起《天倫夢覺》（East of Eden）這部電影。電影裡，有個鏡頭描述一輛載滿萵苣的貨車，準備送貨到遙遠的東部去。結果卻在運送途中，因爲冰塊融化而落得萵苣全數腐爛的遺憾結果。萵苣就是這麼脆弱的蔬菜。例如：我們在烹調前，會先將萵苣泡水以增加脆度。不過，要是浸泡過久，反倒會讓萵苣變得濕軟無味。又如，以菜刀切萵苣，切口的顏色之所以會變紅，也是因爲萵苣不敵鐵鏽味的關係。其實，處理萵苣應該要以「手」輕柔剝折才對。

萵苣生長到某個階段後，葉片就會開始內捲、結球。外側的葉片維持開展，行光合作用；內側的葉片則向內捲曲，保護開花後留下籽的菜芯。不僅功能有別，內外側葉片的味道也不盡相同。嫩脆的中心部位適合做沙拉，外側葉則適合炒食。尤其是當季萵苣的外側葉，無論如何加熱也無損口感的爽脆度，因此我常會用它來烹調各種料理，如炒菜、炒飯或煮湯等。

解體

以從外側數來的第3~4片葉爲界，分成外側與內側兩個部分。

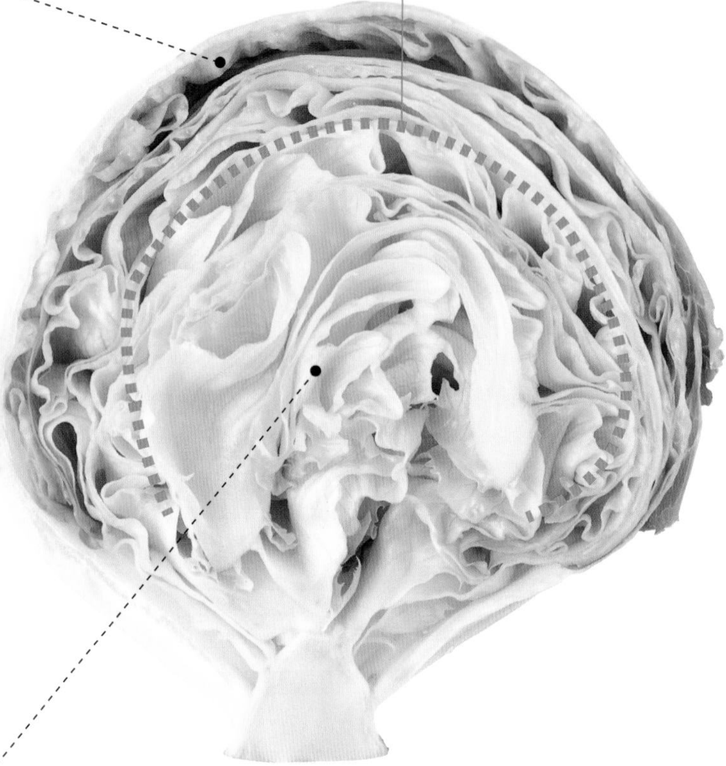

爲了方便瞭解，在此以切成一半的萵苣來說明。不過，購買時萵苣最好還是買整顆的。

首先是解體

萵苣的外側葉片，以及內側結成球狀的葉片，在口感與味道上都不盡相同。因此，以從外側數來的第3~4片葉爲界，用手將萵苣剝成兩個部分。葉片顏色轉黃的部位，就是內外側的交界處。

◎如何挑選◎

1 莖軸置中、呈圓形，約爲日幣十圓（譯注：直徑爲23.5mm）大小。

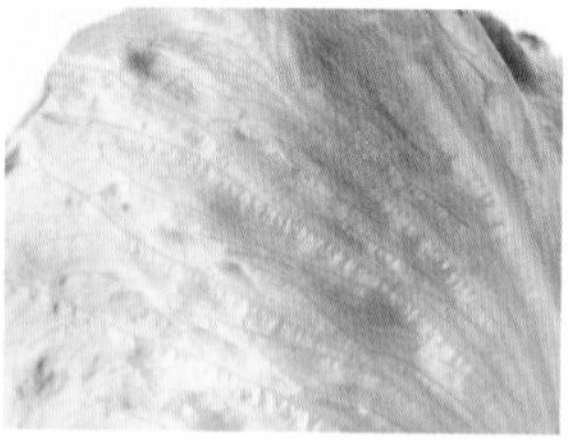

2 葉片呈淡綠色，葉脈清晰可見。不要挑選沒有綠色葉片的萵苣。

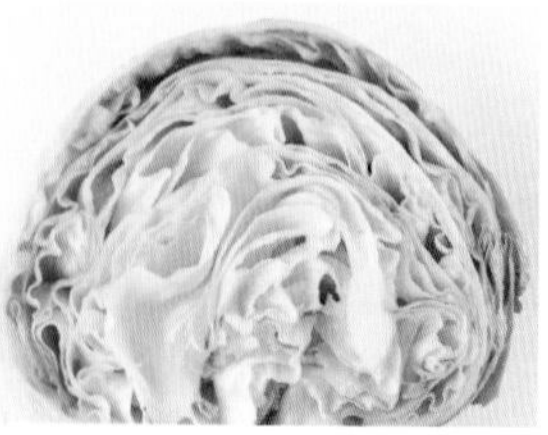

3 結球蓬鬆、有空隙，不過重（※）。

※一般蔬菜，都是以實際重量比外表所看起來還重的尤佳；但萵苣卻是以實際重量比外表所看起來稍輕的尤佳。

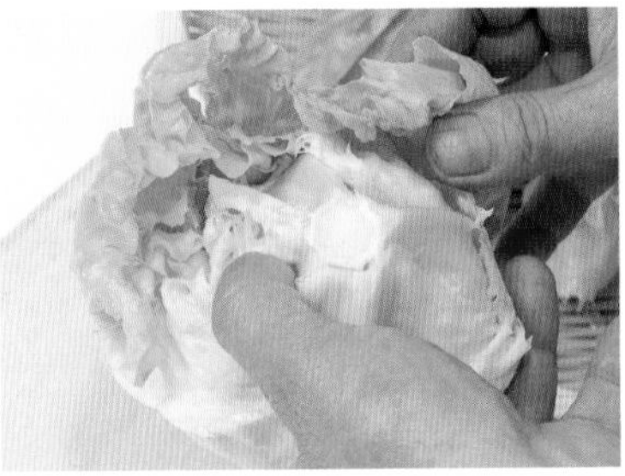

由外而內，從莖軸處將葉片一片片剝下。

外側

特徵◎直至從外側數來的第3～4片葉為止。纖維較粗，口感清脆。適合以油烹調。
料理◎炒食／湯品／炒飯

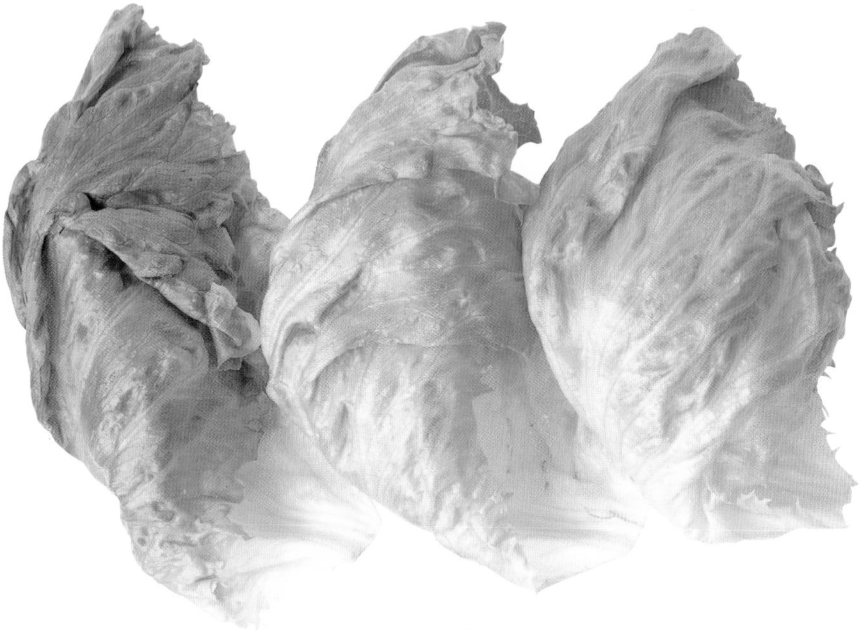

內側

特徵◎纖維細緻而柔軟。甜度高於外側葉片。
料理◎沙拉／配菜

保存

以報紙包裹

萵苣從塑膠袋中取出後，以報紙包裹並噴灑些水，放冰箱冷藏。若想切成一半使用，則從莖軸處下刀，對切成兩半後再保存。請於四～五日內食用完畢。

烹調技術

要享有爽脆的口感，就得使用手。同時，要確實將水分拭乾。

基本烹調方式

1 脆嫩度不同的外側葉與內側葉，要分開使用。

2 萵苣的纖維很脆弱，請以手剝折，並將水分拭乾。

切法

以手剝折，分成兩半

以菜刀切萵苣，萵苣除了會變色外，也會失去口感與風味。以「手」剝折，這才是鐵則。不僅口感變柔順，而由於斷面增加，萵苣將更易與調味醬融爲一體。

《剝成兩半》

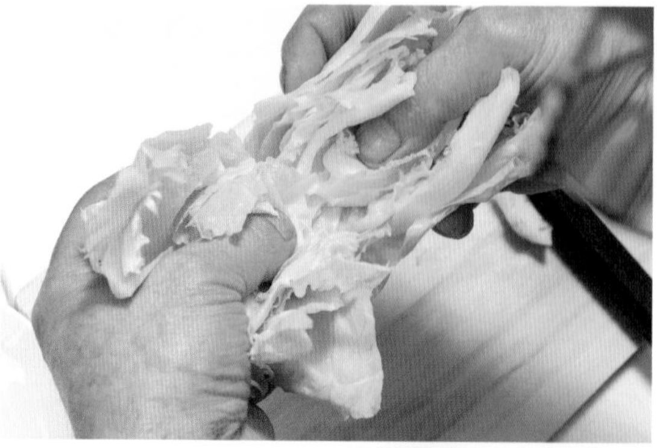

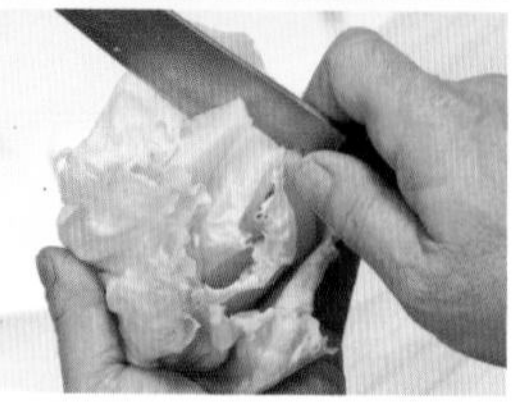

若要做成沙拉，與其將葉片一片片剝下使用，不如將萵苣剝成兩半使用，形狀也比較好看。先以菜刀於莖軸處劃出一切口，再以手從切口處向兩側剝折，便能在保持葉形完整的情況下，將萵苣漂亮地剝成兩半。

事前處理——泡水

萵苣一經剝折，就會從斷面處分泌出白色乳狀的苦味成分。因此必須以水浸泡，抑制苦味成分的分泌，保持爽脆的口感。然而，要是浸泡過久，萵苣會因吸水過多變得濕軟無味。原則上，只要浸泡10分鐘就好。

《泡水》

剝折後泡水。要注意別剝太小片，以免味道流失。

《拭去水氣》

如有水分殘留，味道就無法沾裹上。請以紙巾將水氣拭乾。

炒

以大火快炒，均匀受熱

《以手剝碎後快炒》

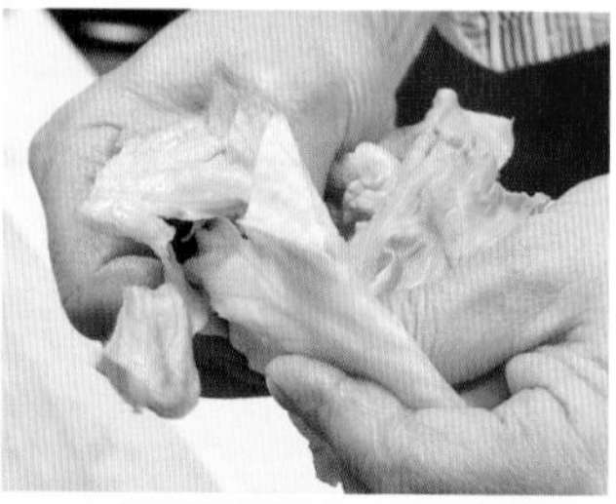

萵苣剝太小片，水分就容易跑出來，所以，要盡量剝大片一點。以稍多的油，開大火迅速翻炒。若希望口感軟嫩，可於翻炒途中加水。

烹調要訣

口感雖然獨特，味道卻較爲清淡。光只有萵苣，很難煮出味道，因此，必須與其他食材——海鮮、冬粉或香味蔬菜等一起烹調，藉此襯托出萵苣的存在感。萵苣適合以油烹調，看是要使用麻油做成中華風料理，或搭配調味醬等來變化，便能擴大萵苣在料理上運用的幅度。

適合組合搭配的蔬菜

有個性的香味蔬菜，以及屬於繖形花科、百合科的蔬菜

薑　芹菜　洋蔥　水芹

簡單的料理

萵苣沙拉

僅大量使用嫩脆的中心部位

《時期：上市～盛產》

材料［4人份］

萵苣（中心）……2顆分量

調味醬

- 蔬菜高湯（p.23）或水……6大匙
- 研磨白芝麻糊……4大匙
- 醋……1大匙
- 鹽……½小匙
- 醬油……½小匙

1 以手將萵苣剝折成兩半，盛裝於器皿中。

2 拌勻調味醬的材料，於食用前淋在萵苣上，以刀叉享用。

重點☞ 萵苣的水氣要確實拭乾。

清炒萵苣

吃了第一口後，就再也停不下筷子

《時期：上市～盛產》

材料［4人份］

萵苣（外側葉片）……4～5葉

薑片……5片

蔬菜高湯（p.23）或水……½杯

醬油……2大匙

味醂……1大匙

鹽……1撮

沙拉油……2大匙

1 剝下萵苣外側½的葉片，泡水。仔細拭去水氣後，以手剝折成適當的大小。

2 於平底鍋內倒入油，放入薑片爆香後，加入萵苣，以大火翻炒。

3 炒至萵苣整體表面呈油亮感，轉中火，撒鹽，加入高湯，並以醬油、味醂調味。起鍋前，再次轉大火翻炒。

重點☞ 因為萵苣容易出水，不要過度拌炒，要以大火一口氣翻炒。

蘆筍變身義大利麵。
雖然只是一點點的巧思，
卻是充滿驚奇的美味。

作法在p.100

蘆筍

［百合科］

剛上市與產季尾聲的蘆筍截然不同。隨之改變應對方式，享受二次美味。

到了新芽吐綠之際，從我的家鄉——北海道，開始接連送來露地栽種的蘆筍。爲蘆筍一大產地的帶廣、美瑛町和虻田町，共通點就是：三地都位於火山山麓下。想必是這些地區排水良好的土壤與涼爽的氣候，正好與原產於地中海沿岸的蘆筍的生長條件相符吧。味道之豐富一點也不輸原產地！尤其是剛上市的蘆筍，那在口中湧現的清涼感，更是難以言喻的絕妙好滋味。

孩提時期的我，很討厭吃蘆筍。直到自己開始動手做菜後，才明白它的魅力。其中，最吸引人的，莫過於按處理方式的不同，蘆筍的味道也會有變化多端的呈現。像是，剛上市的蘆筍脆嫩多汁，只要切除質地較硬的根部，以油清炒即可享用。進入產季尾聲後，由於蘆筍外皮變老硬化，就得以水煮的方式來補充水分。另外，我個人最推薦將剛上市的蘆筍整支下鍋油煎，並以水波蛋（poached egg）作爲醬汁的簡單料理。這道菜餚，眞的只能用「絕品」二字來形容。

◎原產地

南歐～俄羅斯南部

◎產季

4月～6月

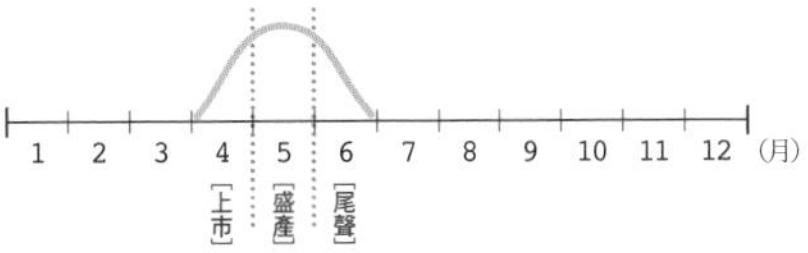

[上市] 脆嫩多汁。口感清爽，適合以油烹調。

[尾聲] 雖然水分減少、質地變老，但風味倍增。充分水煮後食用。

◎日本主要產地

長野、北海道

◎臺灣主要產季和產地

3月～6月

彰化、雲林、嘉義、臺南

解體

以自筍尖下方數來的第3片※葉鞘爲界，下半段的外皮會比較硬。切開筍尖與莖稈，各別使用。

※所謂的葉鞘便是指葉子，而側芽就是從葉鞘內側長出的。

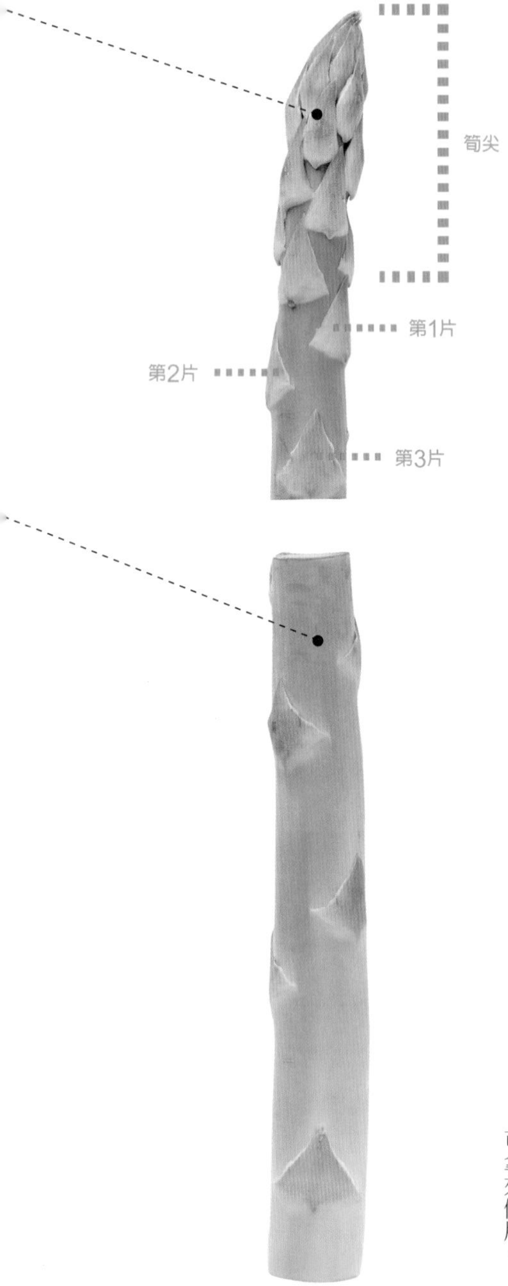

◎如何挑選◎

1 筍尖鬆軟，呈淡綠色。

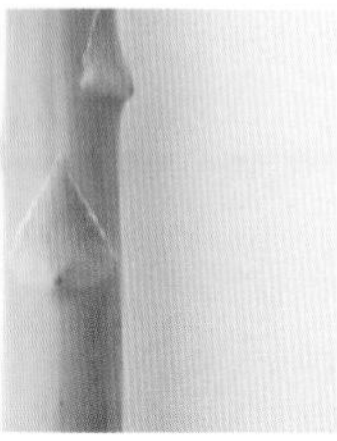

2 葉鞘略成呈三角形，分布均勻，縱向紋路不明顯。

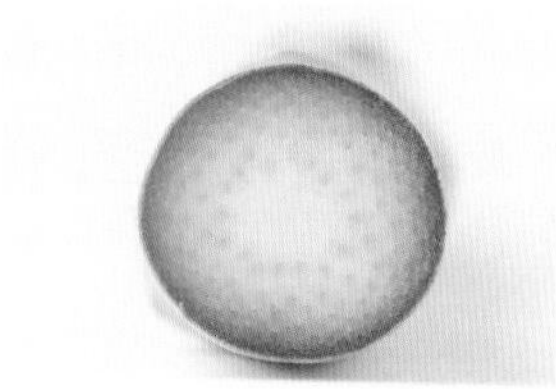

3 橫切面呈圓形，導管（分布於橫切面上的點狀物）若顯而易見，即爲已進入產季尾聲的徵兆。

首先是解體

按採收時期的不同，切法也相異。剛上市的蘆筍，皮薄脆嫩。即使不切削，整支直接拿來用也行。過了上市期，蘆筍外皮將愈發硬化。以自筍尖下方數來的第3片葉鞘爲界，下半段的外皮會變得較硬，因此只要從此處切開並削去下半段外皮，便可拿來使用。

蘆筍除了普及的綠蘆筍外，尚有白蘆筍與紫蘆筍等不同顏色的品種。白蘆筍是以土掩蓋，在沒有照射到陽光的情況下所栽種出的品種，僅於五月下旬~六月這短暫的期間上市。白蘆筍香氣濃郁、風味近似竹筍，如搗製成泥，便是一道美味料理。至於紫蘆筍，經加熱後就會失去原有的紫色，變回綠色。

筍尖

特徵◎筍尖是生長中的部位，脆嫩多汁。若不切削、直接拿來烹調，不僅美觀，口感也佳。

料理◎炒食／沙拉／醃漬

筍尖可直接使用，不必再切削。

莖

特徵◎從嚼勁十足到脆嫩爽口，按切法的不同，蘆筍的口感與風味也變化多端。另外，蘆筍在上市期與尾聲的味道截然不一樣，這變化也很值得細細品嚐。

料理◎炒食／沙拉／醃漬／湯品

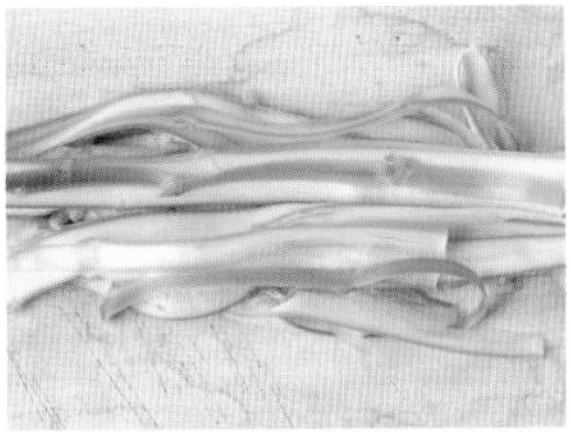

利用削皮器將蘆筍削成如緞帶般的薄片，又是另一番風味的享受。尤其建議大家在蘆筍的產季尾聲，可採取這種處理法。

滾刀切能夠增加斷面，因此容易受熱。上市期的蘆筍可帶皮食用，產季尾聲的蘆筍則須削皮。

保存

防止水分流失

蘆筍有70%都是水分。水分一旦有所流失，便會加速乾萎。以報紙包裹、噴灑些水後，放入冰箱冷藏。請於三~四日內食用完畢。

整支使用

特徵◎上市期的蘆筍皮薄水分多，十分脆嫩多汁。為了充分展現其美味，請務必整支拿來使用。不必水煮，直接下鍋清炒，便能吃出其絕佳口感與新鮮風味，享受蘆筍的自然甘甜。

料理◎炒食／炸

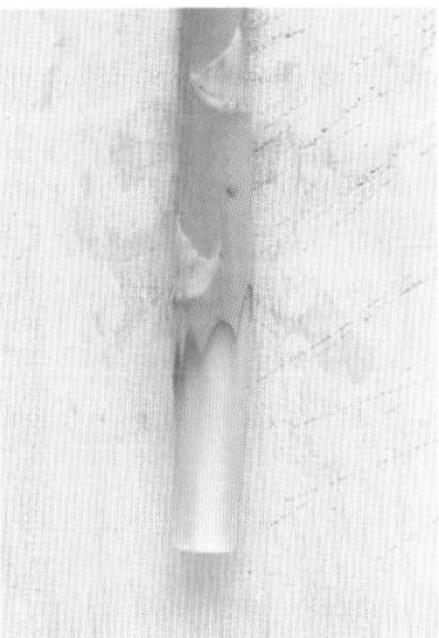

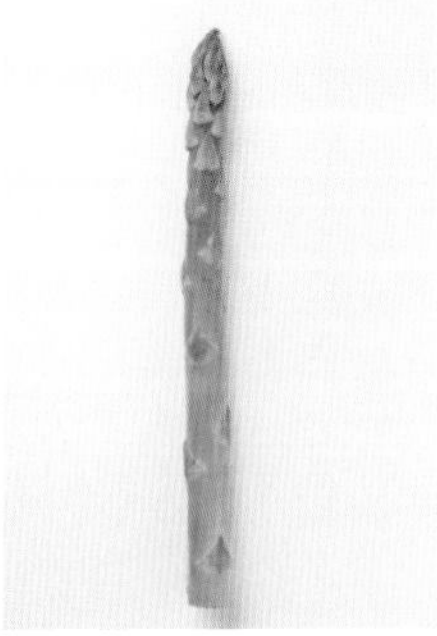

只須削去根部外皮。

烹調技術

上市期的蘆筍，帶皮直接油炒。產季尾聲的蘆筍，削皮後以水煮烹調。

基本烹調方式

1 處理上市期與產季尾聲的蘆筍，切法與加熱方式必須有所調整。

2 上市期的蘆筍，可生的下鍋油炒；產季尾聲的蘆筍，則得先水煮過後再油炒。

事前處理——外皮的處理

外皮的預先處理，將影響到食用的口感

無論蘆筍的質地再多有嚼勁，一旦咬到老硬的外皮，這份絕佳的口感也會被白白糟蹋掉。請仔細確認外皮的狀況，如有硬化，就必須將外皮削乾淨。

《白蘆筍的處理方式》

白蘆筍無關採收時期，外皮都偏硬。除了筍尖外，請厚削其餘部位的外皮。

《上市期的只須削去根部外皮》

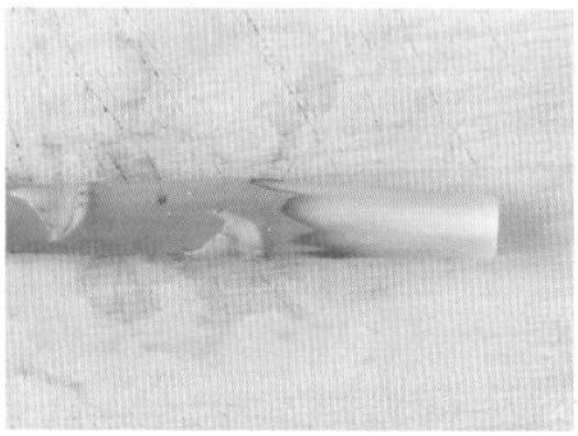

上市期的蘆筍外皮雖薄，但若能削去根部外皮約3cm，將更易於食用。

《尾聲期的要削去筍尖以下的外皮》

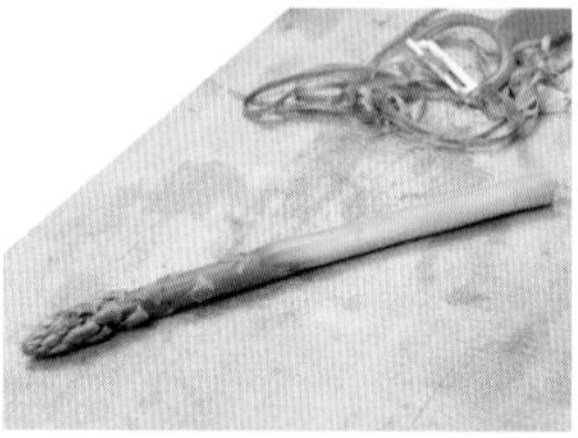

進入產季尾聲後，蘆筍外皮就會變得較硬。除了筍尖外，請厚削其餘部位的外皮。

《切除根部》

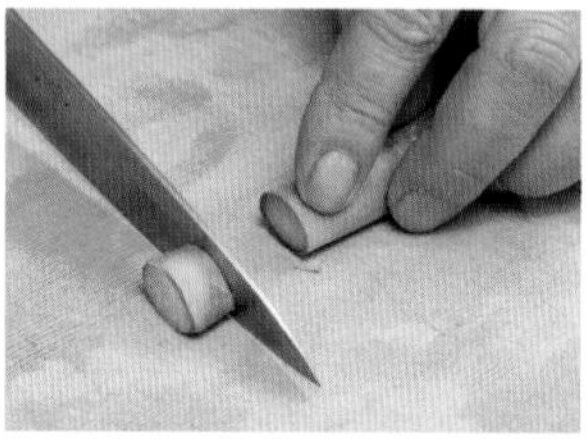

任何時期採收的蘆筍，都得將質地較硬的根部切除約1cm。

事前處理——冷水浸泡

烹調前，請置於冷水中浸泡

由於蘆筍的水分容易流失，切好後請立即置於冷水中浸泡，同時也可去除澀味。

《冷水浸泡》

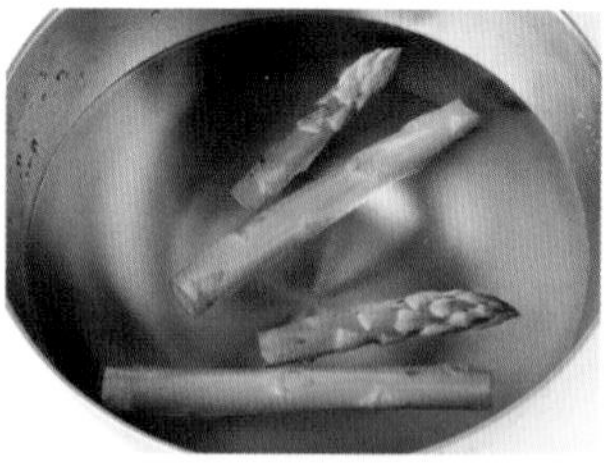

以大量冷水浸泡，藏匿在葉鞘裡邊的泥土也將一併被洗出。

《泡水處置法》

乾萎的蘆筍，可將其根部浸泡在冷水中。經由導管吸收水分後，蘆筍便會恢復原有的水潤。

綻放蘆筍的魅力

我在切菜時，突然想到一種新的烹調法。照片中的這道菜餚，便是我在削著產季尾聲的蘆筍外皮時所想到的。我試吃了一片削得晶瑩剔透的蘆筍薄片，真是美味極了。因此，立即用它做了一道「蒜香辣椒義大利麵」（peperoncino）。蘆筍削片一經快炒，就十分爽脆；若再多炒一會兒，則變得入口即化。訣竅就在於，切去筍尖後隨即以冷水浸泡。讓蘆筍充分吸收水分，直至變得脆嫩爽口，口感自然佳。

作法　切下筍尖，以削皮器將莖稈縱削成薄片後，置於冷水中浸泡。於平底鍋內倒入橄欖油，放入切成碎末的大蒜與辣椒爆香。接著，放入蘆筍薄片以大火快炒後，再加水燒煮，並以鹽與胡椒調味。

切法

按切法的不同，口感也有極大的變化

切斷纖維、增加斷面，有助於受熱均勻。

《滾刀切》

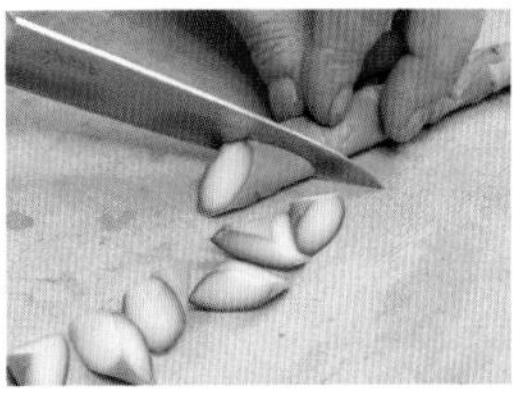

可以享受到有嚼勁的口感。剛上市的蘆筍不必削皮。一面將蘆筍轉90度，一面從切口端下刀斜切。

《以削皮器削片》

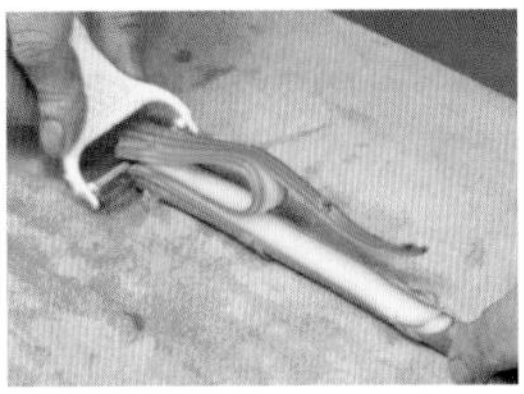

當外皮變硬後，建議如此處理，可以嚐到獨特的嫩脆口感。削片時，削皮器要與砧板平行，一刀削到底。若慢慢拉扯，斷面很容易乾癟掉。削完後，立即泡水。

蘆筍皮也能變成味道豐富的「高湯」

削下來的蘆筍皮，同樣富含甜味、美味與香氣。於鍋中倒入剛好蓋過蘆筍皮的水，開火，放著讓它慢慢熬煮。待澀味除盡，香氣溢起，「高湯」就完成了。可用來煮湯、味噌湯或當作沾醬等。

加熱

要炒或煮，全視外皮的狀態而定

基本的烹調法為，剛上市的蘆筍直接油炒。而產季尾聲的蘆筍則水煮，以補充水分。水煮過後，蘆筍要立即移至竹篩上放涼。這樣風味就不會流失，也不會變得濕軟無味。

1 水煮

以沸水煮至顏色改變

產季尾聲的蘆筍，由於含水量減少、外皮變硬，烹調前要先充分水煮。水煮後，蘆筍表面會變成鮮豔的綠色。

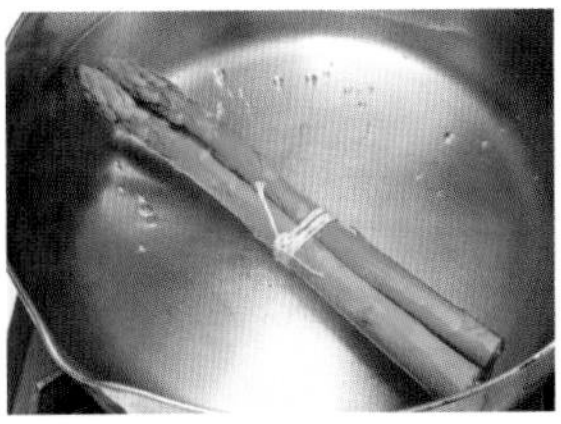

1 綁成一束水煮

整支水煮時，可將3～4支的蘆筍以棉線綁成一束，放入沸水煮數分鐘，風味就不會流失。

2 確認軟硬程度

以手指捏按根部，確認軟硬程度。要煮至仍帶有一點硬度的狀態。

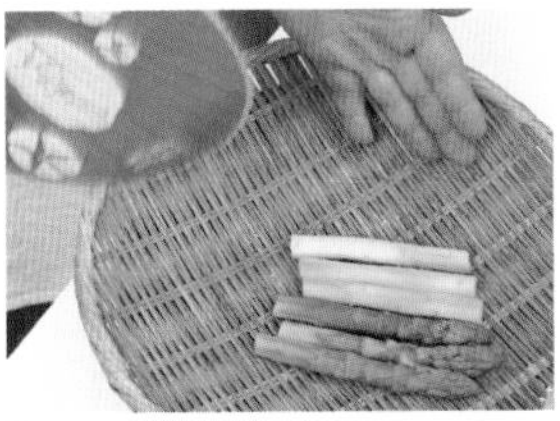

3 冷卻

置於竹篩上，以團扇搧風冷卻。

4 水煮後的處理

若要以油烹調，可先淋上一層油，避免蘆筍氧化、褪色與流失風味。

2 炒、煎

產季尾聲的蘆筍，要先水煮

剛上市的蘆筍，即使生的直接下鍋炒，也很快就熟了。至於產季尾聲的蘆筍，要先水煮後再下鍋炒。

《油煎》

倒入稍多的油，以中火油煎。蘆筍一經翻動就容易出水，因此要在不翻動的情況下，分別將蘆筍兩面煎好，正是竅門所在。

適合組合搭配的蔬菜

同為百合科的蔬菜

竹筍　大蒜　洋蔥

青椒（上市期）　番茄

跟同為百合科的蔬菜一起炒
濃郁度、香氣與口感都一次升級

蘆筍同科炒

《時期：上市～尾聲》

材料［4人份］

綠蘆筍……3支
洋蔥……½顆，從外側剝取3瓣
大蒜片……1瓣分量
沙拉油……1大匙
橄欖油……2大匙
鹽……½小匙
黑胡椒、粉紅胡椒（若有的話）……各少許

1 蘆筍先切分成筍尖與莖，再將莖切成滾刀塊。洋蔥縱切薄片。（※產季尾聲的蘆筍，必須先水煮至仍帶有一點硬度的狀態後，再切塊。）

2 於平底鍋內倒入各1大匙的沙拉油與橄欖油，放入大蒜片爆香後，再加入蘆筍莖塊，以大火翻炒。

3 炒至蘆筍的綠色變鮮豔後，加入洋蔥拌炒；接著，加入蘆筍筍尖，並撒上鹽。最後，加入2～3大匙的水，以大火翻炒。

4 炒至水變少後，撒上搗碎的紅胡椒與黑胡椒。起鍋前，再淋上1大匙的橄欖油。

重點☞ 翻炒時，要開大火。若以小火翻炒，蘆筍容易出水。

完完整整的一支。
飽嚐蘆筍的美味

麵包粉油煎綠蘆筍

《時期：上市》

材料［2人份］

綠蘆筍……6支
麵包粉……½杯
橄欖油……2大匙
鹽、胡椒……各少許

1 以削皮器削去蘆筍根部下方¼處的老硬外皮。

2 於平底鍋內倒入橄欖油，放入蘆筍以大火煎燒，並以鹽和醬油調味。

3 煎至蘆筍表面呈油亮感後，加入麵包粉。一面翻動蘆筍，一面以小火將麵包粉炒至上色即可。

重點☞ 如果使用產季尾聲的蘆筍，在煎炒前，必須先水煮至仍帶有一點硬度的狀態。

column

產季與挑選

蔬菜店店長第30年的想法

2011

因為我是蔬菜店店長，挑選出好蔬菜提供給客人，自是我的工作。不過，所謂的挑選，並不是以我們人類覺得好吃與否作為判別基準，而是要看出蔬菜是否有自然長成它原本應有的模樣。

我認為，這才是挑選的根本之道。好比說，「好甜」。這是最近突然常聽到、對蔬菜表示稱讚的用詞。的確，甜的蔬菜是比較受歡迎。然而，這是對人類來說，較利於使用的甜；對蔬菜來說，是如何呢？以玉米為例，與其說是甜味，不如說玉米獨有的風味，才是代表玉米有健康地長成它原本應有之姿的證明。

某某蔬菜獨有的風味，是非常難以捉摸的。以前若不曾嚐過那種風味，就很難掌握得到。不過，「像～的樣子」的健康證明，如一眼便可看出的形狀、顏色、狀態與重量等，也會清清楚楚地刻劃在蔬菜的形體上。就玉米而言，便是那看來雄偉的大把鬚根、排列得井然有序的果粒，以及拿在手上會令人感到沉甸甸的重量。這些特徵都證明了玉米確實有按照自我的步調，不斷進行細胞分裂，循序漸進地生長茁壯。當然，像這樣的蔬菜，風味也十分豐富。

那麼，能夠讓蔬菜健康生長的條件又是什麼？答案是，給予它們適合生長的環境。而且，最好是給予它們一個無論氣溫、濕度、日照時間或土壤等各項條件，都與其原產國之氣候風土相近的環境。如此一來，蔬菜就會靠自己的力量，長成它應有的模樣。話雖如此，日本的蔬菜，其實有九成以上是外來種，並非每種蔬菜都是栽種在適宜的土地上。因此，人類靠著栽培技術，拚命補足環境的缺陷，才有了今日不分季節，都能吃到每種蔬菜的成果。但這樣的作法，對蔬菜是好的嗎？

如常規栽培、有機栽培，以及自然栽培等，栽培法有百百種，無論哪一種都各有其優缺點。但先不說栽培法，適合蔬菜生長的條件，還包括了與大自然調和的唯一生長時期。這也就是所謂的「產季」。露地栽培自是如此，而溫室栽培的蔬菜，其實也會從太陽的傾斜度、水溫，以及空氣、大地的顫動中，察覺到屬於自己的季節是否已到來。當時期一到，不必再多加肥料或農藥，蔬菜自然就會動力全開，輕輕鬆鬆地生長茁壯。只吸收必要的養分，按自己的步調，不疾不徐，保持良好的節奏生長。而蔬菜自然的風味，就蘊藏在那有保持原有平衡的形體之中。所以說，產季的力量，是任何一種栽種法都無法勝過的。

蔬菜的挑選重點，我有整理成附在本書後頭的「內田流蔬菜挑選8要點」。不過，這些僅是參考罷了。與其一開始就帶著評鑑的眼光來挑選蔬菜，我倒希望大家可以先試著去品嚐當季生產的蔬菜，好好享受那自然的風味。

隨著季節的輪替來享用蔬菜。如果這個習慣能夠再次扎根於大家的生活中，那就再好不過了。我便是抱持著這樣的期盼，盡心盡力扮演好蔬菜店店長的角色，努力到今天。

蠶豆與馬鈴薯都是「種子」。
都是栽種後就會發芽的近親蔬菜。
所以，搭配起來十分對味呢！

蠶豆

［豆科］

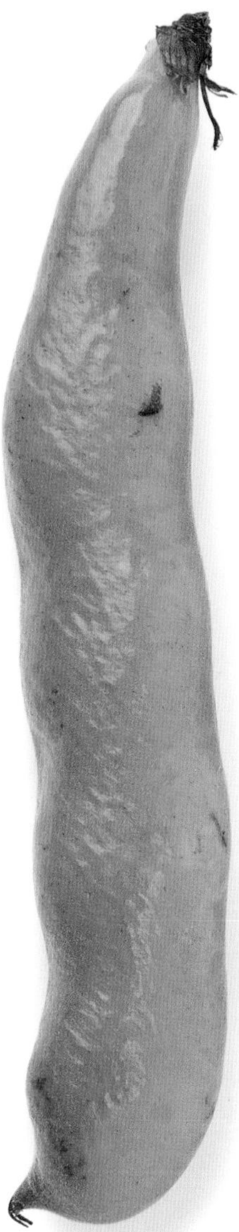

收成後的三天是蠶豆的生命期。請簡單享用新鮮的蠶豆。

你曾看過蠶豆剛結出莢果的幼小模樣嗎？它的莢果頂端是朝上，向天空伸展而去的。所以，才會命名爲「空豆」（譯注：蠶豆的日文發音爲「soramame」，漢字可寫成「空豆」或「蚕豆」）。但進入採收期後，莢果就會因爲變重而自然地垂下頭來。這時期的蠶豆模樣也一樣可愛。雙頰胖嘟嘟的豆子就藏在撐得鼓鼓的莢果中，早已迫不及待想「破莢而出」了。話雖如此，豆子的生命卻十分短暫。採收後才過三天，風味便直落谷底。因此，一旦買回來，最好當天就要煮來吃。

蠶豆在上市期與產季尾聲的味道有所差異。四月產的蠶豆年輕、水分多，只要水煮過後再撒些鹽，就很美味。至於進入產季尾聲的蠶豆，雖然皮變厚、水分減少，豆子的濃厚風味與鬆軟口感卻不減反增。這時期，我最推薦的蠶豆料理是，煮成濃湯。漂亮的茶綠色澤，在嘴裡擴散開來的獨特青澀味，這正是蠶豆的醍醐味！

◎原產地
西亞～北非

◎產季
4月～6月

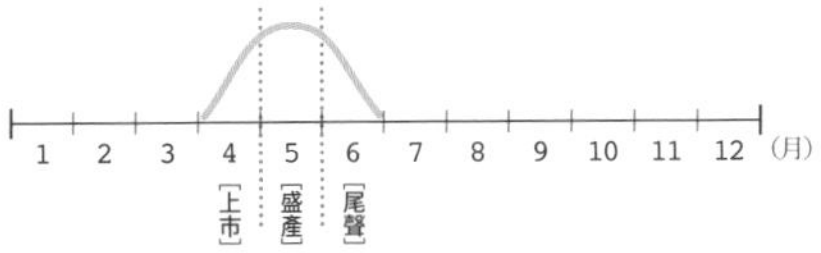

[上市] 水分多而皮薄。嫩脆清淡。
[尾聲] 水分減少、外皮變硬。口感鬆軟，香氣倍增。

◎日本主要產地
鹿兒島、茨城、千葉

◎臺灣主要產季和產地
1月～4月
雲林、嘉義、臺南、高雄、屏東

解體

蠶豆首重鮮度。買回來後，限期3天。一旦剝了殼，就請於當日食用完畢。

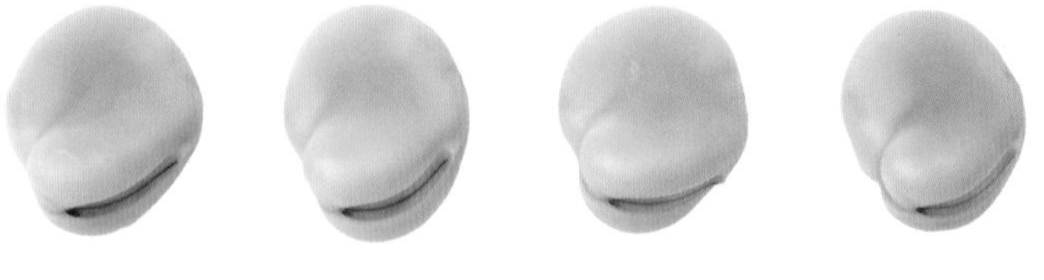

首先是解體

烹調前再剝殼取豆。因爲蠶豆剝殼後，風味就會隨著時間慢慢流失。

保存

沒用完的蠶豆，氽燙後冷凍保存

連同莢果以報紙包裹，放冰箱冷藏，並於二~三日內食用完畢。剝了殼的蠶豆若沒有當日吃完，就得先氽燙，然後冷凍保存。至於解凍，只要連同保鮮袋泡水約10分鐘就好。

◎如何挑選◎

1 蒂頭結實，豆子飽滿度均一，莢果富彈性。

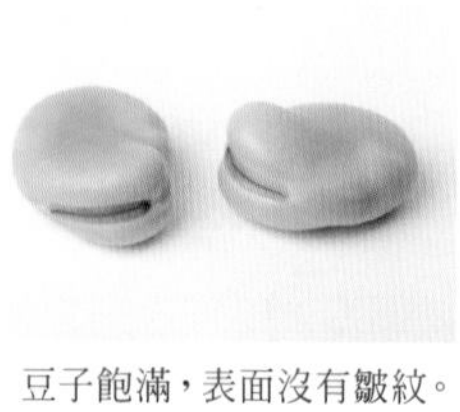

2 豆子飽滿，表面沒有皺紋。

（注）露地栽培的蠶豆，如果有吹到風，莢果上就容易出現黑斑（單寧）。不過，這並不影響品質。

烹調技術

想提引出豆類特有的甜味，就不要讓水滾沸，靜靜地慢火細煮。

基本烹調方式

1 不要讓水滾沸，以免豆子變硬。

2 蠶豆水煮過後，撒鹽。

煮豆

《剝殼取豆》

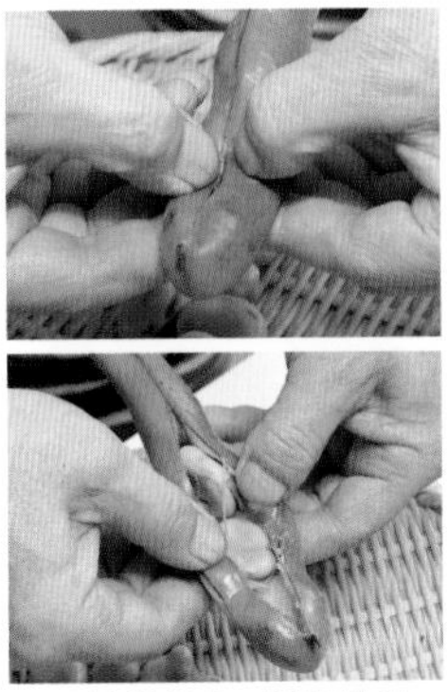

莢果前端朝上，劃開縫線，剝殼取豆。

《劃刀》

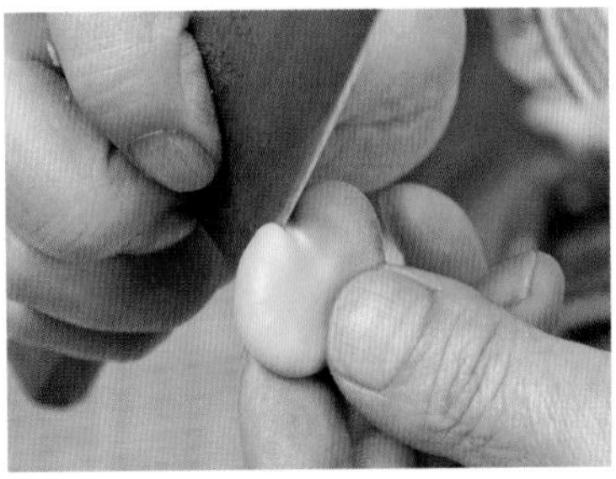

於蠶豆的凹陷處劃上一刀，表面就不會起皺。

《水煮》

不要讓水滾沸。當蠶豆微微膨脹，顏色也變鮮豔，這就表示已煮至熟透。按個人所喜好之軟硬度的不同，水煮時間約控制在3～5分鐘。

《冷卻》

移至竹篩上，均勻撒上鹽。如果要直接靜置放涼，可以用團扇搧風，加速冷卻。冷卻後的「水煮蠶豆」，就是一道下酒菜！

《剝去薄皮》

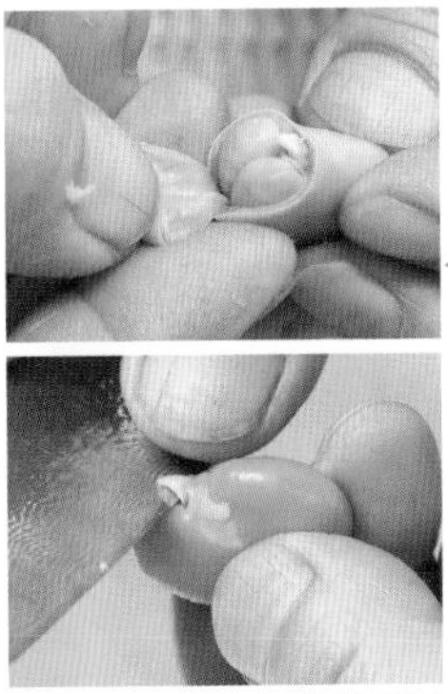

蠶豆若是要用在料理烹調上，經水煮後，就要立即剝去薄皮，以免變色（蠶豆帶著薄皮，會因爲悶著不透氣而褪色）。接著，去掉豆子的胚芽。

內田流 綻放蠶豆的魅力

◎將風味一飲而盡的法式濃湯

熟成的蠶豆會讓人很想拿它來作法式濃湯。只要將水煮過的蠶豆與香味蔬菜混合，放入果汁機打成泥即可。濃湯可以做成冷的，也可以做成熱的。熟成豆子鬆軟香醇的風味將在嘴裡化開，這無疑是一道美味絕品！

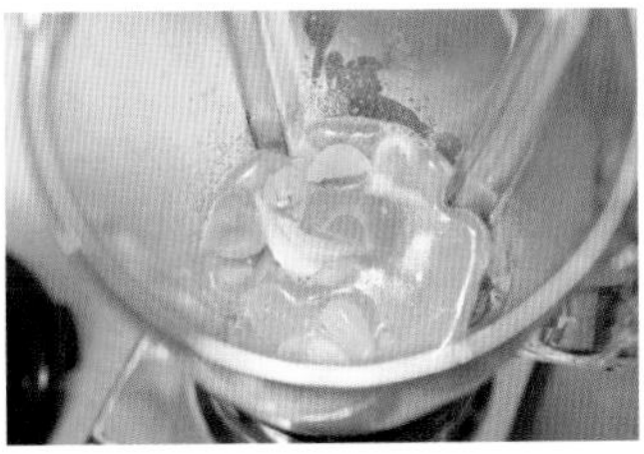

與香味蔬菜一起以果汁機打成泥。

（成品p.108）

烹調要訣

剛上市的蠶豆，只要水煮後撒上鹽，就十分美味；或連皮一起油炸後撒上鹽，也別有一番風味。至於進入產季尾聲的蠶豆，則必須採取能夠補充水分的烹調法。像我，除了會將蠶豆剝皮熬煮，有時也會與蛤蠣混拌，做成義大利麵。另外，爲了保留豆子的風味，調味也盡可能越清淡越好。

適合組合搭配的蔬菜

直接栽種就會發芽的「種子」類蔬菜

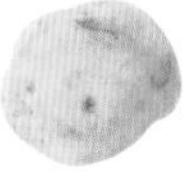

馬鈴薯

洋蔥

◎其他適合組合搭配的食材

蝦子、羊栖菜、蛤蠣

得以盡情享受到
熟成蠶豆的香醇風味

蠶豆冷湯

《時期：尾聲》

材料［4人份］

蠶豆……1kg（約20～23莢）
胡蘿蔔……2cm
洋蔥……1/10顆
大蒜（小）……1瓣
鹽、胡椒……各1撮
蔬菜高湯（p.23）或水……4½杯
沙拉油……少許
番茄（裝飾用）……少許

1 將蠶豆從莢果中取出，水煮、剝去薄皮。洋蔥切成適當大小。大蒜對切成兩半。

2 洋蔥、胡蘿蔔與大蒜放入鍋內拌炒，接著加入蔬菜高湯（水），煮至食材熟爛後，靜置放涼。

3 所有材料以果汁機打成泥，並以鹽和胡椒調味。泥糊的濃稠度則靠蔬菜高湯調整。

4 盛盤，可依個人喜好，以番茄等來點綴。

重點☞ 蠶豆水煮後，要立即剝去薄皮，防止變色。

與馬鈴薯組成絕妙搭檔。
有潛力成為春天的招牌料理

花生涼拌蠶豆與馬鈴薯

《時期：上市～尾聲》

材料［4人份］

蠶豆……約20～23莢
馬鈴薯……2顆
涼拌醬泥
- 研磨白芝麻糊……2大匙
- 研磨花生醬……2大匙
- 蔬菜高湯（p.23）或水……3大匙
- 鹽……1撮
- 酒精揮發的醋（p.21）……少許

1 將蠶豆從莢果中取出，水煮、剝去薄皮。馬鈴薯削皮後，切成與蠶豆相當的大小，下鍋水煮。

2 拌勻涼拌醬泥的材料，然後與1的食材混拌。涼拌醬泥若太乾硬，可加入蔬菜高湯調整濃稠度。

重點☞ 馬鈴薯要水煮至與蠶豆的口感相近的程度。

內田流 9 column

對身體無負擔的日本傳統芡粉 葛粉要用得高明

——細緻的質地 提引出食材的味道

沒有與其他材料混調，百分之百的純葛粉。葛具有溫熱身體的功效，因此冬天的葛粉甜湯被視如珍寶。至於夏天的葛粉條與葛粉餅，對於熱疲勞的腸胃也具有調理的功效。照片中的葛粉是「櫻澤（Ohsawa）葛粉」。

在烹調上如果想要做勾芡，我最常使用的，就是「葛粉」。葛粉是由秋天七草（譯注：有敗醬、芒、桔梗、瞿麥、澤蘭、葛以及胡枝子）之一的葛的根部，乾燥研磨而成的。風味不同於太白粉，其質地較為細緻，芡汁剔透滑潤。更重要的是，葛粉很適合與各種蔬果搭配，尤其用在以水果做成的甜點上，更有助於凸顯出水果的魅力。水果汁液加入葛粉勾芡，所完成的口感十分高雅。它會緊貼著水果的自然甜味，在不妨礙其味道之下，調出溫醇柔滑的芡汁。相較起現榨的新鮮果汁，這又別有一番風味，讓人得以享受一段猶如作夢般寧靜的水果時間。偶爾來一次這般的享受，不是很讚嗎？

勾芡哈密瓜

材料

哈密瓜（紅肉）……半顆
粗糖……60g（約為果肉分量的20%）
葛粉……1小匙
檸檬汁……1小匙

1 取出哈密瓜的籽（籽與汁液都以調理碗裝起來），果肉以湯匙挖取成球狀。

2 將哈密瓜籽與汁液，以及同量的水倒入小鍋。加入砂糖，開中火，約熬煮10分鐘。熬煮途中，將浮出的渣沫撈除。

3 以濾網過濾2的食材。這時候，如果壓擠到籽，就會有苦味跑出來，因此，請讓汁液自然滴落。

4 待3過濾好的汁液冷卻後，加入葛粉拌勻，再次開火加熱。煮至沸騰後，轉小火並輕輕攪拌，避免芡汁結塊。接著，將芡汁移至調理碗裡，下方再疊上一只盛冷水的調理碗，一面攪拌使其冷卻。最後，加入檸檬汁。

5 將果肉盛盤，淋上4的芡汁。

重點☞ 因為哈密瓜的汁液較稀，葛粉不必再調水，直接以粉末的狀態加入比較好。

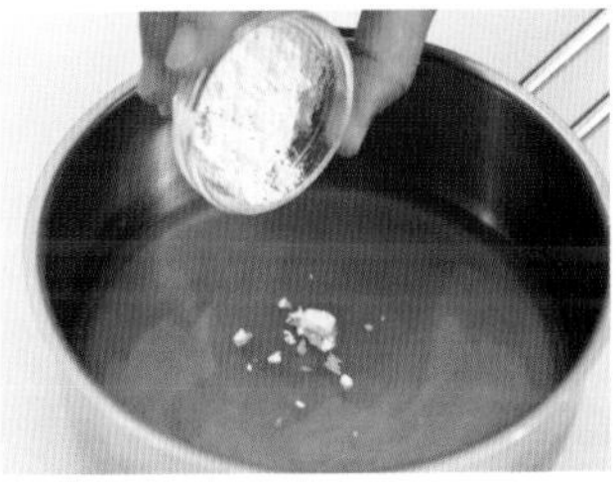

待果汁放涼後，加入葛粉拌勻。

開中火加熱，一面攪拌一面熬煮。

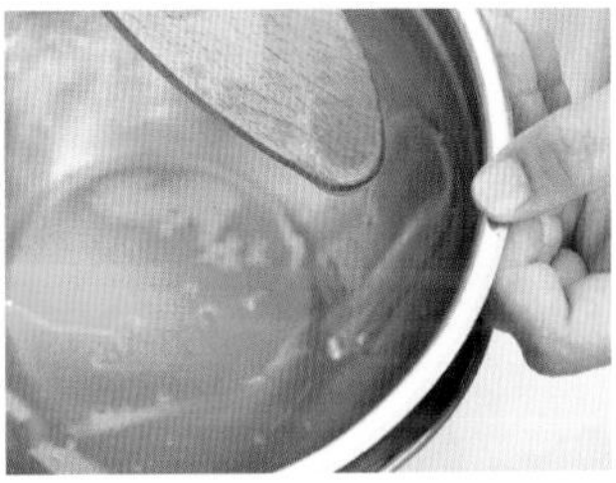

將芡汁移至調理碗裡，下方再疊上一只盛冷水的調理碗，一面攪拌使其冷卻。

《使用葛粉時「不會結塊」的重點》

1 熱的汁液要勾芡時，一開始先將葛粉以少量的水混勻，並以小火煮化後再加入。

2 冷的汁液要勾芡時，則先加入葛粉混拌，再開火加熱煮化。之後，將芡汁移至調理碗裡，下方再疊上一只盛冷水的調理碗，一面攪拌使其冷卻。

孩提時代，
媽媽常做的味噌漬款冬，
至今，仍舊是我在春天的
一大享受。

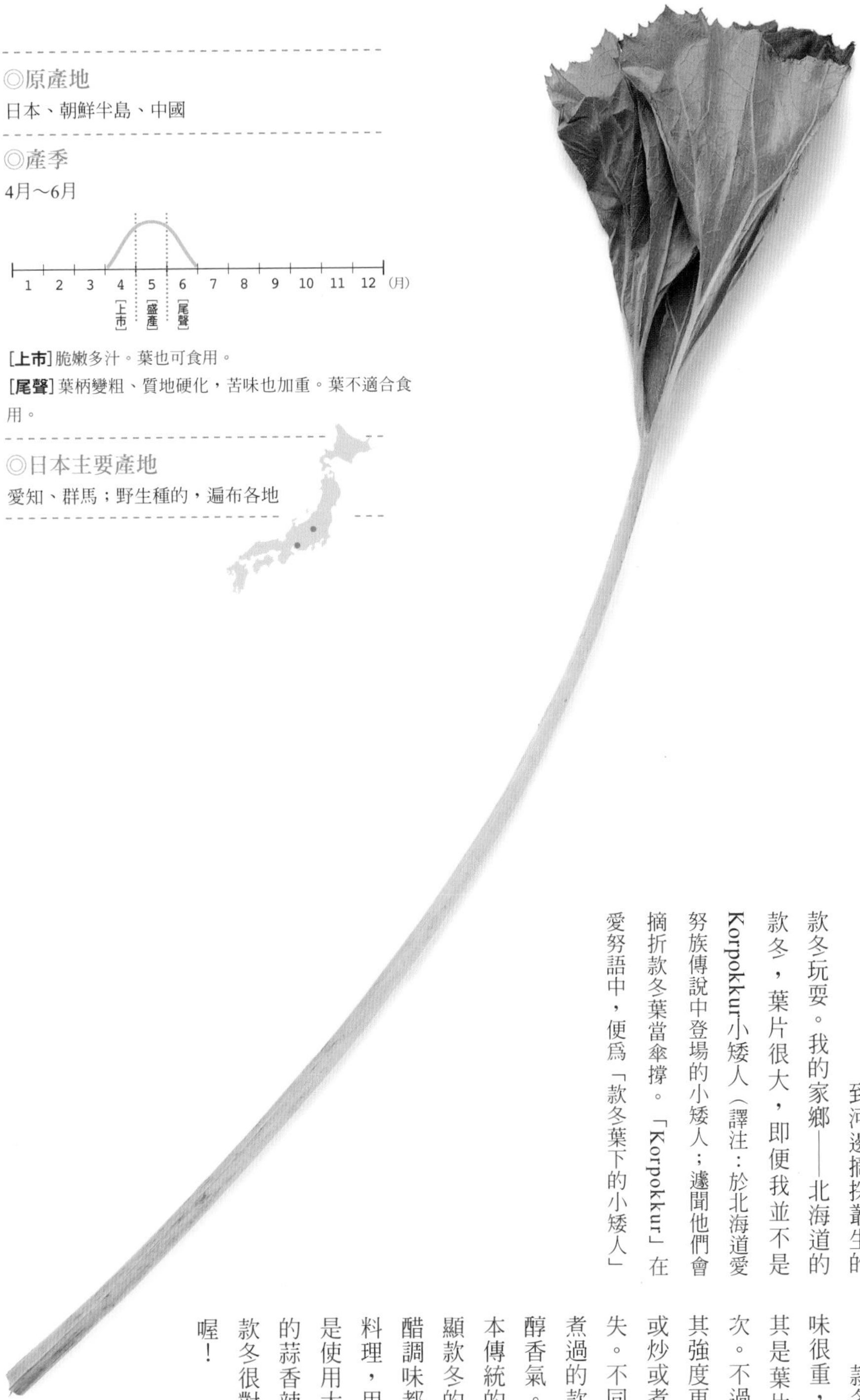

◎原產地

日本、朝鮮半島、中國

◎產季

4月～6月

[上市] 脆嫩多汁。葉也可食用。

[尾聲] 葉柄變粗、質地硬化，苦味也加重。葉不適合食用。

◎日本主要產地

愛知、群馬；野生種的，遍布各地

款冬

[菊科]

款冬的風味相當倔強。無論是煮或炒，都不會流失。

當款冬的花莖枯萎後，過沒多久，葉子就長出來了。小時候，我常常會在初春時分跑到河邊摘採叢生的款冬玩耍。我的家鄉——北海道的款冬，葉片很大，即便我並不是Korpokkur小矮人（譯注：於北海道愛努族傳說中登場的小矮人；遽聞他們會摘折款冬葉當傘撐。「Korpokkur」在愛努語中，便爲「款冬葉下的小矮人」之意），也可以摘來當傘撐。當然，我也常吃款冬。無論是以味噌醃漬，還是以醬油醃漬，都是媽媽親手做的。因此，直到現在，款冬依舊是我春天不可或缺的下飯菜。

款冬的個性十分倔強。由於澀味很重，事前處理絕不可偷懶。尤其是葉片，必須反覆水煮三至四次。不過，款冬的香氣也很獨特，其強度更是與澀味不分軒輊。即便或炒或煮到軟爛，香氣也絕不會流失。不同於生款冬的清涼香氣，烹煮過的款冬，會留下一股強韌的芳醇香氣。至於調味方面，還是以日本傳統的發酵調味料爲佳。若要凸顯款冬的苦甘味，以醬油、味噌或醋調味都很適合。不，有一道西式料理，用款冬來做也很美味。那就是使用大蒜、紅辣椒和橄欖油做成的蒜香辣椒義大利麵。這道料理與款冬很對味，大家可以試著做做看喔！

解體

葉片與葉柄的性質相異。分切後，做好事前處理，依料理所需各別使用。

首先是解體

分成葉與葉柄2個部分。葉柄上下段因粗細不一致，加熱所需時間不同，所以得再分切成3等分，各別使用。

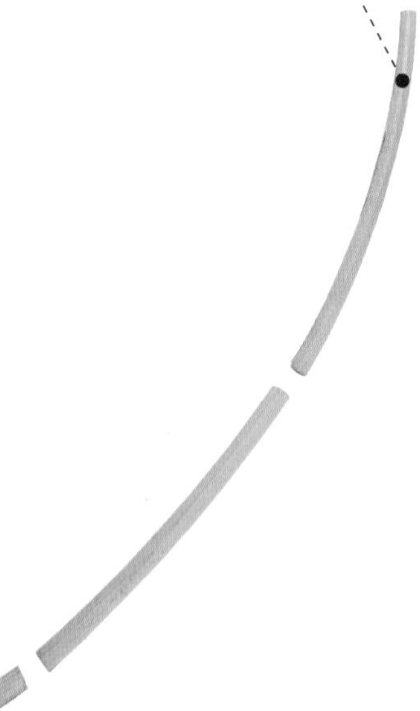

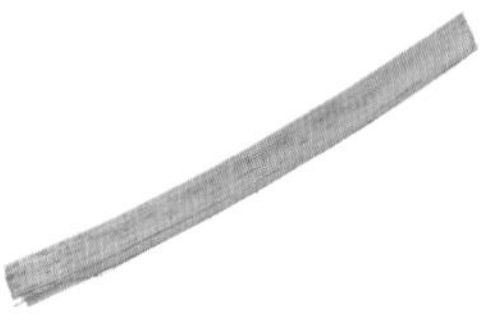

葉

特徵◎由於澀味重，必須反覆水煮數次。雖然苦味也重，但只要充分水煮，味道就會變得很豐富。
料理◎佃煮／炒飯

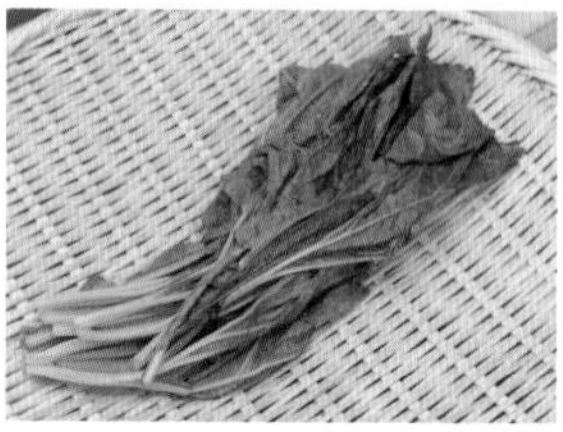

葉柄

特徵◎上下段粗細不一，所以要再分切，以便調整水煮等加熱的時間。葉柄的魅力在於，香氣清涼、具苦甘味，且口感爽脆有彈力。水煮過後，顏色會變成美麗的翡翠色。
料理◎滷菜／炒／西式醃菜／佃煮（醬煮款冬）／味噌漬

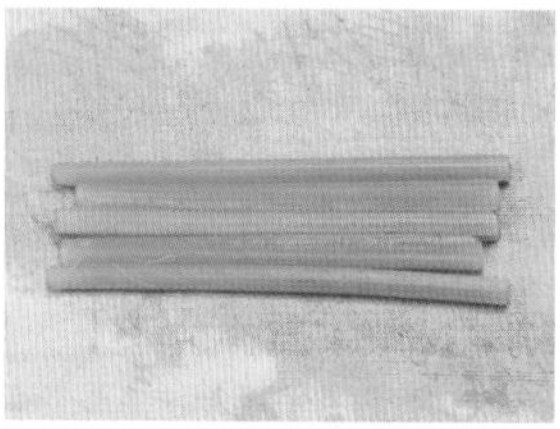

上半段的葉柄細而嫩脆，分切後可直接使用。

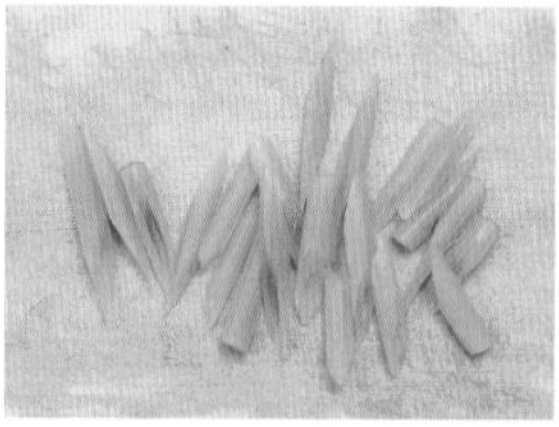

採斜切，將纖維切斷。加熱時，不僅容易受熱，也更容易入味。

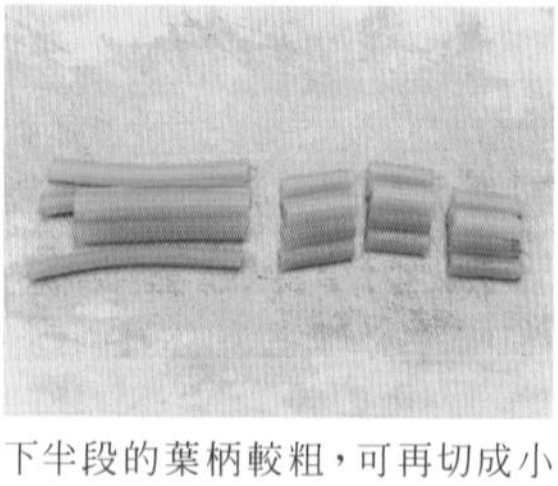

下半段的葉柄較粗，可再切成小段，方便使用。

◎如何挑選◎

1 葉柄粗厚且多肉。

2 葉與葉柄的交界處清楚分明。

保存

水煮過的款冬要冷藏保存

若以生的狀態保存，會產生澀味。要先水煮，再置於方盤中，蓋上一層紙巾，放冰箱冷藏。請於三～四日內食用完畢。

烹調技術

重點在於，烹調前必須先水煮、確實去澀。葉片的部分，更要反覆水煮3～4次。

基本烹調方式

1 買回當日，立即下鍋水煮。

2 要充分加熱，完全入味。

事前處理

以沸水來煮

葉與葉柄均以沸水來煮。葉柄煮至表面顏色呈透明感的翡翠色，即可撈起。澀味較重的葉片，則必須反覆水煮3～4次。水煮完後，請立即泡水。這樣不僅更有助於去澀，也可以保持色澤的鮮豔。

《葉柄》

1 以沸水來煮
以沸水煮7～8分鐘。水溫若過低，煮出來的顏色就會褪色。

2 泡水
以大量冷水浸泡10分鐘。浸泡途中，水若變溫，就要再換水。

《葉》

1 以沸水來煮
以沸水來煮，每次煮的時間約爲30秒。每次煮完，都要再換新水重煮。如此反覆水煮3～4次。

2 泡水
反覆水煮3～4次後，以冷水浸泡。

去筋絲

由下而上撕除筋絲。

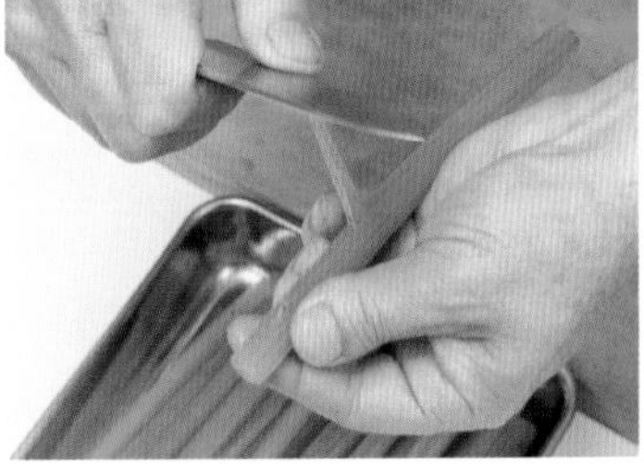

針對較粗的筋絲，由下而上撕除。

切法

處理較粗的葉柄，要採斜切，好切斷纖維。增加斷面，使味道更容易被吸收，正是竅門所在。

拉出角度，以拉切法斜切。

加熱 充分加熱，完全入味

《燒煮菜葉》

菜葉以油炒過，更能去除澀味。將葉片炒至軟爛、收乾水分，做成佃煮菜，便能提高保存性。

《先炒後煮》

款冬很適合以油烹調。待款冬整體炒至油亮後，加水提引風味。接著，加入調味料續煮，讓味道再次回到款冬裡去。

內田流 綻放款冬的魅力

款冬可以做成象徵家庭味道的醃漬（常備）食品。只要依個人喜好，以味噌、醬油或醃漬醬醃製即可。這類自製醃菜，一擺上桌，自然就會有家庭的味道。眞的是很棒的料理呢！

◎味噌漬

將水煮過且泡過冷水的款冬疊放在密閉容器裡。每疊一層前，都要先撒鹽、塗抹味噌（亦可加點味醂調味）。如此醃漬一～二日後便可享用。保存期限為一～二個月。

一面塗抹味噌，一面堆疊。

◎西式醃菜

以甜醋（p.21）醃漬。醋若加得比較多，款冬就會被染成粉紅色。約可保存十日。

醃漬約1小時後，便可享用。

烹調要訣

款冬本身幾乎全都是纖維。看是要加熱煮至軟爛，還是清淡烹煮，色澤與口感都截然不同。若以油慢慢拌炒，並加入醬油、味噌和味醂等發酵調味料調味，就是最讚的下飯菜。反之，若要做成如同拼盤般保有美麗翡翠色的滷菜，加熱時間就要短。例如，將水煮過的款冬，以煮開後放涼的白高湯浸漬，就能做出一道色澤鮮豔且完全入味的料理。

適合組合搭配的蔬菜

香氣強的蔬菜、山菜等

土當歸

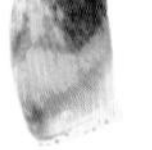

竹筍

薑

◎其他適合組合搭配的食材

薄片油豆腐、凍豆腐、木耳

麻油炒款冬

款冬風味，再加上醬油風味，最適合配上一碗白飯

《時期：上市～尾聲》

材料[4人份]
款冬（葉柄）……2支分量
薑片……2片
麻油……1大匙
乾香菇高湯（p.21）……⅓杯
水……⅓杯
醬油、味醂……各1大匙
鹽……1撮
研磨白芝麻……適量

1 將款冬先水煮，做好事前處理後，斜切成長5cm的小段。
2 於平底鍋內倒入麻油，放入薑片爆香後，加入款冬，轉大火翻炒。
3 加入水和高湯，煮至水分收乾後，以鹽、醬油和味醂調味。轉中火繼續燒煮。起鍋前，再轉大火，並加入1大匙的水。最後撒上芝麻即可。

重點☞ ①要炒到纖維完全熟透。 ②起鍋前加水，提引風味。

款冬葉佃煮

慢火細炒，去除葉片澀味，提引風味

《時期：上市～盛產》

材料[4人份]
款冬（葉）……1片
薑泥……1大匙
麻油……1大匙
昆布高湯或水……4大匙
醬油、味醂……各1大匙
研磨白芝麻……適量

1 款冬葉反覆水煮3～4次去澀後，泡水。拭乾水氣，切成碎末。
2 於平底鍋內倒入麻油加熱，放入款冬葉拌炒。加入昆布高湯（水）、醬油、味醂調味；最後，再加入薑泥。
3 煮至水分收乾後，再加入適量的水續煮，直到款冬葉熟爛。起鍋後，撒上芝麻。

重點☞ 煮到水分都收乾，便能提高保存性。

[春季的菜單]

將氣味相投的蔬菜們，彙集成一盤料理

春天的蔬菜大多是苦味、澀味及香氣出眾的個性派。
因為每樣蔬菜的自我主張都很強，要是搭配錯了，
彼此就會大打出手；不過，只要遇到氣味相投的夥伴，
就會一起演奏出美妙的和聲。
這份菜單，是我一面想像著充滿生息的春天山野景色，
一面試著做出來的。

或烤或煮，或搗製成泥

春天蔬菜的絢麗拼盤

◎葉菜類沙拉
◎乾煎竹筍與綠蘆筍

材料［4人份］

紅芥水菜……適量
山葵菜（譯注：芥菜的突變種。因富有類似山葵的辣味，故以「山葵菜」稱之）……適量
白蘑菇……8朵
竹筍……½支（上半部）
綠蘆筍……12根
洋蔥……½顆（中央部位）
油菜花泥（p.77）……適量
橄欖油……適量
鹽、黑胡椒……各少許

1 以手將紅芥水菜與山葵菜撕成容易食用的大小。白蘑菇切薄片。竹筍水煮後，將上半部縱切成片。蘆筍削去筍尖以下的外皮，水煮後，分切成筍尖與莖稈2部分。洋蔥縱切成8等分。
2 於平底鍋內倒入1大匙橄欖油加熱，先放入竹筍，煎熟後取出。接著，放入蘆筍，同樣煎熟後取出。最後，放入洋蔥炒至熟爛，並以鹽、胡椒調味。
3 將紅芥水菜、山葵菜與白蘑菇放入調理碗裡混拌，均勻淋上少許的橄欖油。
4 於盤邊倒入油菜花泥，一旁以洋蔥鋪底，擺上蘆筍後，再擺上**3**的鮮蔬與竹筍即可。

以清新爽口的柑橘醬做果汁

新鮮柑橘汁

材料與作法
於玻璃杯中倒入適量的柑橘醬（p.124），依個人喜好，加入蘇打水調整濃度。

濃縮的蘆筍風味如同在嘴裡化開般

白蘆筍燉鍋料理

材料［4人份］

白蘆筍……3支（約300g）
芹菜（莖）……20g
洋蔥……40g
大蒜……1瓣
橄欖油……½大匙
蔬菜高湯（p.23）或水……200cc
洋菜粉、葛粉……各1小匙
水……100cc
鹽……1小匙

1 白蘆筍去筋絲，斜切成段。芹菜切成1cm的小丁。洋蔥縱切薄片，大蒜對切去芯。
2 取深底平底鍋，倒入橄欖油，放入大蒜爆香後，依序加入洋蔥、芹菜翻炒，最後加入蘆筍拌炒均勻。待炒出香氣，表面略顯焦黃後，加入蔬菜高湯煮至熟爛。
3 將**2**的食材以果汁機打成泥。
4 於鍋內放入洋菜粉與葛粉，加水混拌，開小火煮至化開。
5 將**4**的材料加到**3**的蔬菜泥中，再以果汁機攪和均勻，並以鹽調味。
6 以器皿盛裝，放冰箱冷藏1小時以上。

以當季番茄烹調，新鮮滿點！

番茄風味天使髮麵

材料［2人份］

番茄泥（p.46）……2杯
番茄……1顆
青紫蘇……1片
酒精揮發的醋（p.21）……適量
鹽……適量
橄欖油……1大匙
義大利麵（天使髮麵）……160g
煮義大利麵時所用的鹽……適量

1 番茄泥以酒精揮發的醋和鹽調味。番茄先汆燙，再泡冷水剝皮（p.48），切成4等分。青紫蘇切絲。
2 煮義大利麵。煮熟撈起後，均勻淋上橄欖油。
3 將**1**的番茄泥與義大利麵混合拌勻、盛盤。擺上去皮番茄，並以青紫蘇點綴。

從春天到夏天的豆子產季

讓我們來瞭解從三月到九月，隨著時期一點一滴地推進，也不斷接棒下去的豆子們的個性，享受季節交替所帶來的樂趣。

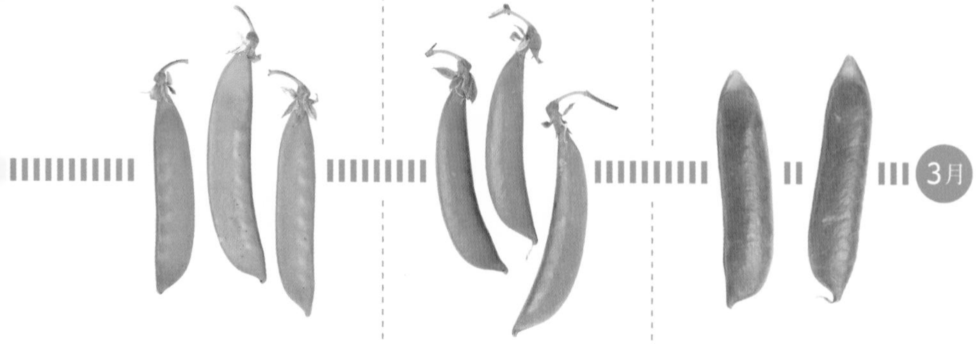

絹豌豆

豆科豌豆屬

[產季]4月～6月上旬
[原產地]中亞、中東
[挑選]豆子未成熟，莢果扁薄，呈淡綠色。
[特徵]是軟莢豌豆的代表品種。莢果扁薄，口感細緻，略帶甜味。適合炒食、涼拌或做成沙拉等。
[烹調技術]去筋絲的方法（p.120）、水煮法（p.121）。因爲容易受熱，若想保有爽脆的口感，竅門在於水煮時間要短且動作「迅速」。

甜脆豌豆

豆科豌豆屬

[產季]4月～5月
[原產地]中亞、中東
[挑選]豆子並無生長過度，莢果身形苗條，呈淡綠色。
[特徵]1970年代從美國引進。可連同莢果一起食用。莢果肉質厚實，口感佳。單只是水煮，便能享受到爽脆的口感與甜味。適合作爲肉料理的配菜或炒食。
[烹調技術]去筋絲的方法（p.120）、水煮法（p.121）

豌豆

豆科豌豆屬

[產季]3月底～5月
[原產地]中亞、中東
[挑選]莢果飽滿，富彈性，且呈淡綠色。
[特徵]豌豆的未成熟果實。雖然市面上也買得到已去莢的豌豆，但很容易變壞，所以，最好還是買有帶莢的。豆子顆粒雖小卻富彈性，香氣也強。適合炒食、煮湯，或作爲炒飯的配料等。
[烹調技術]去筋絲的方法（p.120）、水煮法（p.121）、調味（p.122）。

從春天到夏天，透過豆子的接力賽，感受季節變化。

在所有植物中，豆科是生命力最強的，甚至還可以利用在荒蕪之地栽種豆子的作法，來改良當地土壤。豆科植物遍布各地扎根繁殖，從寒帶到熱帶，都看得到它的身影，品種更是不下一萬八千種。而豆科這般非比尋常的能量，便成了我們自古以來的蛋白質來源。

於春夏交際上市的豆科植物是青豆。有趣的是，如豌豆、四季豆和毛豆等，它們的莢果，天氣越

9月

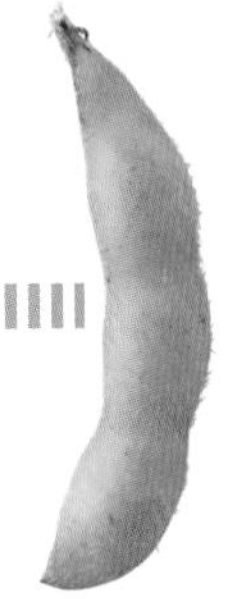

毛豆

豆科大豆屬

[產季] 7月～9月
[原產地] 中國
[挑選] 豆子的輪廓分明，飽滿度均一。莢果上絨毛密布，呈淡綠色。

※特徵、烹調技術等的詳細說明，請參閱p.178。

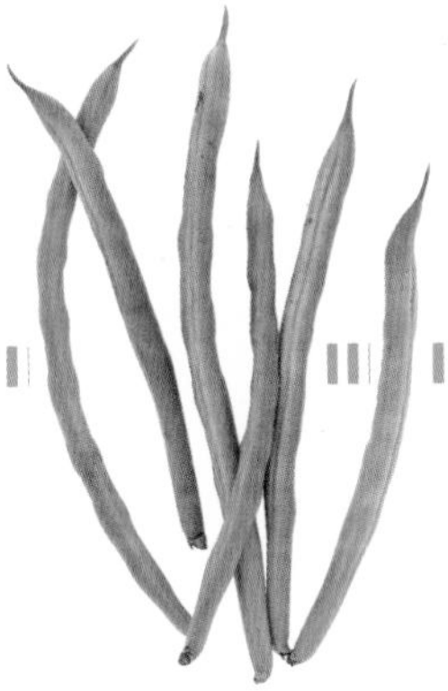

四季豆

豆科豌豆屬

[產季] 6月～9月
[原產地] 墨西哥～中美洲
[挑選] 莢果沒有凹凸不平，且身形苗條，呈淡綠色。

※特徵、烹調技術等的詳細說明，請參閱p.152。

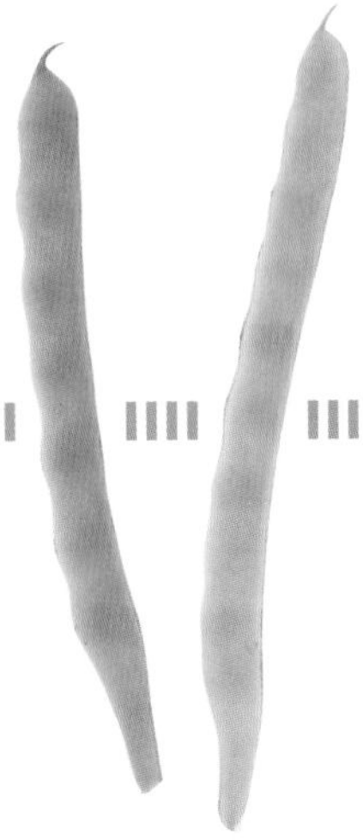

摩洛哥四季豆

豆科菜豆屬

[產季] 5月～8月
[原產地] 中美洲
[挑選] 豆子並無生長過度，莢果平坦，呈淡綠色。
[特徵] 約於1980年左右引進日本。莢果平坦幅寬，長度約爲15cm。質地嫩脆，味道清淡，適合做成多種料理，如滷菜、天婦羅、炒菜，或芝麻涼拌菜等。
[烹調技術] 去筋絲的方法(p.120)、水煮法(p.121)。分切時，要從豆子與豆子之間的凹陷處下刀，才不會切到豆子。

蠶豆

豆科豌豆屬

[產季] 4月中旬～6月
[原產地] 西亞～北非
[挑選] 莢果富彈性並帶有光澤。豆子飽滿度均一，蒂頭結實。

※特徵、烹調技術等的詳細說明，請參閱p.104。

熱，就會長得越長。其中，豇豆的莢果甚至可長達一公尺。其實，這也是豆科植物爲了配合生長地的氣候與風土，而自行改變形態所演變出的結果之一。初春的三月，由豌豆帶頭起跑的接力賽，在多種豆子前仆後繼地接棒之下，於晚夏的九月，由完全熟成、甜味也達到頂峰的毛豆劃下句點。這段期間，各種豆子風味與口感的循環變化，對愛豆者而言，無疑是最令人難以自拔的享受。

說到豆子，首重新鮮度。買回來後，要立即水煮。就我個人的作法，因爲豆子會變硬，所以我不會用鹽水來煮。不過，水煮時間倒可依個人喜好調整。無論是煮硬煮軟，大家可試著找出最恰當的軟硬度。附帶一提，我個人是喜歡煮到鬆鬆軟軟的豆子。令人吃了還想再吃，沉浸在幸福中。

與豆子美味打交道的烹調技術

從莢果中取出食用的豆子，以及連同莢果一起食用的豆子，所需的技術截然不同。

從處理方式的觀點來看，青豆可分成兩大類。

A	從莢果中取出食用的豆子→豌豆、蠶豆與毛豆等。
B	連同莢果一起食用的豆子→甜脆豌豆、四季豆等。

因為在烹調技術上，這兩大類的豆子有共通之處，也有相異之處，所以，還請大家詳讀下列的解說。

挑選技術

莢果的鼓脹度不同

《外形》

A 從莢果中取出食用的豆子

莢果撐得鼓鼓的，豆子的輪廓分明。

B 連同莢果一起食用的豆子

莢果沒有撐得太鼓（豆子並無生長過度），身形苗條。

豌豆的莢果若撐得鼓鼓的，就表示裡頭結實飽滿、均一。

摩洛哥四季豆要挑選莢果平坦，豆子輪廓不明顯，且莢身寬幅均一的。

《蒂頭》

豆子是垂掛在枝頭下生長的。所以，負責連接莢果與枝子並運送養分的蒂頭長得結實，便是新鮮的證明。

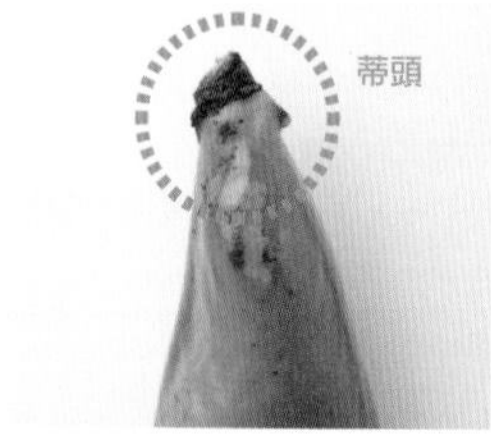

《顏色》

要挑選莢果呈淡綠色的。莢果表皮上的黑點是單寧。那是豆子的防禦反應，無關品質的好壞。

莢果上也長有絨毛。要挑選絨毛細密的。

鮮度與保存技術

鮮度是豆子的命脈。買回來後，請於二～三日內食用完畢

無論哪種豆，從採收的那天起，新鮮度便開始下滑。因此，買回來後要盡早食用。保存方面，請以報紙包裹，放陰涼處保存，並於二～三日內食用完畢。有帶莢果的豆子，一旦剝殼取出，很快就會變不新鮮。

以報紙包裹，避免接觸到空氣。

水煮過的豆子雖然可以冷凍保存，但還是要盡早吃完。

事前處理的技術

1 去筋絲

從落花處（莢果頂端）處開始撕除

絹豌豆與甜脆豌豆，如果沒有去筋絲，口感就會很差。請務必要熟練去筋絲的技巧。

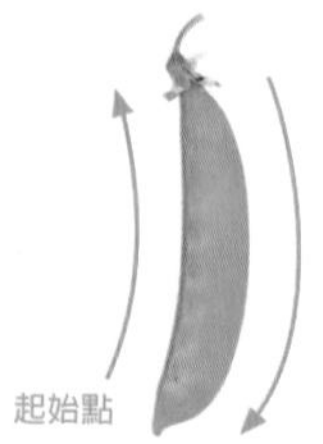

從莢果頂端往莢身內凹側折斷，撕下筋絲直至蒂頭處。接著，折斷蒂頭，沿著莢身另一側將筋絲撕除。

2 撒鹽搓滾

以鹽搓揉，去除絨毛

毛豆與四季豆的莢果上，都長有具保護作用的絨毛。水煮前，先以略多的鹽搓揉，將絨毛除去。如此一來，不僅口感變好，同時也可去除澀味與髒汙。

莢果抹滿鹽，以雙手輕輕搓滾後，靜置5～10分鐘。

水煮技術

1 要不要讓水滾沸，全看豆子的種類

以鹽水煮豆子，會使豆子變硬。所以請直接水煮，等撈起後再撒鹽、靜置冷卻。不過要特別注意，A、B兩種豆子的水煮溫度是不一樣的。

A 從莢果中取出食用的豆子

以沒有滾沸的熱水慢慢煮

1 將豆子放入沸水中。因爲水溫會下降，請轉小火，讓水的溫度維持在這般狀態（水面微微滾動冒泡的程度）下。

2 水煮2～3分鐘。若能以手指將豆子捏破，就表示豆子已煮熟。

3 移至竹篩上，以團扇搧風，加速冷卻。不要泡冷水。

4 撒鹽調味，提引出豆子獨特的甜味。

B 連同莢果一起食用的豆子

以沸水來煮

水煮開後，放入豆子。轉大火，讓水維持滾沸狀態。豆子煮熟後的處理，則與A的作法相同。

2 迅速汆燙，去除雜味

豆子若要加熱烹調，如炒食或煮湯，一定要事先汆燙過，好去除澀味。

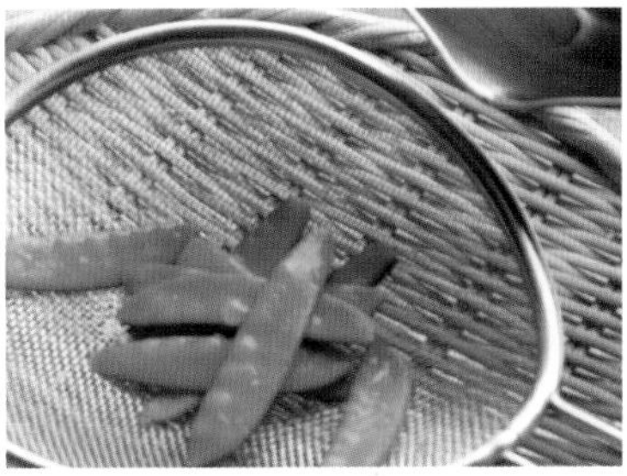

放入沸水滾煮約5秒鐘後撈起。不僅外表色澤變鮮豔，吃起來也更富口感與甜味。

烹調要訣

當季的豆子，單只是水煮就很美味。而豆子水煮過後，還能再加工，變化成各種料理的特性，也是其魅力所在。豆子可以滷煮、油炒，可以煮至熟爛，做成豆泥，也可以浸漬，做成保存性高的浸漬豆。

《製成豆泥》

將水煮過的豆子連同煮豆水，以果汁機或食物攪拌機打成液狀。完成的豆泥，可以拿來做沾醬（dip）、湯品、醬汁與豆泥味噌湯。

《浸漬豆》

豌豆、蠶豆或毛豆，都可以做成浸漬豆。只要將豆子水煮、放涼後，以醬汁浸漬1天即可。除了可當成解膩小菜外，也適合拿來做豆子飯或配菜。（浸漬醬汁的比例／昆布高湯：醬油：味醂＝1：1：1）

《豆子的調味》

豆子大多是在水煮過後再調味。另外，與其他食材搭配烹調時，若放到最後才加，煮出來的顏色就會很漂亮。

豆子競秀沙拉

將五顏六色的豆子彙集成華麗繽紛的一盤

材料[3～4人份]

豌豆（已去莢）……½杯、蠶豆（已去莢）……½杯、四季豆……5條、摩洛哥四季豆……2條、甜脆豌豆……6片、絹豌豆……10片、鹽……適量、芡汁[蔬菜高湯（p.23）或水……1杯、醬油・味醂……各1小匙、鹽……¼小匙、太白粉……1小匙、麻油……1滴]

1 豆子以同一鍋沸水，按軟硬度（同材料表的排列順序）依序下鍋水煮。撈起後，撒鹽。

2 製作芡汁。於鍋內加入蔬菜高湯、醬油、味醂和鹽煮開後，以太白粉勾芡，並滴入麻油。芡汁濃稠度稍稀。

3 將煮好的豆子盛盤，淋上芡汁。

重點☞ 豆子移至竹篩上後，以團扇搧風，加速冷卻。

滷豌豆與凍豆腐

豆子與豆製品是同胞手足，彼此做搭配，保證美味無比

材料[4人份]

豌豆（已去莢）……1杯、凍豆腐（中）……2塊、煮汁[昆布高湯・乾香菇高湯（p.21）……各½杯、薑片……1片]、泡軟乾香菇片（高湯用）……1朵分量、醬油・味醂……各1大匙、鹽……1撮、太白粉（已溶於水）……2大匙、麻油……1滴

1 豌豆水煮後靜置冷卻（p.121）。凍豆腐泡水復原後，切成1cm的小丁。

2 將煮汁倒入鍋內煮開。接著，加入凍豆腐滷煮20～30分鐘，直至入味後，加入½杯的水，以鹽、醬油和味醂調味，並且再續煮約10分鐘。

3 加入泡軟乾香菇和豌豆，轉大火迅速加熱，並以太白粉勾芡。起鍋前，滴入麻油。

重點☞ 一開始，豌豆要事先稍微煮過。就算表皮因此皺起，也不必驚慌。因為在二度下鍋煮的階段，豌豆會吸收煮汁，恢復表皮原有的光滑。

絹豌豆味噌湯

青澀香氣與爽脆口感，充滿清新感的晚春碗湯

材料[4人份]

絹豌豆……100g、昆布高湯（p.21）……5杯、紅味噌……適量、酒……1滴

1 絹豌豆去筋絲後，以沸水迅速汆燙（約5秒鐘）。

2 於鍋內倒入高湯煮開。放入絹豌豆，轉小火，加入紅味噌攪散後，立即熄火。最後，滴入酒。

重點☞ 絹豌豆不可加熱過度，以免破壞口感、導致褪色。

果實的幸福
——季節果醬的美味作法

春天的柑橘醬

Spring Orange marmalade

夏天的梅子醬

Summer Ume (Japanese apricot) jam

果醬製作的事前準備

1. 盡可能挑選少用農藥的果實。
2. 鍋子要使用耐酸、厚度較厚的不鏽鋼鍋或搪瓷鍋
3. 保存瓶挑選小瓶罐。一定要先煮沸殺菌後再使用。（瓶罐與瓶蓋均以沸水滾煮15分鐘）

自製季節果醬的奢華與幸福！

雖然同是大地的恩惠，果實帶給我的感覺，有別於平時所用的蔬菜，是很特別的。無論是在春意尚淺的二月中旬，從南部寄來如同太陽般的夏產蜜柑，還是到了新綠盎然的五月上旬，從北部寄來如同紅寶石般的櫻桃，都會讓我終日引頸企盼。好不容易等到第一批的果實送達，內心不禁感到莫名興奮。因爲，果實眞的很甜。果實特有的甜味，將爲我們帶來幸福。

果實要吃得美味，是有要訣的。首先，剛上市的果實要趁新鮮。好好享受那一放進嘴裡，便馬上迸開、風味獨特的鮮甜多汁。而進入盛產期後，因爲果實的香氣與甜味均已臻至成熟，這時便可享受加工後的美味。換言之，就是做成果醬與糖煮水果來品嚐。只要去一趟超市就能買到的產品，卻特地花時間，由自己親手做。剝皮、去籽，慢火細煮成濃稠狀。這香氣、甜味與酸味全都融爲一體的果醬，是既奢華又獨一無二的原創品。所以，當你將果醬塗抹在麵包上享用時，想必會覺得格外香甜。

或者，也可以用自製果醬做成三明治，讓孩子帶去學校吃。相信他們紅潤的小臉肯定會流露出自豪的神情，很驕傲地說：「這是我媽媽親手做的果醬喔！」這便是果實帶給我們的幸福；而且，這是一份可以保存好一陣子的幸福。

[春天的果醬]

柑橘醬

產季橫跨冬春的柑橘類，因為每種個性都略有不同，大家可以在產季中，享受由多種柑橘所製成的果醬，以及糖煮柑橘。

《柑橘類的挑選》

外形呈圓狀、蒂頭置中。拿起來感覺沉甸甸的。

從嚴冬到春天，柑橘類如柳橙、凸頂柑與夏產蜜柑等，接連著登場。由於每種柑橘味道都不同，做出來的果醬與糖煮柑橘，自是各有其獨特的風味。即便綜合數種柑橘來做，也同樣美味。果醬與糖煮柑橘的作法大致相同。果皮做果醬，果肉做糖煮。做果醬時，果皮要水煮去除澀味與苦味；而做糖煮時，重點則在於，要先將白酒與砂糖煮化，之後再放入果肉。

以二種柑橘製成的柑橘醬與糖煮柑橘

（※任一種柑橘類均可使用。體型大小，挑選與夏天的蜜柑略同者。）

材料

河內晚柑……1顆、禿頂柑……1顆，糖煮柑橘用（相對於500g的果肉）[白酒……100cc、水……100cc、粗糖……20g（用量為白酒與水的10%）]、柑桔醬用（相對於200g的果皮）[粗糖……100g（用量為果皮的50%）、水……適量]

柑橘醬加蘇打水調製，便能做成清新爽口的果汁。糖煮柑橘直接浸泡在煮汁裡，放冰箱冷藏，則可保存一週。

《柑橘醬與糖煮柑橘的製作流程》

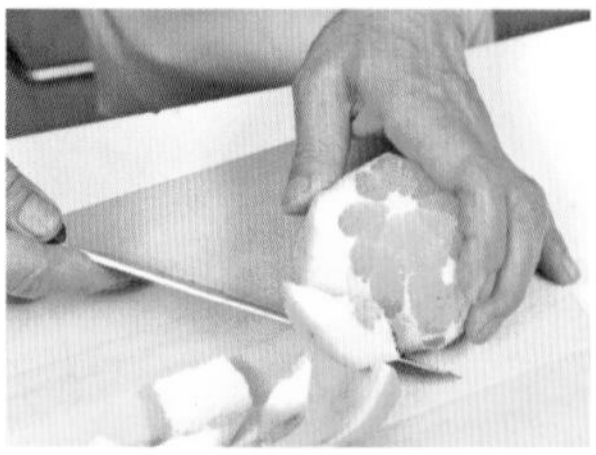

1 切除果皮上下端。果皮不用剝，以菜刀前端連同果瓣外側一起切除。內層白皮也要切除。

2 將果肉放在手掌心上，以菜刀切入每一果瓣的薄皮與果肉之間，將果肉從瓣囊中取出。

3 分離果肉與瓣囊。柑橘汁液，以及瓣囊所榨出的汁（A）用來做果醬。

4 果肉500g——糖煮
果皮200g——果醬

<糖煮柑橘>

5 先將白酒與砂糖煮化，之後再放入果肉浸漬30分鐘即可。

<柑橘醬>

5 果皮切成細絲。

6 將果皮放入鍋內，加水直至剛好蓋過果皮，開火加熱約20秒鐘。如此反覆熬煮3次後，以濾網撈起，拭去水氣。

7 取厚鍋，放入果皮、粗糖、A的汁液，加水直至剛好蓋過果皮，開微火烹煮。蓋上鍋蓋，水若煮到收乾，就再加水。

8 一面煮一面去澀，直到果皮帶有透明感，材料整體呈濃稠狀後，便可起鍋。成品若不夠濃稠也無妨，等放涼後就會凝固。

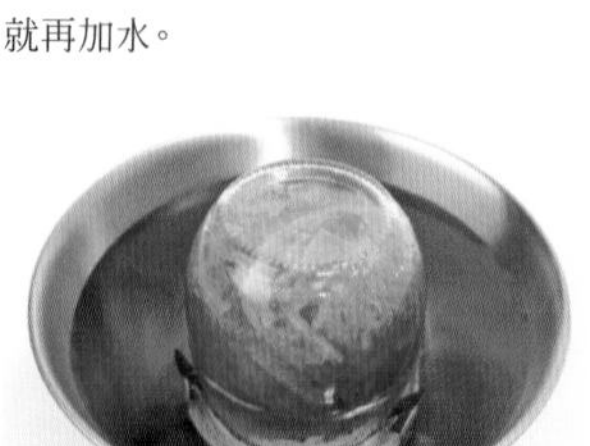

9 趁熱倒入保存瓶直至9分滿。將保存瓶倒扣置於盛滿水的調理碗中，排出空氣。

【夏天的果醬】

梅子醬

過了六月中旬，
就是梅子的完熟期。
顏色轉黃完熟，
酸甜味倍增的梅子，
做成果醬再恰當不過。
而果醬加蘇打水調製成的
梅子汁，同樣也是美味無比。

《梅子的挑選》
外形圓滾滾，蒂頭置中。實際重量比外表所看起來的還重，外皮富彈性。

若說青色梅子適合做梅乾，那熟成的黃色梅子就最適合做果醬。慢慢熬煮到顏色變成棗紅色的梅子醬，圓潤的酸甜味實在濃郁香醇，令人難以忘懷。如果再加蘇打水調製成梅子汁，喝起來更是清涼暢快，瞬間消除一身的疲勞。想做出美味的梅子醬，竅門就在於事前要仔細去蒂、水煮，避免釋出苦味。另外，充分熬煮出籽周圍的果膠，加入果醬裡，也是重點所在。

梅子醬

材料

完熟梅子……500g（約16顆）、粗糖……250g
（用量爲梅子分量的50%）

梅子醬很適合搭配胚芽麵包或黑麵包；而另加蘇打水調製而成的梅子汁，也十分清新爽口，很適合用來消暑。

《梅子醬的製作流程》

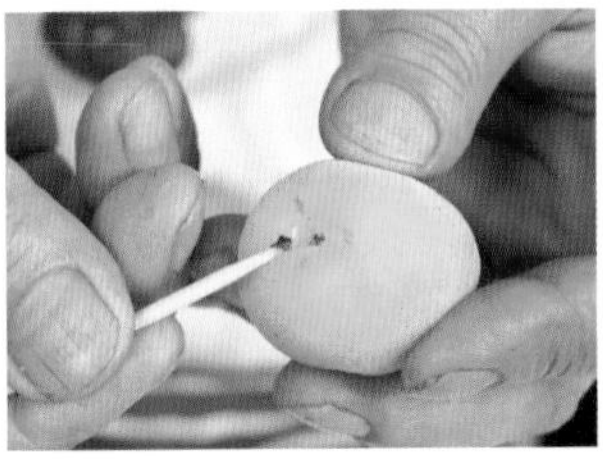

1 以竹籤挖除蒂頭。

2 放入沸水汆燙1分鐘後，靜置冷卻。果肉若沒變軟，則反覆汆燙2～3次。

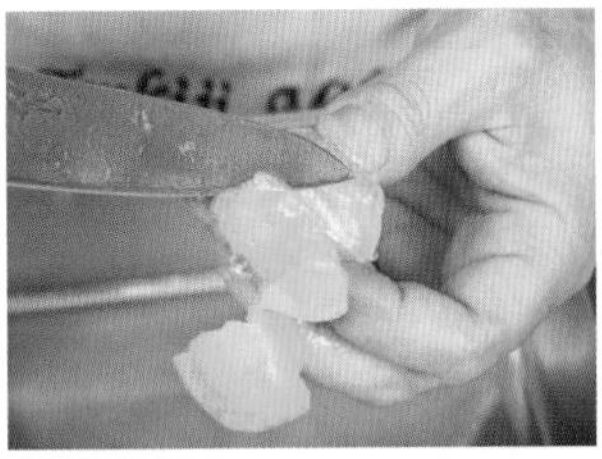

3 以菜刀劃入切口，分離果肉與籽。籽周圍的果肉也要刮下。

4 梅子的果肉與籽都含有豐富的果膠。

5 果肉抹上粗糖，靜置30分鐘，直至滲出汁液。

6 將籽放入鍋內，加水直至剛好蓋過籽，開小火熬煮10分鐘，煮出果膠。

7 將5的果肉放入厚鍋內，開小火烹煮。加熱中必須不斷攪拌，以免煮焦。

8 煮至冒泡後，加入由6的食材所過濾出的果膠，蓋上鍋蓋，以小火熬煮15～20分鐘。

9 煮至食材整體呈濃稠狀並帶有透明感後，便可起鍋。

10 趁熱倒入保存瓶直至9分滿。將保存瓶倒扣置於盛滿水的調理碗中，排出空氣。

(注) 苦味如果過重，可添加白酒或白酒醋調味。
※若碰到熟成梅與青梅參半的情況，只要靜置一週～十日左右，青梅就會轉黃熟成。

盛產於初夏的各種香味蔬菜

可取代春季蔬菜的苦味，且香氣出眾的香味蔬菜，上市期從晚春直至初夏。尤其是年中上市的青紫蘇，這時期的香氣既強烈又細緻。從清新的香氣，直到個性獨特的香氣，與各種味道都很要好，適合運用在初夏的料理烹調上。

山椒芽 芸香科

[產季] 3月底～5月　[原產地] 日本野生

[挑選] 葉子不要太大片，呈淡綠色。

[特徵] 山椒芽在日本又稱爲「木芽」，放在手掌心上，「啪」地拍打一下，隨即溢出陣陣清香。適合作爲清湯、涼拌菜或紅燒料理等的配菜。

[烹調技術] 由於香氣較強，因此要節制使用。如山椒芽味噌，一旦開始使用，只要一點點的用量，有聞到撲鼻的香氣就好。以手指小心翼翼地摘下嫩葉。葉片若乾掉，香氣也會流失，所以要以噴了水的紙巾包裹，並裝入塑膠袋裡，放冰箱冷藏。

胡荽（香菜） 繖形花科

[產季] 3月～6月

[原產地] 地中海沿岸

[挑選] 呈淡綠色，莖桿粗碩。

[特徵] 又稱爲香菜或phak chii（譯注：香菜的泰語說法）。整體而言，亞洲料理都會使用到。生的葉與莖具有獨特的香氣，大多用於湯品、麵食或火鍋等料理的提味。

[烹調技術] 以菜刀切胡荽，不僅會產生澀味，也會導致變色，所以請直接以手摘折。由於胡荽容易乾萎，事前要泡水，等到要烹調時，再將水氣拭乾。爲了保持新鮮，請以噴過水的紙巾包裹，並裝入塑膠袋裡，放冰箱冷藏。

山葵葉 十字花科

[產季] 4月～5月

[原產地] 日本野生

[挑選] 葉片呈淡綠色，葉脈清晰可見、肉質厚實。

[特徵] 跟山葵（根莖）一樣，具有強烈的香氣與辣味，是做浸漬菜與涼拌菜的便利食材。葉片接觸到空氣後，辣味就會逐漸流失，因此必須盡快處理好。

[烹調技術] 葉與莖的辣味不同，要分開使用。不一定要汆燙，生切使用，更能凸顯其鮮明強烈的香氣。若想抑制辣味，可以70℃的熱水汆燙10秒鐘；而充分搓揉葉片，則是提引辣味的竅門所在。適合以醬油或醬汁浸漬，做成浸漬菜等。

青山椒

芸香科

[產季] 6月～7月

[原產地] 日本野生

[特徵] 自然生長於日本各地。在日本，未成熟的果實稱爲「青山椒」；而熟成後變成褐色的果實則稱爲「果山椒」。具有令人發麻的獨特辣味。青山椒適合做蒸煮山椒魩仔魚乾、佃煮，或醬油浸漬等；果山椒則適合做佃煮，或使用其外皮，磨製成山椒粉等。

[烹調技術] 仔細去除果柄後，將洗淨的青山椒以大量的水烹煮。不要讓水滾沸，如此煮30分鐘，要煮至以手指按壓，感覺果實有變軟爲止。之後再泡1小時左右的冷水去澀。至於生的青山椒，若直接磨碎，並與味噌混拌，就成了山椒味噌。

香氣出眾的個性派蔬菜。適量使用，有助於襯托主角。

一進入初夏，香味蔬菜就像是早已預謀好般，一同搶攻上市。

有山葵葉、山椒的果實、紫蘇、蘘荷，以及胡荽……等等。

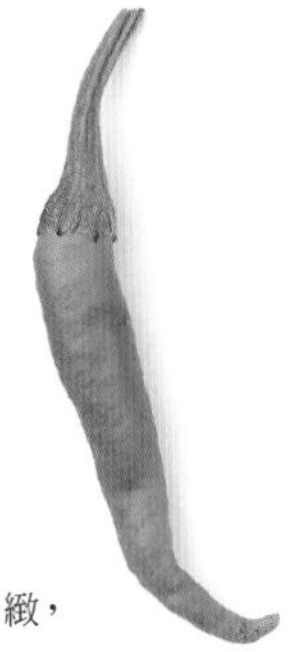

青辣椒

茄科

[產季] 7月～9月
[原產地] 中南美
[挑選] 果柄一帶肉質緊緻，呈淡綠色。
[特徵] 辛辣品種辣椒的未成熟果實。香氣與辣味都比熟成的紅辣椒溫和，且含有更豐富的維他命C。經加熱後，甜味就會跑出來。
[烹調技術] 將青辣椒浸漬在調味料或油裡，其香氣與辣味便會轉移過去（如味噌漬、油漬、柚子胡椒（譯注：日本調味料的一種。九州名產。名稱的「胡椒」，是九州方言，指的是「辣椒」而非一般所稱的「胡椒」）等）。青辣椒使用前，要先澆淋熱水，去除雜味。在炒食上，如果想提引出辣味，就切碎處理；反之，如果想抑制辣味，就整根冷油入鍋，慢慢炒到熟。

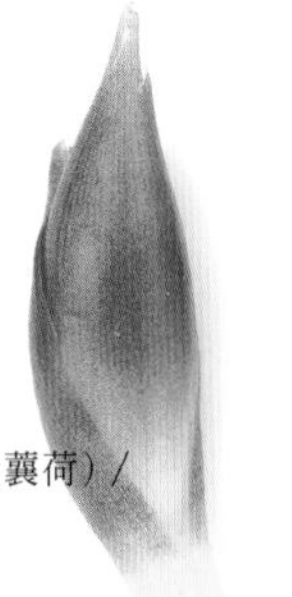

蘘荷

薑科

[產季] 6月～8月（夏產蘘荷）/ 9月～10月（秋產蘘荷）
[原產地] 東亞
[挑選] 形體飽滿結實，表面帶有光澤。花蕾頂端並未過度綻放。
[特徵] 夏產蘘荷個頭小而脆嫩。秋產蘘荷個頭較大，質地也較硬。香氣清涼，帶有辣味，口感獨特，生食最能凸顯其個性。
[烹調技術] 不只能當配料、佐料和提味湯料等配角，也可以成爲主角。只要稍微烤過，便能去除辣味，享受那清新的香氣與絕佳的口感。適合搭配炒菜或醋，可以做成甜醋漬菜或醃漬菜，當作一道爽口的解膩小菜。保存方面，請以噴過水的紙巾包裹，放冰箱冷藏。

芝麻菜、野生芝麻菜

十字花科

[產季] 6月～8月
[原產地] 地中海沿岸
[挑選] 莖稈粗碩，葉片生長茂密。呈淡綠色。
[特徵] 具有芝麻的風味與刺麻的辣味。適合做沙拉、配菜或炒食。野生芝麻菜（上圖），是近似芝麻菜野生種的品種，葉片呈鋸齒狀，比芝麻菜更富有野味。
[烹調技術] 葉與莖均以手摘折，泡水後再使用。芝麻菜受熱後，不僅香氣會流失，體積也會縮水，所以最好直接使用生的。與青紫蘇、水芹的親和性佳，可以一起搭配，做成香氣滿溢的沙拉。保存方面，請以噴過水的紙巾包裹，並裝入塑膠袋裡，放冰箱冷藏。

羅勒

脣形花科

[產季] 7月～8月
[原產地] 印度～熱帶亞洲
[挑選] 葉子茂密，莖稈粗碩。呈淡綠色，葉片整體富彈性。
[特徵] 具有近似青紫蘇的清新香氣。以羅勒醬爲首，又如義大利麵、披薩、番茄料理和沙拉等，在義大利料理中，羅勒不可或缺的香草。除了一般較爲常見的甜羅勒（sweet basil）外，另有灌木羅勒（bush basil）等繁多品種。
[烹調技術] 如要生食，直接以手摘折，將葉與莖分開使用。羅勒一經受熱，就很容易褪色、流失香氣，所以炒菜時，動作要快。不過，若以高溫迅速清炸，顏色會顯得更加鮮豔，用來當配菜，無不增添美感。羅勒容易乾萎，烹調前要先泡水。另外，將羅勒做成羅勒醬，或是經過乾燥處理，都能提高保存性。

青紫蘇（大葉） 脣形花科

[產季] 7月～9月　[原產地] 中國
[挑選] 葉柄粗碩，呈淡綠色，葉片整體富彈性。
[特徵] 如其名爲「紫蘇」，紫蘇一詞原本是指紅紫蘇。青紫蘇是紅紫蘇的變種，在日本又稱爲「大葉」。其香氣更勝於紅紫蘇，並以清淡爽口的風味爲特徵。
[烹調技術] 可作爲生魚片的配料、佐料，或炸成天婦羅等，當你想要來點香氣時，青紫蘇是相當便利的食材。相較之下，青紫蘇與認和蔬菜都很對味。採縱切或滾刀切，較不會產生澀味。由於青紫蘇遇冷會變黑，在保存上要以紙巾包裹、噴灑些水，並裝入塑膠袋裡，放冰箱保存。

雖然每種都看似十分嬌弱，卻擁有獨特的香氣與絕不輸給酷熱的生命力。夏天之所以會想吃這類蔬菜，那是因爲我們的身體想要有清涼感。而吃下去後，的確能消暑，並且給予我們猶如甦醒過來般的活力。在季節之中，蔬菜與我們的身體是同步化的。

香味蔬菜的魅力，就在於口中的調味，或者是說，在嘴裡咀嚼的過程中，味道會有所改變。例如，豆腐配蘘荷，拉麵配胡荽。當它們全混在嘴裡時，會怎麼樣呢？彼此相互混合，便會合成出具有深度的風味。換言之，料理的大功告成並不在於完成調味，而是要吃進嘴裡後，那才是眞正的最後階段。香味蔬菜到底只是個配角，重要的是，要懂得節制使用，以達到凸顯出主角的目的。除此之外，組合搭配也很重要。好比說，味噌與山椒芽很搭。那麼，味噌與紫蘇呢？就像這樣，自己也要在腦中試著混搭看看。因爲跟香味蔬菜打交道，想像力也是不可或缺的。

與香味蔬菜相處融洽的烹調技術

1 想凸顯香味蔬菜的細緻風味，處理手法要細膩

想凸顯香味蔬菜的細緻風味，不可或缺的是處理手法要細膩周到。如果馬虎對待，就展現不出香味蔬菜的香氣與風姿。另外，使用香味蔬菜作爲佐料或配料之際，無論是切或擺盤，作業都十分繁瑣。請使用手指，細心處理。再者，香味蔬菜一旦接觸到空氣，香氣便很容易流失，所以處理動作之迅速也很重要。

《使用菜刀》

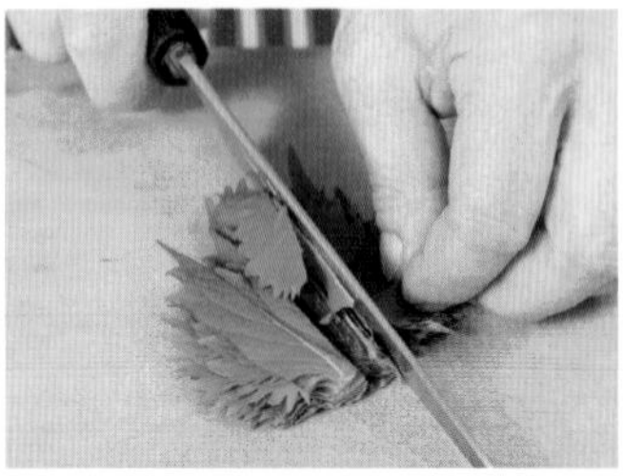

紫蘇或山葵葉要切絲，必須以拉切法縱切。橫切會使澀味跑出來，並使嗆味變重。

《以手摘折》

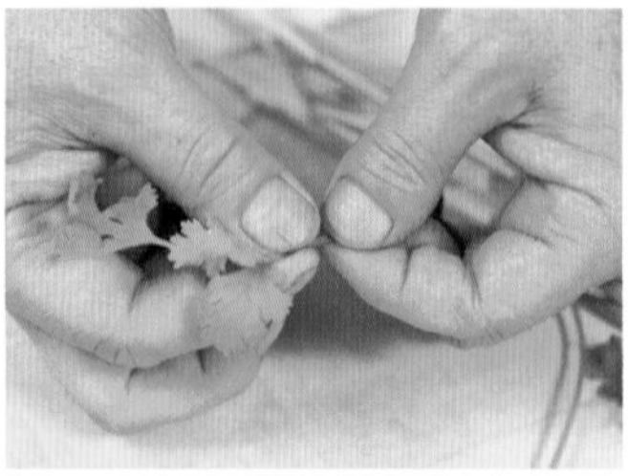

若使用菜刀，香味蔬菜會對金屬產生反應，釋出澀味。以手指一片片摘折，不傷及蔬菜，香氣與味道也會變溫和。

《使用竹籤、手指》

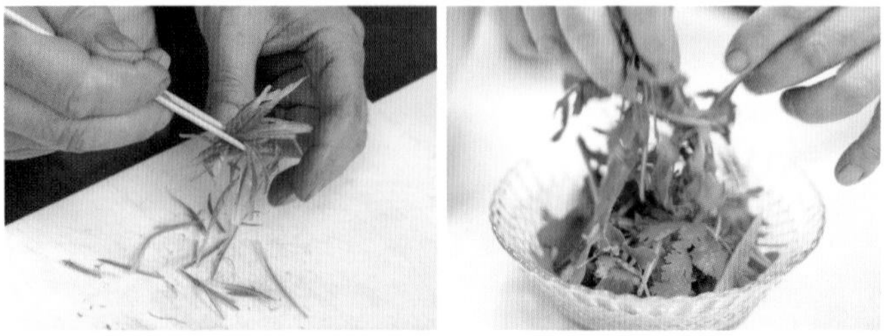

擺盤也要細膩。對於細部的處理，靈活運用竹籤或手指，會比較容易進行。

2 香味與香味的搭配法

雖說每種香味蔬菜都各有各的個性，不過彼此若相互混搭，還是可以共同演奏出完美的和聲。這點，便是香味蔬菜最富魅力之處。數種香氣與口感混合在一起，所呈現出的風味，就如同嚐到完整的季節般，令人印象深刻。按混搭的蔬菜種類、分量的不同，香氣與口感也會有所差異。因此混搭時，要以作爲主角的蔬菜爲基礎，並且考量到搭配比例的平衡，再依個人喜好，試著在味道上變化。

新鮮香味蔬菜沙拉

材料

[沙拉] 以野生芝麻菜爲主，另加青紫蘇、蘘荷與胡荽等蔬菜……適量／[甜醋調味醬]醋……50cc、味醂……50cc、鹽……1撮、砂糖……少許、橄欖油……3大匙、蔬菜高湯（p.23）……1大匙、薑片……2片、山葵葉……1片、蘘荷（外側）切絲……少許

1 處理沙拉用的香味蔬菜。野生芝麻菜與胡荽，摘下葉片；蘘荷與青紫蘇，切絲。處理好後，全部盛裝成一盤。
2 製作甜醋調味醬。山葵葉以沸水迅速汆燙後，與蘘荷、薑等其他調味料混拌，增添香氣。
3 食用前，再淋上甜醋調味醬即可。

初夏節慶的常備菜

青山椒佃煮

材料

青山椒……200g、薑泥……10g、酒……⅓杯、醬油……½杯、味醂……½杯、沙拉油……1小匙

1 青山椒以大量的水烹煮，別讓水滾沸，約煮30分鐘，煮到果實變軟，手指一捏就碎的程度。接著，浸泡冷水1小時。撈起後，移至竹篩上，拭乾水氣。

2 於鍋內倒入沙拉油和醬油炒香，放入1的青山椒，加水直至剛好蓋過食材後，加入酒。如此煮至沸騰，便暫時熄火。

3 加入醬油，再開中火烹煮約20分鐘。之後，加入味醂續煮。待煮至水分收乾，便可起鍋。

要煮到入味，就不能讓水滾沸，並以小火慢慢煮。

整顆咬下的口感魅力無窮，也可做成常備菜

燒煮蘘荷

材料［4人份］

蘘荷……8個、薑……1段、昆布高湯（p.21）或水……3大匙、醬油……2大匙、味醂……1大匙、沙拉油……1大匙

1 於蘘荷根部劃出切口，薑切薄片。

2 平底鍋熱油後，放入蘘荷翻炒。

3 炒至整體表面呈油亮感後，將薑片擺在蘘荷上頭，並加入高湯續煮片刻。接著，加入醬油與味醂，煮至調味料已與食材融爲一體，水分也收乾後，便可起鍋。

加入高湯，提引香氣。

讓調味料充分吸收蘘荷的香氣。

提升蒜香辣椒義大利麵的風味，
清爽的新鮮調味油

青辣椒油

材料［2杯份］

青辣椒……10支、橄欖油……2杯

1 青辣椒拭乾水氣後，分切成有帶籽的上半段，以及沒有帶籽的下半段。

2 於鍋內倒入橄欖油與青辣椒，以小火加熱5分鐘，不要煮到沸騰。

3 將完成的青辣椒油裝入以煮沸殺菌過的保存瓶裡保存。

加熱時，火候要控制在讓油微微冒泡的程度。比起紅辣椒油，青辣椒油不僅香氣較爲柔和，辣味也較輕。可用於蒜香辣椒義大利麵或炒菜等料理的烹調上。

搭配乾煎菜或沙拉，飽嚐初夏的香氣

夏天的香味蔬菜泥

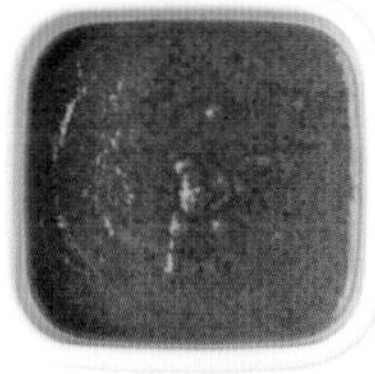

材料［約1杯份］

羅勒……1包、山椒芽……1包、大蒜……3瓣、馬鈴薯……20g、蔬菜高湯（p.23）……適量、橄欖油……2～3大匙、鹽……適量

1 羅勒洗淨，並拭乾水氣。山椒芽只摘下葉片備用。馬鈴薯與大蒜去皮後，下鍋水煮。

2 將羅勒、山椒芽、馬鈴薯和大蒜放入果汁機內，加水直至剛好蓋過所有材料後，再淋上橄欖油。打製成泥後，試一下味道，並以鹽調味。

←分量的大致比例。羅勒的量多一點，味道就會比較柔和。將蔬菜泥裝入煮沸殺菌過的保存瓶，上頭再倒一層橄欖油，便能防止氧化，提高保存性。放冰箱冷藏，可保存二週。

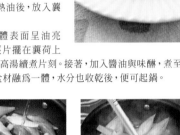

我愛用的調味料

調味料，盡可能選用以天然製法製成的產品。這樣才能實實在在的提引出蔬菜的味道。

丸中醬油
丸中醬油（株）
滋賀縣愛知郡愛莊町東出229
☎ 0749-37-2719

純米富士醋
（株）飯尾釀造
京都府宮津市小田宿野373
☎ 0772-25-0015

有機三州味醂
（株）角谷文治郎商店
愛知縣碧南市西濱町6-3
☎ 0566-41-0748

藏之鄉　米味噌
（株）Natural Harmony
東京都世田谷區玉堤2-9-9
☎ 03-3703-0091

天日湖鹽
木曾路物產（株）
岐阜縣惠那市大井町2697-1
☎ 0573-26-1805

土之日記（粗糖）
（株）Annex Land
神奈川縣川崎市麻生區岡上
367-1
☎ 044-987-1774

Ponape Black Pepper
進口商／Miya恆產（株）
東京都八王子市絹之丘
2-44-3
☎ 042-636-8047

Essenza
（調味料．義大利香醋）
進口商／小川正見&Co.
東京都杉並區荻窪
3-36-1-202
☎ 03-3392-3380

Castel di Lego
（特級初榨橄欖油）
進口商／小川正見&Co.
東京都杉並區荻窪
3-36-1-202
☎ 03-3392-3380

平出芝麻油
平出油屋
福島縣會津若松市御旗町4-10
☎ 0242-27-0545

菜籽沙拉油
（有）鹿北製油
鹿兒島縣姶良郡湧水町3122-1
☎ 0995-74-1755

羅臼昆布
奧井海生堂
福井縣敦賀市神樂町1-4-10
☎ 0770-22-0493

大分產香菇大朵冬菇
MUSO（株）
大阪市中央區大手通2-2-7
☎ 06-6945-5800

季節《6月〜9月初》

盛產於夏天的蔬菜

夏天的果菜風味，會隨著時期的不同而有極大的改變。上市期的果菜，以油烹調，最能展現其蓬勃的活力。產季尾聲的果菜，用來煮湯則最能呈現其細緻的口感。就讓我們完整享受夏天的香氣與色彩吧！

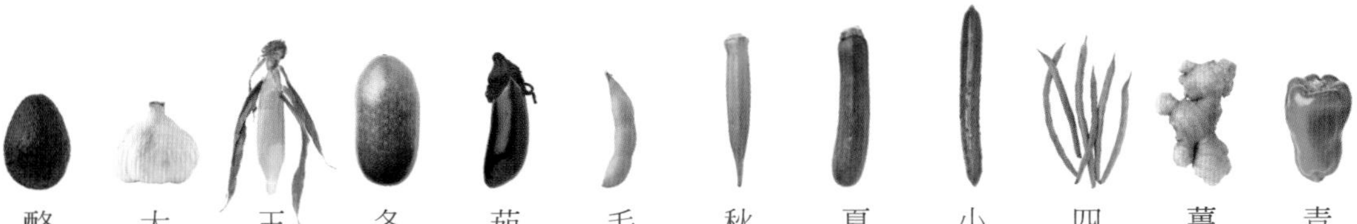

青椒　薑　四季豆　小黃瓜　夏南瓜　秋葵　毛豆　茄子　冬瓜、白瓜　玉米　大蒜　酪梨

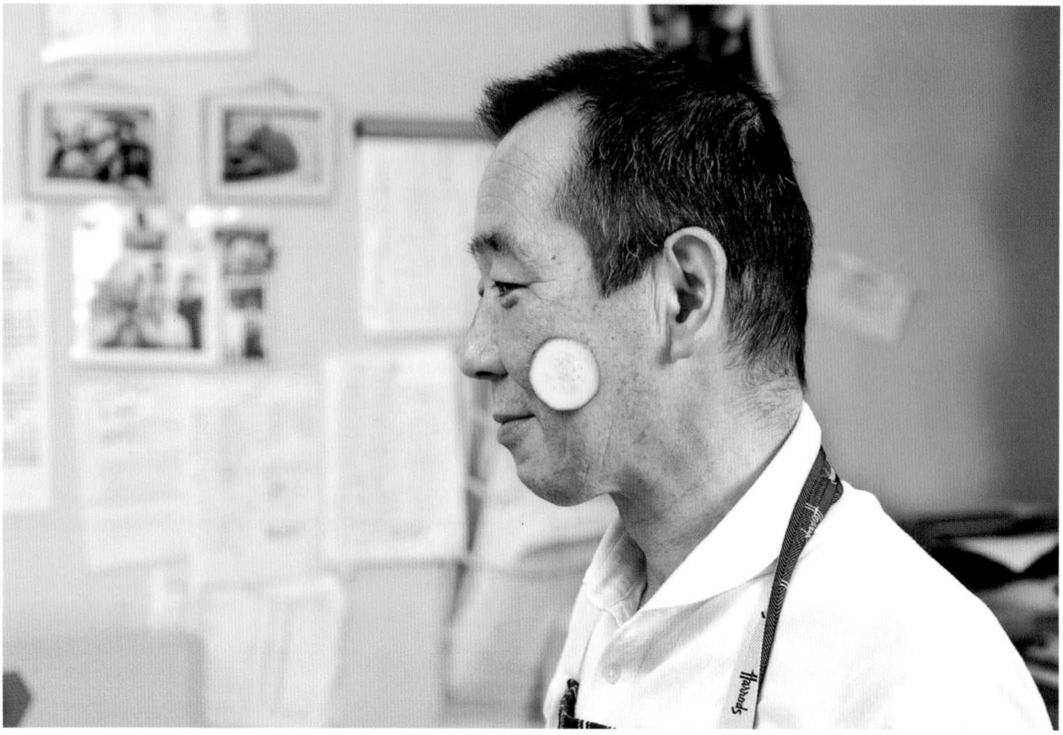

以八月爲高峰期，熱鬧空前的夏季蔬菜嘉年華

五月初，月曆上的標記雖是立夏，對我而言，卻還是新綠盎然的春天。不過，在深山與森林裡，夏天早已開始了。掠過山間河面的蜻蜓，葉綠成陰的群樹，以及勤於準備築巢的鳥兒們。在田地裡，當剛上市的夏季蔬菜已開花，並且開始結出小小果實與嫩莢之際，努力奮鬥至今的春季蔬菜就會靜靜退場，結束自己的舞台。

夏季蔬菜的中心，是果菜類。垂掛枝頭的蔬菜們，有青椒、小黃瓜、茄子與四季豆。它們牢牢地垂掛枝頭，時而迎接風的吹拂，時而全身沐浴在夏天耀眼的陽光下，生長茁壯。因爲日本有梅雨季，唯獨這時期，果菜爲了抵禦風雨會停止生長。但只要等梅雨季一過，它們就會一口氣加速生長。到了六月，青椒率先登場，小黃瓜緊追在後，最後則由壓軸的茄子悠然登場。這夏天的三大要角，即使到了晚夏，眼看著籽逐漸變大、外皮逐漸增厚，也依然不肯讓下主角的寶座。

這段期間，屬於質地發黏組的秋葵與黃麻菜，以及屬於風味清淡組的冬瓜與夏南瓜也都一同進入產季。接著，在熱氣達到頂峰的八月前，甜味增加的毛豆與玉米也以結實纍纍之姿大爲活躍。因爲由臻至成熟的夏季蔬菜所舉辦的嘉年華，就在此時達到最高潮。然而，再過半個月後，祭典的熱度便開始冷卻、降溫。過

了中元節，進入九月後，它們就要接棒給在早已在土裡孕育生命的秋季蔬菜。夏季蔬菜嘉年華雖然短暫卻熱鬧空前，同時也帶給我們充足的能量，好度過酷熱的夏天。

善用蔬菜於上市期和產季尾聲所表現出的不同個性

夏季蔬菜擁有不把酷熱當作一回事的強健體魄，內部含有豐富的礦物質與水分；而外皮上則絨毛密布，有助於調節體溫，抵禦夏天的熱氣。正因爲如此，夏季蔬菜的生命力十分強韌；但相對地，它們也有纖細的一部分。好比說，夏季蔬菜尤其在剛上市的時期，色彩鮮豔、香氣獨特，但一旦加熱過度，便很容易失去這一切。話雖如此，這份纖細將隨著時間的推進而愈發粗莽，到了外皮增厚、籽也變硬的產季尾聲，不僅個性更加顯而易見，風味也會變得更成熟而有深度。而這般巨大的變化，正是夏季蔬菜的魅力所在。因此，建議大家，最好要按時期的不同來調整烹調的方式。例如，加熱的方式。在水分多的上市期，以油烹調絕對美味。高溫快炒，讓水氣一次蒸發掉，便能凸顯出蔬菜原有的細緻香氣與甜味。反之，進入產季尾聲後，由於纖維變粗硬化，所以得充分加熱，提引味道。只要有意識到這其中的差別，料理的變化就會更豐富。

青椒、甜椒、小青辣椒，
再加上伏見甜長椒與
萬野寺甜椒。
剛上市時，全部只要
整顆下鍋油煎就好。

青椒

［茄科］

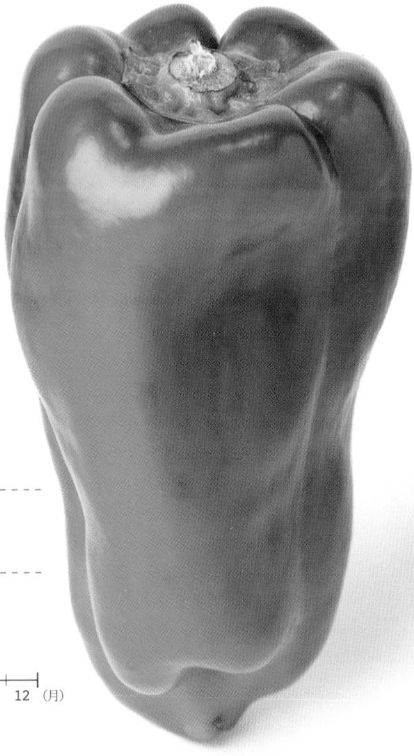

於剛上市的鮮嫩時期，連皮帶籽，整顆享用，完整飽嚐青椒的美味。

一進入六月，蔬菜的世界也進入夏天；而從南部率先送來的，就是青椒。雖說現在的青椒是全年出產，不過青椒原本的產季其實是從初夏到晚夏。這段期間，青椒在外形、味道與香氣上的明顯變化，便是當季作物的魅力所在。譬如說，剛上市的年輕青椒，當菜刀「唰」地切下，瞬間釋放出的青澀味，是帶有足以斬斷暑氣的清冽感。然而，一旦進入產季尾聲，這份清冽感就會愈發濃郁醇厚，越來越有青椒的風味。

風味既然不同，烹調法自然也得跟著改變。除了與其他蔬菜都同樣適用的基本原則——「上市期採縱切」、「產季尾聲採橫切圓片」外，尤其是針對青椒，還有一件事也很值得一提，那就是上市期青椒的食用方式。請大家一定要試試看，青椒整顆連皮帶籽直接吃。以略多的油煎得滋滋作響，啪啦啪啦地撒上鹽與胡椒，然後一口咬下剛煎好、還熱呼呼的青椒。瞬間，從煎得焦酥的外皮湧出的多汁甘甜四溢，而香脆的青椒籽，更是在嘴裡大跳起舞來。這充滿樂趣的滋味，正是上市期青椒才有的醍醐味！

◎原產地

中南美

◎產季

6月～8月

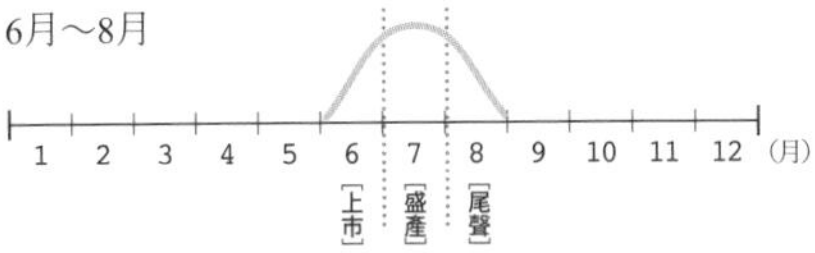

[上市] 水分多，外皮薄而脆嫩。

[尾聲] 水分減少，外皮增厚。香氣與甜味倍增。

◎日本主要產地

茨城、宮崎、高知

◎臺灣主要產季和產地

10月～5月

彰化、南投、雲林、屏東

解體

爲了使形狀、大小一致，所以，要先切下頂端與尾端。剛上市的縱切，產季尾聲的橫切圓片。

首先是解體

青椒的形狀呈不規則且凹凸不平。如果直接切，不僅難切，形狀與大小也很難一致。所以，要先切下頂端與尾端，再切開中段部位，如此一來，就會比較好切，形狀與大小也較爲一致。

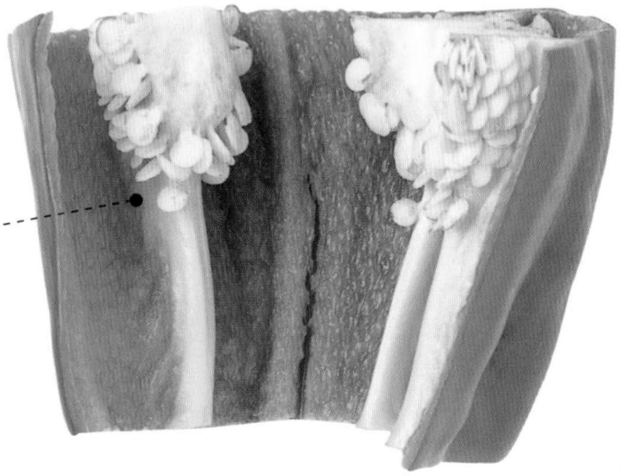

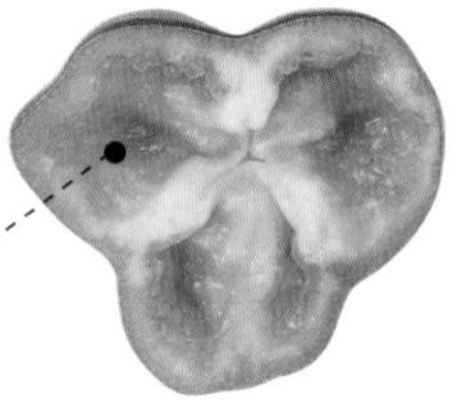

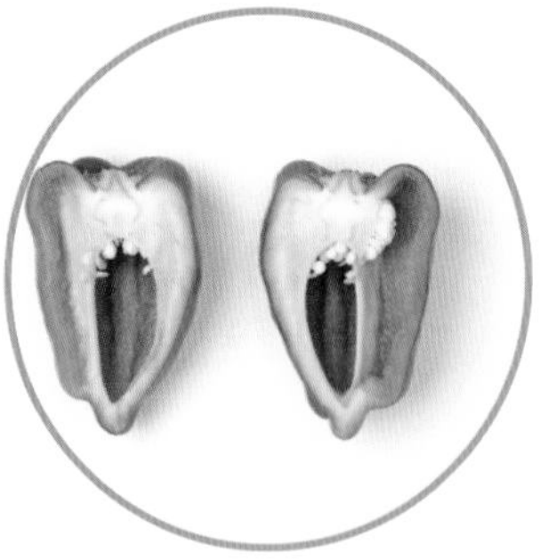

也可以先對切成兩半後，再進行解體。

保存

對生長於熱帶的青椒而言，冰箱的環境太過冰冷。請以報紙包裹，置於照不到陽光的陰暗處保存。限一週內食用完畢。

◎如何挑選◎

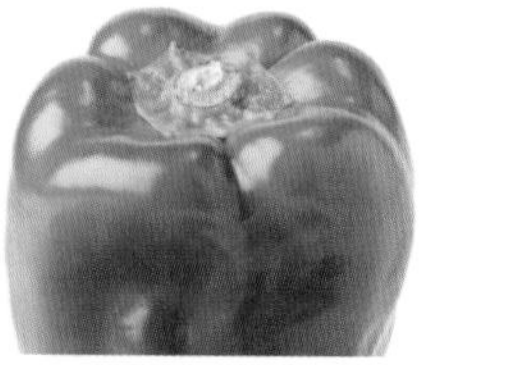

1 肩頭隆起、肉質緊緻，整體形狀略呈倒三角形。

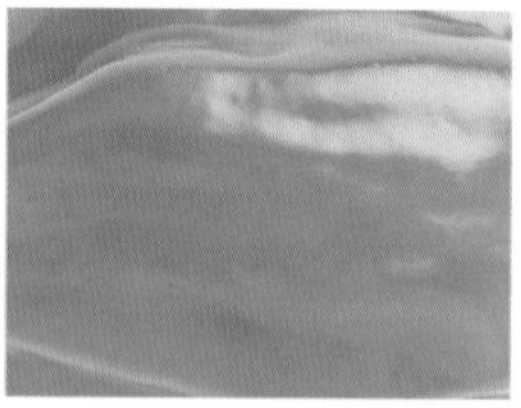

2 外皮呈淡綠色，富有光澤。

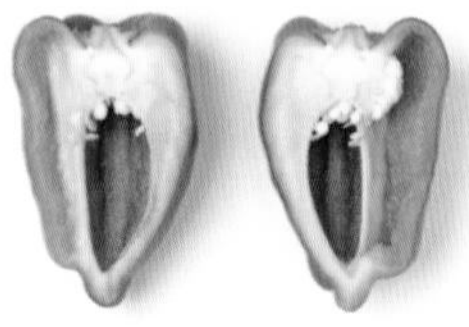

3 蒂頭下方（胎座）結籽纍纍。

解體的流程

《切開中段，去籽》

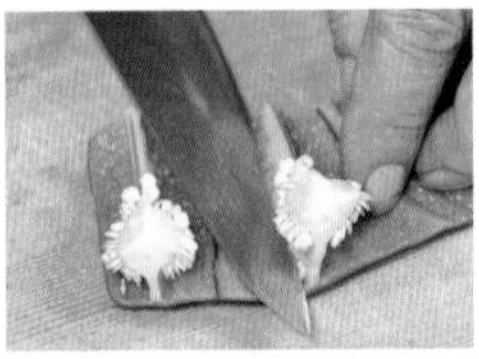

切開中段部位，攤開。菜刀平放，削下青椒籽。

《切下頂端》

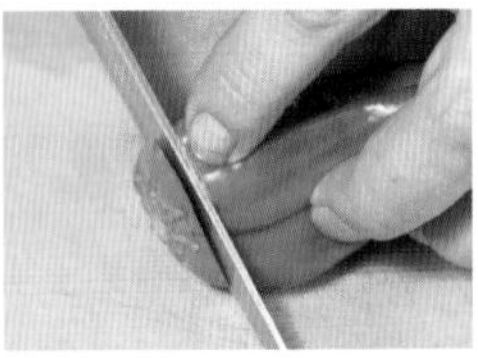

頂端連同籽一起切下1cm。

《切下尾端》

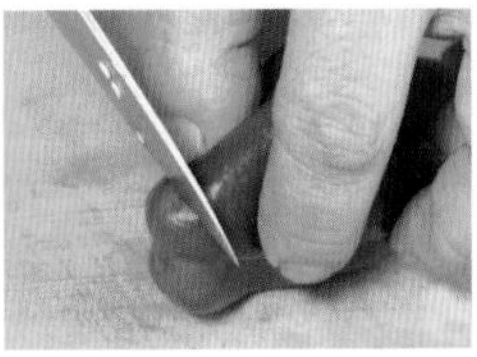

尾段切下1cm。

《去蒂》

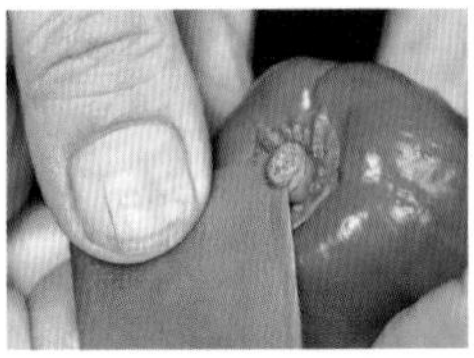

以刀刃底端切除蒂頭。

頂端（蒂頭）

特徵◎籽叢生密集，肉質厚。剛上市時，鮮嫩甘甜，可帶籽切滾刀塊，用來炒食。進入產季尾聲後，就必須將變硬的籽去除。

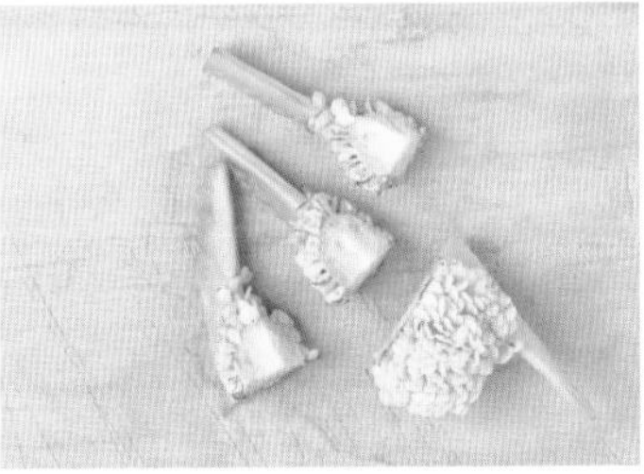

剛上市時，連籽也很柔軟。切成小塊後，可用來炒食。

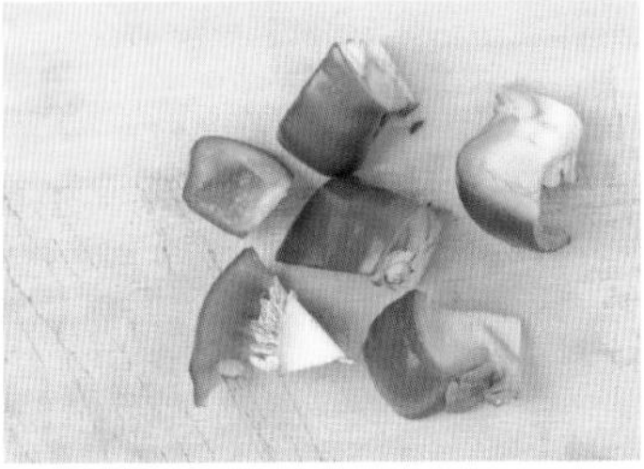

切滾刀塊。上市期的青椒，可帶籽使用。

中段

特徵◎剛上市時，質地脆嫩，順著纖維縱切；進入尾聲後，因質地老硬，改採橫切，切斷纖維。上市期的青椒，連籽都很柔軟，可以帶籽使用。

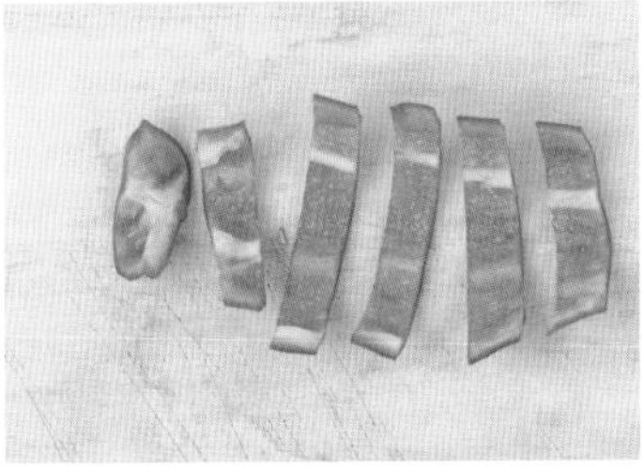

產季尾聲採橫切，吃起來的口感比較柔軟。

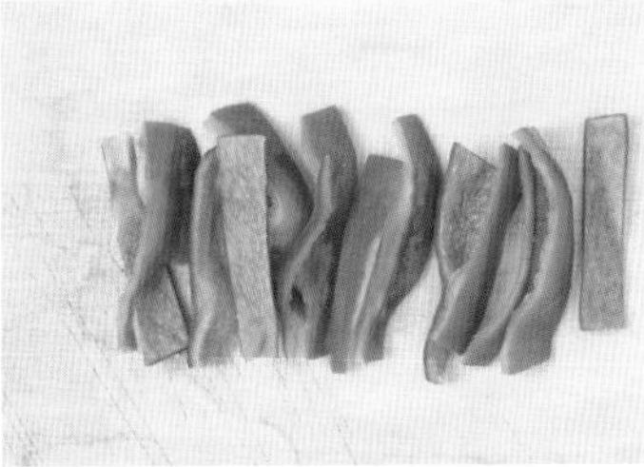

上市期採縱切。凸顯爽脆的口感。

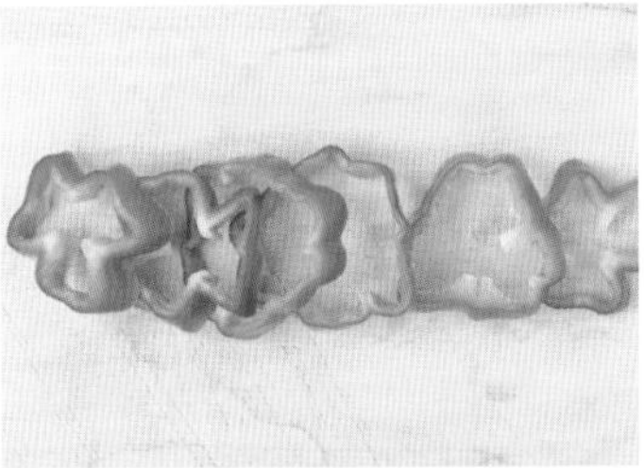

橫切圓片。雖然富有變化，但必須考量到內外側加熱的所需時間不同。

切丁。上市～尾聲的青椒都適合。只要略微加熱，便能享受半熟的甜味與口感。

尾端

特徵◎青椒最嫩的部位。切法同頂端（蒂頭），可用來炒食。

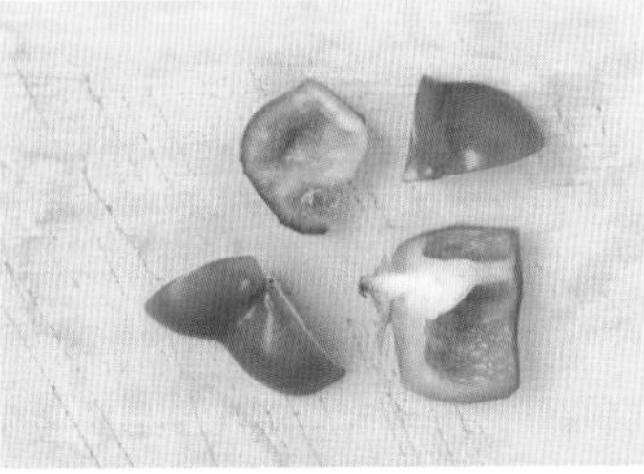

切滾刀塊。配合其他部分使用。

烹調技術

進入產季尾聲後，越能展現出個性。先炒後蒸，充分提引出凝聚在纖維中的青椒風味。

基本烹調方式

1 處理上市期與產季尾聲的青椒，切法與加熱方式必須有所調整。

2 產季尾聲的青椒用來炒食，必須補足水分，好提引風味。

切法

剛上市的，整顆使用；產季尾聲的，橫切片、去籽

青椒外皮光滑，容易滑刀，因此內側要朝上擺才好切。上市期的青椒，連籽都很柔軟，可整顆（對切）帶籽食用。進入尾聲後，因爲外皮變老，改採橫切，切斷纖維。再者，由於籽也變硬，因此得切除。

《上市期的切法》

順著纖維下刀

纖維若切斷，澀味就容易跑出來。要順著纖維縱切。

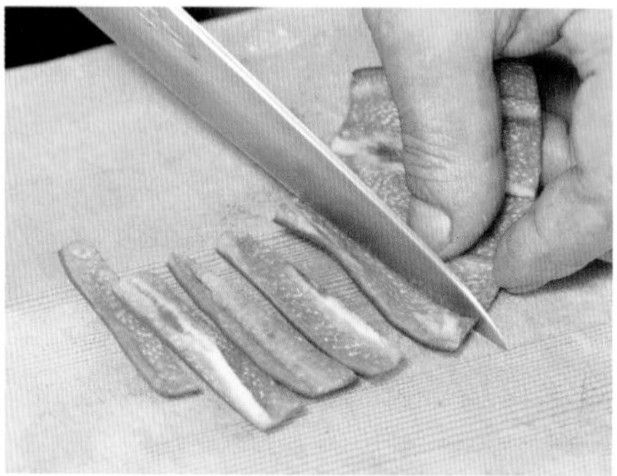

內側朝上擺，以刀尖縱向拉切。這樣就比較不會產生澀味。

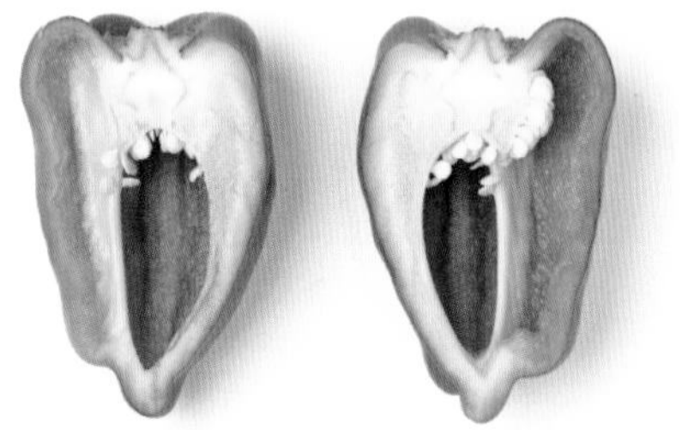

上市期的青椒，整體都很脆嫩。帶籽對切成兩半，活用其獨特的外形，也是青椒的魅力所在。

《產季尾聲的切法》

採橫切，切斷纖維

採橫切，切斷纖維，不僅口感較好，也較容易受熱。

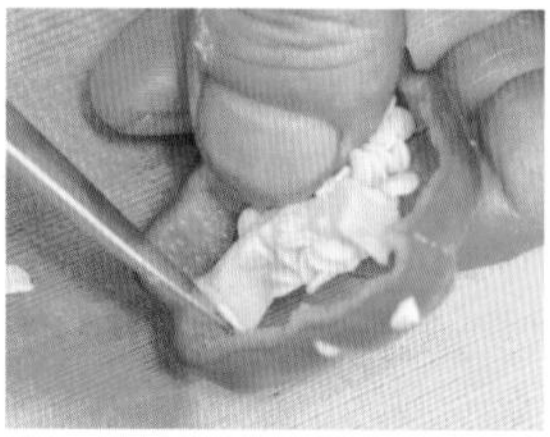

因爲籽變硬，青椒橫切圓片後，以菜刀或手一一去籽。

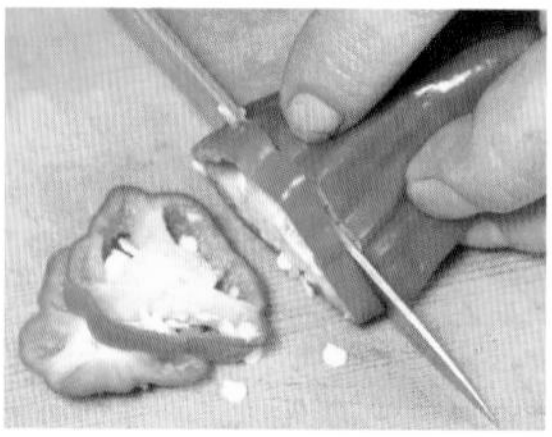

帶籽橫切。青椒比較不會被壓爛，所以很好下刀。

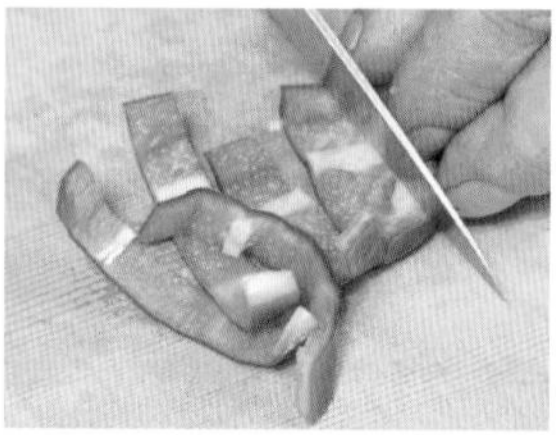

內側朝上，橫切片。

加熱前的事前處理

事先打洞、劃刀，利於加熱

青椒肉質較厚，容易受熱不均。事先打洞、劃刀，利於加熱均勻。

《打洞》

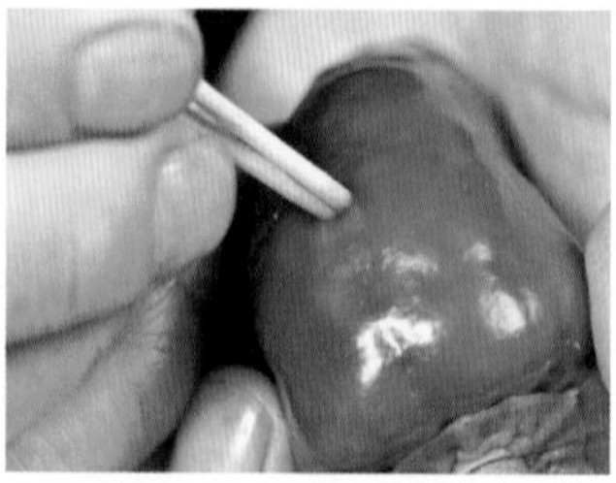

油煎整顆青椒，必須先以牙籤打洞或劃刀。加熱時才不會破裂，或受熱不均。

《劃刀》

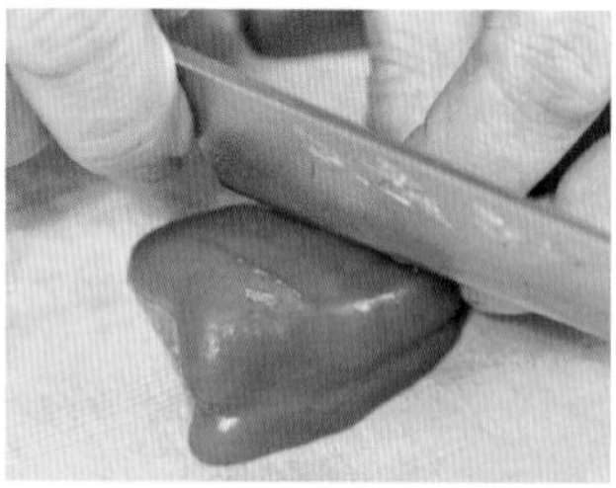

青椒對切使用，得先在外皮上，每間隔5mm，以菜刀淺劃出切口。這樣受熱才會均勻，也比較容易釋出甜味。

加熱

剛上市的，以高溫快炒；產季尾聲的，要補充水分、先炒後蒸

主要以油烹調，而火候正是重點所在。加熱過度，會使香氣流失；加熱不足，則會使味道變差。剛上市的要以高溫快炒；產季尾聲的則要補充水分，先炒後蒸。

《上市期的加熱》

以略多的油迅速翻炒

以高油溫一口氣蒸發掉水分，提引出青椒的香氣與脆嫩口感。

充分熱油後，以大火從青椒外側炒起，避免褪色。

《上市期的炒食》

上市期採縱切。外側炒熟後，以鹽調味。接著，翻面，轉中火續炒。

《產季尾聲的加熱》

補充水分，慢慢加熱

補充水分，先炒後蒸。青椒便會釋出甜味，質地也會變柔軟。

待青椒整體都炒出油亮感後，加水、調味。接著，蓋上鍋蓋，轉大火蒸煮。直至水分收乾、青椒熟爛後，便可起鍋。

《產季尾聲的佃煮》

材料

綠．紅青椒……各1顆、麻油……1大匙、薑片……2片、大蒜……1瓣、醬油……2大匙、味醂……1大匙、水……3大匙

青椒切除頂端與尾端，去籽，橫切細絲。於平底鍋內倒入麻油，放入對切的大蒜、薑爆香後，加入青椒絲，如右圖的作法烹調。

《整顆．對切油煎》

利用蒸氣，讓青椒整體受熱

整顆或切對半均一受熱，煎完兩面後，加水蒸煮。纖維受熱，就連種子也會煮出甜味。

《對切油煎》

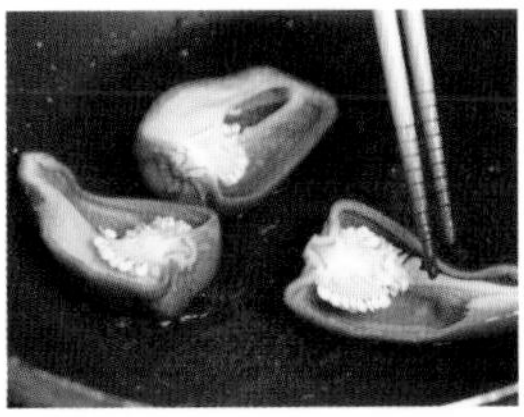

用油少量即可。以大火從外側開始煎起。煎至略微焦黃。

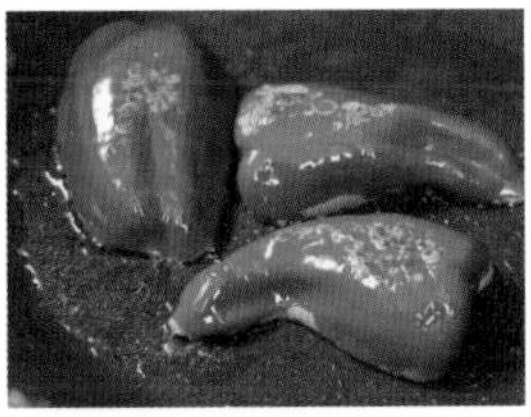

翻面續煎。煎至青椒籽呈焦黃。

煎熟的青椒，口感濕潤柔軟，香脆的籽整個在嘴裡迸開。

《對切油煎》

由於表面凹凸不平，在煎的過程中，必須不斷翻面，並以鍋鏟施力按壓。

《蒸》

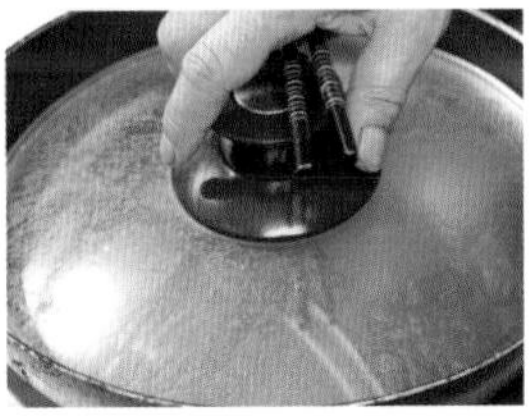

無論是整顆或對切烹調，當青椒煎至8分熟後，都要加入2～3大匙的水，並蓋上鍋蓋，轉大火蒸煮。

內田流 綻放青椒的魅力

《初夏的沙拉》

將青椒、蘘荷、嫩薑與青紫蘇切成1mm的細絲，混拌均勻。食用前淋上甜醋，清新又爽口。

青椒的青澀味，進入產季尾聲後，會變得十分濃郁醇厚。不過，剛上市的青椒，吃起來卻相當爽口。因爲外皮薄嫩，我常會拿來做「配料」。只要薄削外皮，並以刀尖縱切成絲（約１mm），再配上同產季的嫩薑、蘘荷和青紫蘇，就是一道香氣滿溢的四重奏沙拉。作爲當季小竹筴魚的配料，便能飽嚐初夏的風味。

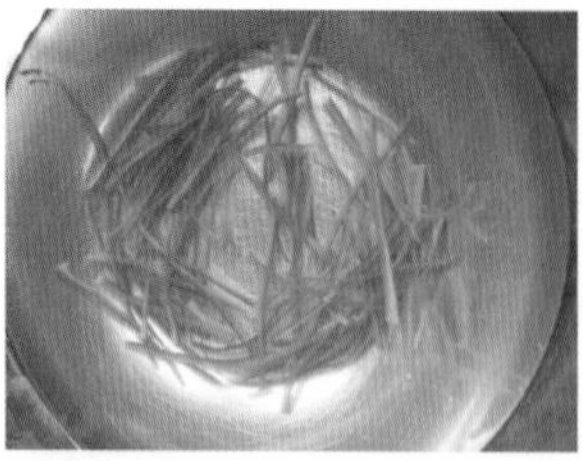

若要生食，得先泡水5分鐘去澀，並增加口感的爽脆度。

烹調要訣

青椒無論是在色、香、形上，都魅力無窮。藉由凸顯其中一項，便能做出極具個性的料理。

《顯色》

以沸水汆燙5秒鐘。撈起後，置於竹篩上，以團扇搧風冷卻。青椒將呈現水潤鮮明的翡翠色澤。

青椒一經加熱，本來就會褪色。不過，剛上市的青椒，若稍微汆燙一下，顏色反倒會變得更爲鮮豔漂亮。

《增添香氣》

將香氣轉移到醬油等調味料上。換言之，就是做成佃煮。尤其以產季尾聲的濃厚香氣最爲合適。在沾裹調味料、加熱的過程，青椒的香氣便會轉移過去，使調味料增添青椒的風味。

沾裹上醬油和味醂，以小火煮至熟爛。讓青椒的香氣轉移到調味料上，完全融爲一體。做成「這整道菜就是青椒本身」的佃煮。

《凸顯外形》

完整凸顯其獨特的外形。想帶籽食用，以剛上市的脆嫩青椒最爲合適。

青椒與小青辣椒整顆下鍋煎熟後，盛裝成一盤。看起來既生動又充滿夏天的氣息。佐「薑味噌」食用。

《薑味噌的作法》

以1大匙麻油炒薑末（2大匙），加入50g的味噌與20g的粗糖後續炒。最後，加入2大匙的味醂，以及50cc的水，熬煮至水分收乾。

適合組合搭配的蔬菜

茄科的蔬菜、有香氣的蔬菜，以及口感佳的蔬菜

番茄

茄子

小黃瓜

蘘荷

薑

青紫蘇

◎其他適合組合搭配的食材

冬粉、木耳

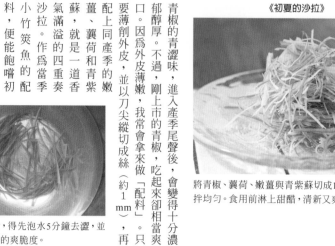

簡單的料理

甜醋漬青椒

半熟的嚼勁，鮮豔的綠色，清涼感滿點的夏天小菜

《時期：上市》

重點☞ 青椒入水汆燙，顏色一變鮮豔，便馬上撈起。撈起後要盡快冷卻，避免餘溫繼續加熱。

材料［4人份］

青椒……2顆
海帶芽（已泡水復原）……適量
嫩薑……1段
甜醋
- 醋……50cc
- 味醂……50cc
- 砂糖……1大匙
- 鹽……¼小匙

1 青椒切除頂端與尾端，切開中段部位，再縱切成絲。以沸水汆燙5秒鐘，移至竹篩上放涼。海帶芽也汆燙後切成適當大小，嫩薑切成薄片。

2 甜醋的材料倒入小鍋煮開後，靜置冷卻。

3 擰乾海帶芽與嫩薑的水氣，混合拌勻。

4 將3的食材盛盤，擺上青椒絲，淋上甜醋即可。

產季尾聲的青椒熱炒

橫切成片，增添變化。風味滿溢的醬油炒青椒

《時期：尾聲》

材料［4人份］

青椒……3顆
嫩薑……1段
沙拉油……1大匙
水……3大匙
醬油……1½大匙
味醂……1大匙
鹽……1撮
白芝麻……少許

1 青椒橫切圓片，去籽。嫩薑切薄片。

2 於平底鍋內倒入沙拉油加熱，放入青椒翻炒。依序加入水、醬油、味醂調味，最後再撒鹽。

3 嫩薑片擺在青椒上頭，稍微加熱一下。

4 盛盤，撒上乾炒過的白芝麻即可。

重點☞ ①青椒內外側所需的加熱時間不同。想炒到完全熟爛，就延長加熱時間；想保留內側的口感，就縮短加熱時間。②嫩薑要稍微加熱一下，讓青椒與嫩薑的香氣相得益彰。

醃漬甜椒

烘烤到整顆黑漆漆後再剝皮，甜味倍增。

能夠讓甜椒的厚實肉質與甜味展現極致魅力的烹調方式，就是「醃漬」。果肉加熱後的鮮甜軟嫩，與白酒的酸味完美融爲一體，這便是一道充滿夏意的繽紛前菜。重點在於，甜椒的外皮要直接以火烘烤到漆黑。因爲連纖維內部都熟透了，果肉自然軟嫩且甜味倍增。

甜椒浸泡在醃漬液裡，放冰箱冷藏，可保存三～四日。

材料

甜椒……4顆、鹽……½小匙、醃漬液（白酒……100cc、百里香……5支、薑片……1段分量、大蒜……2瓣、水……3大匙）、橄欖油……適量

《烘烤》

1 以叉子叉住蒂頭，直接在火上烘烤。烤至整顆甜椒都黑漆漆的，這樣外皮才能漂亮地剝下。

《泡水》

2 烘烤完後，泡水約5分鐘，使外皮變鬆軟。

《剝皮》

3 在水中將外皮剝除乾淨。如果沒有確實烤焦，外皮會很難剝。

《去籽》

4 縱切成兩半，以刀尖去蒂、去籽。

《吸乾水氣》

5 將甜椒平鋪在紙巾上，吸乾水氣。若有水分殘留，醃漬液就難以入味。

《調整形狀》

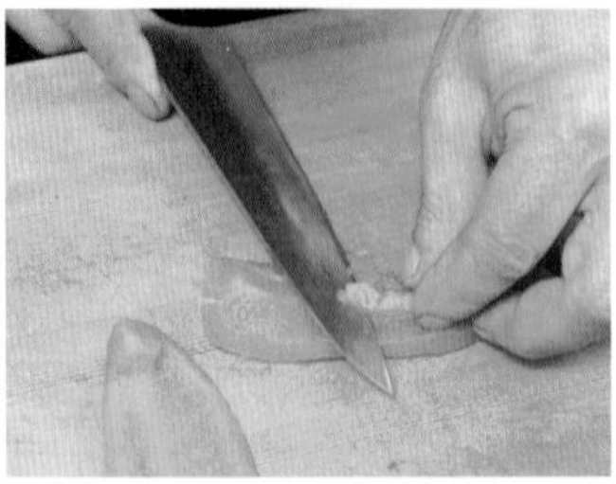

6 切除紋路等參差不齊之處，調整大小與形狀。

《浸泡醃漬液》

7 均勻撒上鹽後，倒入加熱後放涼的醃漬液。最後，淋上橄欖油，防止氧化。

蔬菜的世界 column

青椒的夥伴們

要選擇肩頭強壯的橄欖球員類型

原產於中南美洲的辣椒，由哥倫布傳到歐洲後，便分化成兩大系統——辣味品種與甜味品種。屬於沒有辣味的甜味品種有：青椒、甜椒與小青辣椒。

這三個品種都生長在夏日陽光底下，要能夠把迎面吹來的風不當作一回事，只顧著從根部吸收養分，然後經由莖部運達果實，不斷生長茁壯，那就必須擁有得以讓自己牢牢掛在枝頭上的強健肩頭＝果柄與蒂頭。所以說，在購買挑選時，甜椒、小青辣椒都跟青椒一樣，「第一眼請先看蒂頭」。肩頭若肉質緊緻，剖開來看，裡頭的籽也絕對紮實。因為它們延續生命的強韌，也會顯現在外表上。

因為是夥伴，所以方法都一樣

保存◎討厭低溫，因此不放冰箱冷藏。以報紙包裹，常溫保存。

烹調◎整顆加熱時，為了避免果實膨脹破裂，一定要先以牙籤等打幾個小洞。

青椒（紅）

綠色青椒是開花後，過二十～三十天採收的年輕果實。果實成熟後，外皮會變成黃色、橘色或紅色，青澀味不再，卻充滿甜味。青椒的果肉比甜椒來得薄而爽口。

甜椒

果實大顆，肉質厚實。沒有青椒的青澀味與苦味，有獨特的清爽甜味。做成沙拉生食也很美味，然而若經加熱後，不僅甜味倍增，口感更如水果般的水嫩多汁。仔細烘烤、剝皮後，可做成醃漬菜或湯品。另外，做成普羅旺斯燉菜（ratatouille）等燉煮料理，也是不錯的選擇。

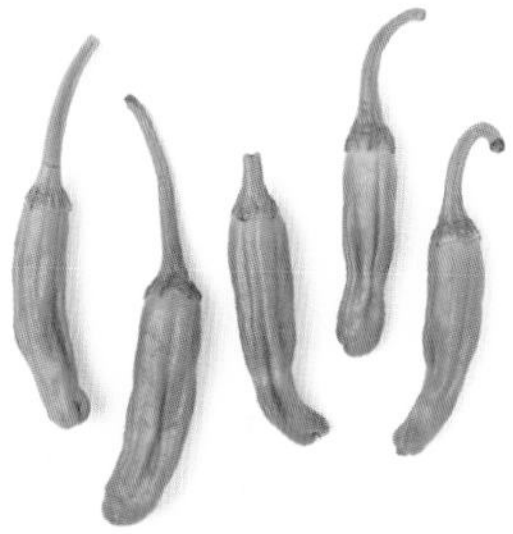

小青辣椒

小青辣椒在日本稱為「獅子唐辛子」。據聞這個名稱的由來，是淵自於其頂端狀似獅子的嘴巴。具有獨特的些微辣味、香氣與風味。由於個頭小、皮薄，且結籽纍纍，若整支或炸或煎，最能享受到它的魅力。

伏見甜長椒

自古以來，於京都栽培至今的傳統品種。身形細長，少有辣味，富有甜味。不用油，整支直接下鍋煎或紅燒，都很美味。

萬願寺甜椒

因為最先由京都舞鶴的萬願寺地區開始栽培，才如此命名。雖然個頭比伏見甜長椒大且看似厚實，質地卻很柔軟，也富有甜味。整支油煎、炸天婦羅或紅燒，都能吃出絕佳的口感。

薑的外皮，可是很讚的喔！
熬煮過後，便能萃取出驚人的精華。

薑皮洋菜凍

在以薑皮熬煮而成的湯汁裡，溶入粗糖，並以洋菜和葛粉勾芡，放冰箱冷卻。

薑

[薑科]

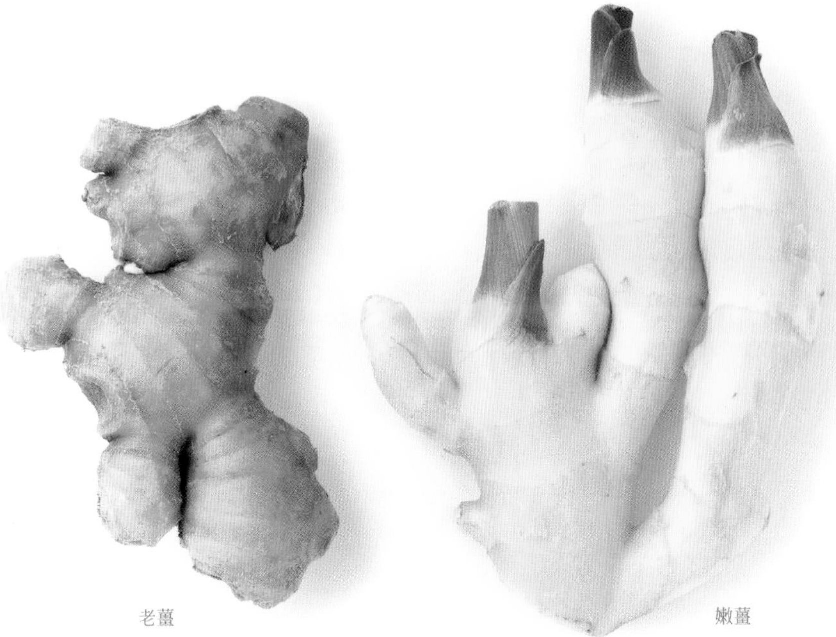

老薑　嫩薑

活絡五臟六腑，不分裡外、全面支援料理的香氣。

在我個人微不足道的自豪料理當中，其中有一項是自製醃薑。初夏時分，當嫩薑一上市，我便按捺不住心中的欣喜雀躍，忘我地埋首於醃薑的製作。嫩薑切薄片，以甜醋醃漬兩小時。待薑片染上淡透的粉紅色後，便大功告成。由於醃薑的辣味十分清新，只要吃上一小撮，便能將疲勞一掃而空，令人感到清涼透心。用來消除夏日疲勞，自是再恰當不過。因此，醃薑便成了我在夏天的愛用品。

當嫩薑變成老薑，辣味雖然相同卻多了刺激性。不過，只要調整切法與加熱方式，就會呈現出截然不同的風味。正因爲如此，老薑的用途相當廣闊，例如：可作爲佐料、用來增添香氣、做成濃縮高湯或去腥等。其中，在此最值得一提的，則是薑汁的一滴效果。當湯品或滷菜的調味就只差那麼一味時，試著滴上一滴，味道瞬間就會變得更有深度。然而，這份力量卻會基於薑本身的品質而有天壤之別。所以，薑還是要挑選活力充沛的才好。挑選的關鍵就在於節紋。那如同蝦子般的節紋若分布密集且均等，而薑的形體也十分飽滿，那選這塊薑就絕對錯不了。因爲這正是薑有均衡吸收土壤的養分、健康茁長的證明。保證它一定能發揮出潛力，成爲你在烹調上的得力幫手！

◎原產地

熱帶亞洲

◎產季

6月～8月（嫩薑）※老薑爲一整年

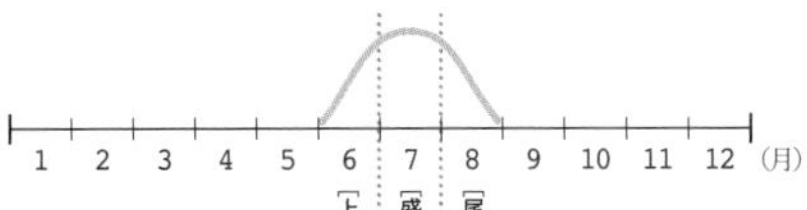

嫩薑：於春夏交際提前挖掘出的作物。上市期爲初夏～夏。纖維軟嫩，水分多。辣味清爽。

老薑：採收後，放儲藏室追熟。於初秋登場，可出產一整年。纖維緊實老硬，顏色較深。辣味強勁。

◎日本主要產地

高知、熊本

◎臺灣主要產季和產地

嫩薑：5月～10月　南投、宜蘭

老薑：8月～12月　南投、嘉義、臺中、臺東

解體

切下凸出的節，無論嫩薑或老薑，一律分切成小塊使用。

首先是解體

薑要使用時，再分切、整形成方便使用的大小。先厚切外皮、完成整形後，才進行切削。皮若削得太薄，纖維質地不均勻，就會影響到味道。

解體的流程

切下分歧塊莖，使形狀、大小一致，方便使用，不造成浪費。

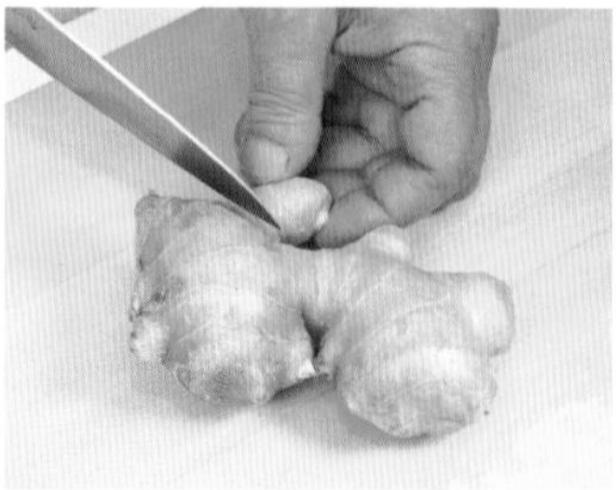

分切小塊的分歧塊莖。

《嫩薑》

溫和爽口的辣味極富魅力，適合做甜醋漬、炒金平，或與香味蔬菜混搭，做成沙拉。

《老薑》

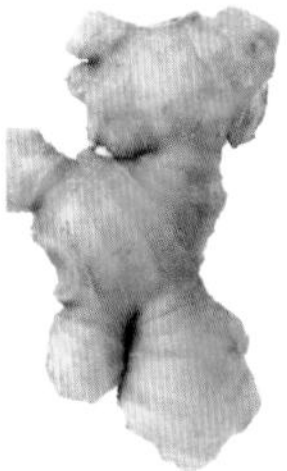

可善用其強烈的辣味，如去腥、增添香氣或做成濃縮高湯。就作爲調味料而言，用途多多。

◎如何挑選◎

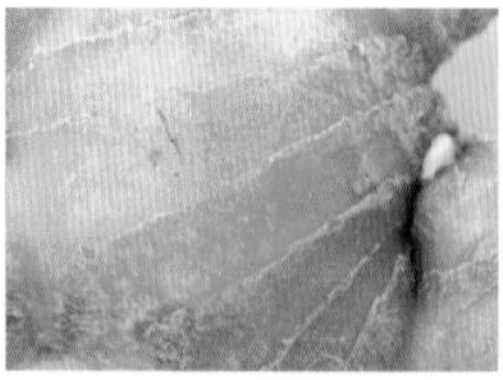

1 拿起來有重量感，質地結實。節紋多且等距分布，便是生長均衡良好的證明。

2 老薑的顏色越黃，香氣與辣味就越強烈。挑選切口乾燥的。

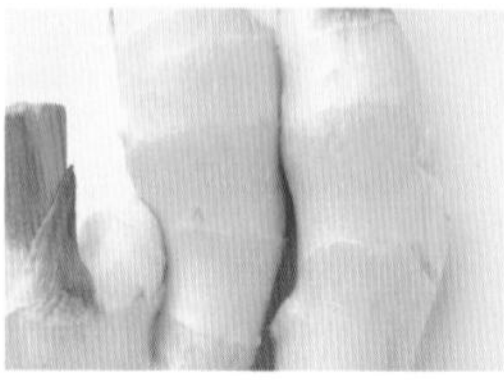

3 嫩薑外皮光滑，紋路分布均等。挑選紅皮色澤鮮豔的。

厚削外皮，整形。厚削下來的外皮也可以用來熬高湯。

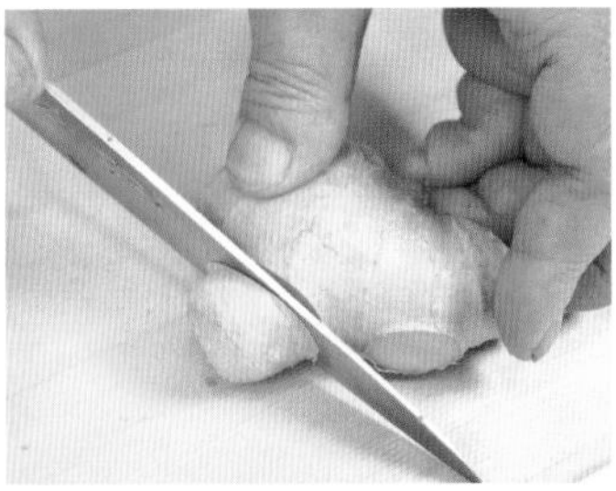

切下凸起的部分，調整形狀，方便使用。

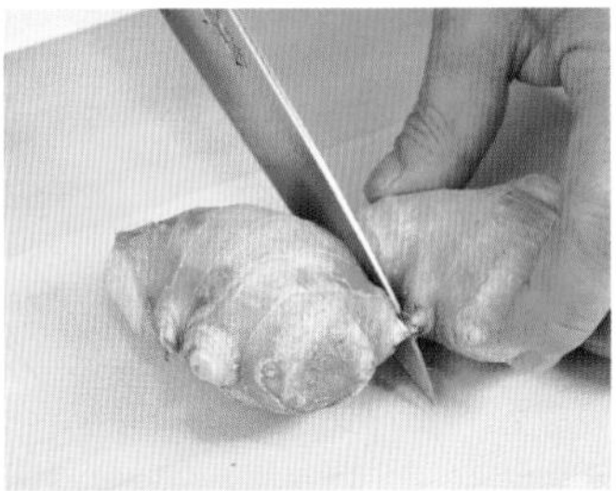

分切大塊的塊莖。

《切末》

把薑切成碎末，切斷纖維，辣味與香氣就會更加強烈。可用於調製帶有薑香的食用油，或與味噌等調味料混合使用。

《切絲》

凸顯其纖維的細緻，適合作爲佐料，用來炒金平等，或增添滷菜的風味。另外，將切好的薑絲用來做醋漬小菜等的點綴，也可以增添美感。

《縱切薄片》

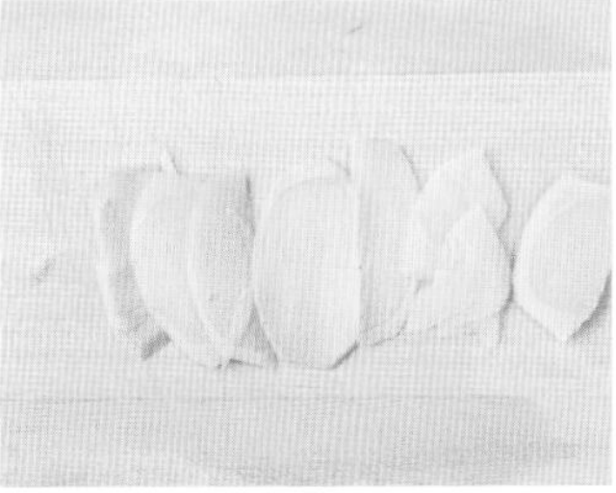

相較起切絲，更能抑制辣味。適合做甜醋漬，用來炒食、滷煮，或作爲湯品的濃縮高湯，料理魚肉的去腥佐料。

《外皮》

外皮也有用處。充分泡水後，直接熬煮，便能萃取出勁道十足的濃縮精華。

《研磨成泥》

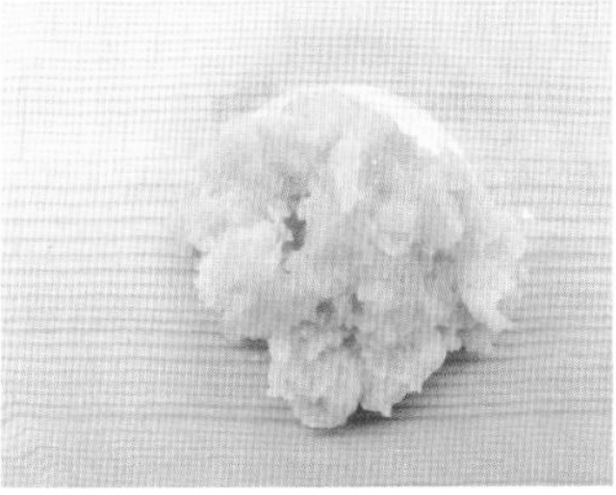

薑的精華主體。可作爲濃縮高湯，只要在馬鈴薯燉肉或湯品裡加入一點，味道就會變得更有深度。而薑泥所榨出的汁液，也具有同樣的效果。

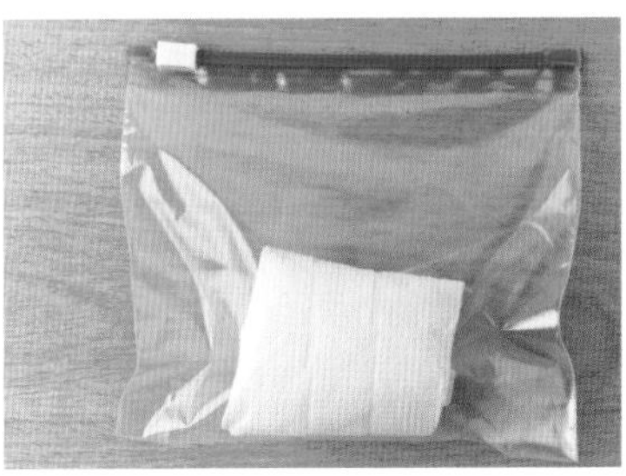

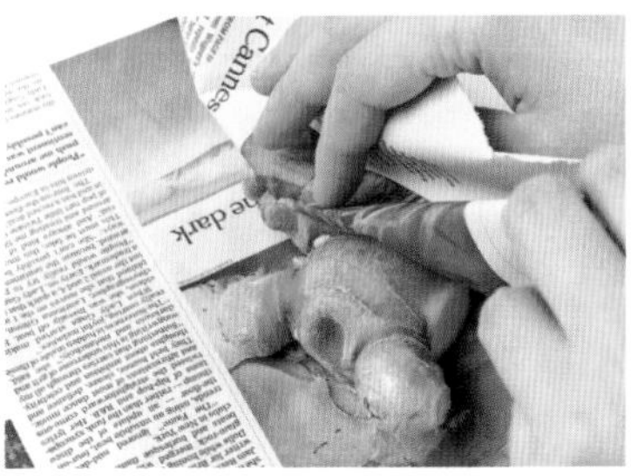

保存

以報紙包裹，夏天要放冰箱冷藏。其餘時期，常溫保存即可。未用完的薑，請以紙巾包裹，並裝入保鮮袋，放冰箱冷藏。

烹調技術

順著纖維下刀。單只是這麼做，風味便截然不同。

基本烹調方式

1 依使用目的不同，如增添香氣、風味、去腥或作為佐料等，調整切法。

2 順著纖維下刀。逆著纖維切，不僅會產生澀味，纖維也會變乾癟。

首先是切法

順著纖維下刀

逆著纖維切，會破壞纖維，使口感變差。澀味也容易跑出來。請以鋒利的菜刀，順著纖維下刀。

《順著纖維》

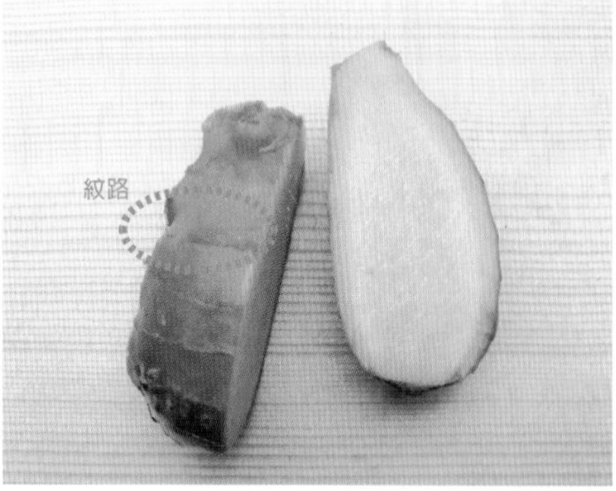

要順著纖維下刀，菜刀必須與外皮上的紋路呈直角。若與紋路平行下刀，纖維就會被切斷而變乾癟。

《切除邊端》

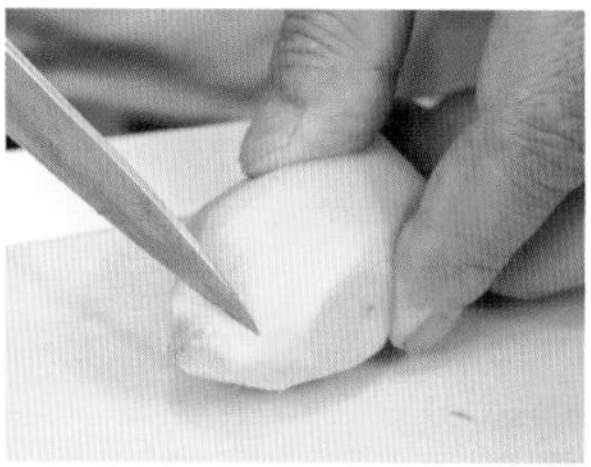

邊端的纖維較硬，所以得切除。如此一來，進行切削時，也不怕會切得不平均。

《以菜刀切薄片》

一刀切到底，吃起來的口感就不會覺得乾澀。薄片的厚度，可用菜刀調整。

《以削片器削薄片》

薑的纖維必須與削皮器的刀片平行。希望薑能切得夠薄且厚度均一時，便可使用削皮器。

《切絲》

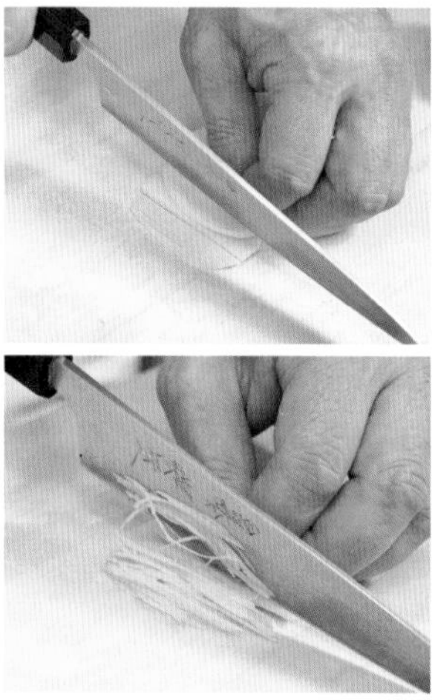

薑切成薄片後錯開疊放，以相同節奏從邊端切起。竅門在於，採取推切的手法，使刀尖壓向砧板。

《切末》

薑切絲後橫擺，以推切法從邊端切起。切得越細，香氣越強。

《研磨成泥》

薑的纖維必須與磨泥器呈直角，並順時針研磨。這樣才不會有纖維殘留。而堵在磨泥器孔洞裡的殘渣，以牙籤剔出。使用小孔洞的磨泥器研磨，薑泥的風味也會變得細緻。研磨成泥後，若靜置片刻，辣味就會變得圓潤。

事前處理

切好後，立即泡水

澀味會從切口處跑出來。切好後，立即泡水10分鐘，抑制嗆味，使味道變圓潤。

外皮一定要泡水

外皮帶有澀味，容易積存破壞風味的物質。使用前，一定要先泡水約30分鐘。

無論是嫩薑還是老薑，削下來的外皮都得泡水。

薑的功效

自古以來，薑也是一種備受重視的中藥材。薑的功效甚多，如殺菌、提升免疫力及促進血液循環等。在冬天，薑具有保暖身子的效果。不過，到了夏天，薑反倒可使身體降溫、驅走暑氣。

《事前處理的附加建議》

製作甜醋漬（醃薑）的小技巧

就「醃薑」而言，風味與口感是命脈。想做出圓潤順口的辣味，在醃漬前，得先撒鹽在薑上、靜置片刻，然後澆淋熱水，確實去澀。

1 撒鹽

將薑片平鋪在方盤裡。均勻撒下鹽，靜置5分鐘。除了可去除澀味外，也會使纖維變鬆軟，更容易入味。

2 澆淋熱水

待薑片滲出水分，變得濕潤後，澆下熱水，靜置10秒鐘。

3 拭乾水氣

移至濾網中，以紙巾仔細拭乾水氣。若有水氣殘留，就會很難入味。

烹調要訣——用途

能夠讓薑一展身手的舞台很多，如作爲佐料、使用其風味與香氣、做成濃縮高湯，或用來去腥等。平時多備用，必定會成爲在烹調上的好幫手。好比說，同樣是馬鈴薯燉肉，只要加一點薑進去，味道就截然不同。大家可以試著調整薑的切法、用量以及加熱方式，好好享受一下風味無窮變化的樂趣。

1 增添香氣

以小火慢慢加熱

薑片或薑末浸泡在油裡加熱，使香氣轉移過去。等薑放入油裡後再開火，並以小火加熱是重點所在。煮出來的油可用來炒菜。

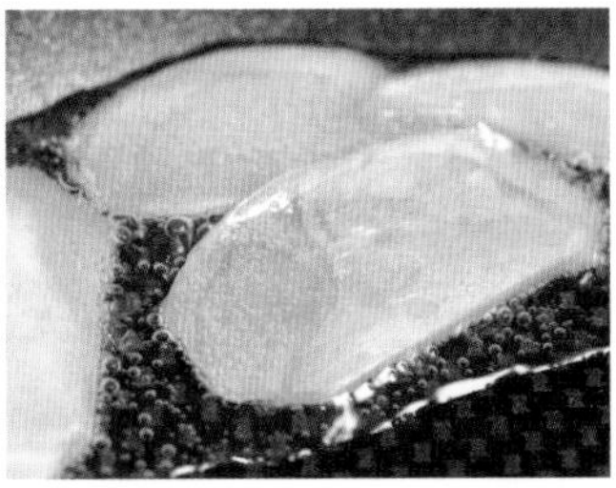

薑若呈透明狀，便是香氣已轉移到油裡的證明。

使用薑末來做，風味更爲強烈。由於薑末很容易煎焦，要多加留意。

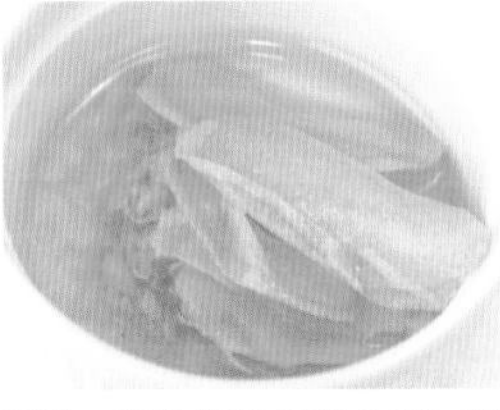

薑油。在橄欖油裡放入薑，慢慢熬煮。完成的薑油可以直接用來炒菜。保存期限雖然長達數週，但爲了防止氧化，油的表面最好覆上一層保鮮膜。

2 提味

經熬煮後提引甜味

薑的外皮雖帶有澀味，但經過熬煮後，便會釋出勁道十足的風味。薑切薄片，可做成高湯（簡易蔬菜高湯）。

簡易蔬菜高湯（材料：薑片2片、胡蘿蔔¼條、洋蔥½顆、適量的水）只要將材料放入鍋內，加水慢火細煮，便能做出美味的高湯。

薑皮高湯。於鍋內加入薑皮與剛好蓋過其身的水，慢火細煮。熄火後，靜置片刻。用於炒菜或滷菜等料理烹調上，可使味道變得更有深度。

3 濃縮高湯

將辣味變成美味精華

使用生的薑泥或榨出的薑汁，可以增添辣味。加熱使用，則會變成美味精華，增添料理風味。

薑泥適合用於涼拌菜等。而薑汁則適合用於清湯、馬鈴薯燉肉或滷豬肉等滷菜，以及作爲烤肉的沾醬等。必須特別注意的是，薑若加過量，會破壞其他食材的風味。

4 佐料

襯托主角，賦予變化

薑絲或薑泥，是生魚片與涼拌菜等不可或缺的佐料。薑的辣味和香氣，能夠襯托出主菜的風味。

薑是烤茄子、醋漬菜與生魚片必備的佐料。由左至右，分別是蘘荷絲、薑絲、青紫蘇絲。

5 嫩薑的獨門絕活

嫩薑多汁脆嫩，即使作爲主要食材也不成問題。做成「醃薑」、「味噌漬」或「米糠漬」存放，方便使用。

加入大量的嫩薑炒菜。

醃嫩薑。口感濕潤嫩脆，後勁爽口。

「嫩薑洋菜凍」（p.151）。夾入滿滿的嫩薑，清涼滿點。

適合組合搭配的蔬菜

以繖形花科、百合科爲中心，適合組合搭配的蔬菜甚多

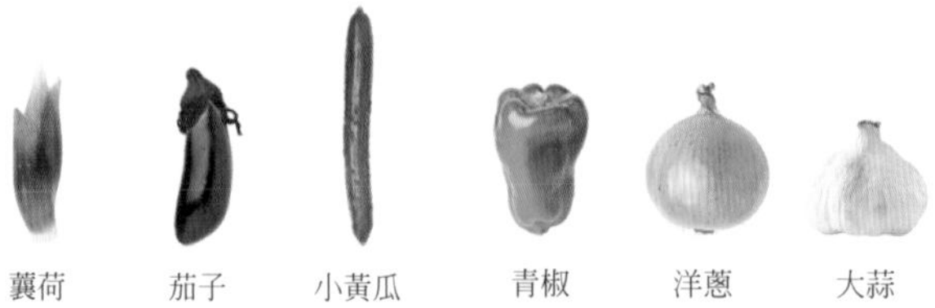

嫩薑洋菜凍

四種蔬菜的四重奏。
清爽而奢華的夏天前菜

《時期：上市～尾聲》

材料［4人份］
嫩薑……40g
金針菇……3包
佃煮青山椒（p.129）……3大匙
番茄泥（p.46）……2½杯
鹽……適量
A
洋菜……2g
葛粉……1大匙
昆布高湯（p.21）……200cc
鹽……¼小匙

1 嫩薑切薄片，撒鹽、澆熱水。金針菇去根，分切成小段。
2 於平底鍋內放入金針菇，炒至熟爛、香氣溢出。加入佃煮青山椒與番茄泥拌炒均勻。
3 將A的材料放入鍋內，開小火，攪拌煮化。
4 將**3**的洋菜糊分量拌入**2**的材料中，並且以鹽調味。
5 方盤內先倒入**4**的蔬菜糊，接著擺上嫩薑片，最後再倒入蔬菜糊，共疊3層。靜置1小時冷卻。
6 從方盤中取出成品，切成容易食用的大小，盛盤。

重點☞ 金針菇炒至熟爛、呈褐色，便能提引甜味。
香氣加上涼感。
凜然純粹的大人風味小菜

甜醋漬薑與山椒芽

《時期：上市～尾聲》

材料［4人份］
嫩薑……100g
山椒芽……⅓包
甜醋
醋……50cc
水……50cc
砂糖……2小匙
鹽……¼小匙
昆布高湯（p.21）……1大匙

1 嫩薑切薄片。山椒芽只摘取葉片備用，葉片不可重疊擺放。
2 將甜醋的材料放入鍋內，煮至沸騰後熄火、冷卻。
3 方盤內先擺入薑片，再鋪上山椒芽葉片。如此反覆交錯鋪疊數層。
4 淋上甜醋，靜置15～20分鐘後，便可盛盤。

重點☞ 薑片與山椒芽葉片要充分混拌均勻，才能使彼此的香氣融為一體。

「啪」地折斷，然後稍微水煮一下。
這樣就十分美味的——四季豆。

浸漬四季豆

材料：四季豆適量、浸漬醬汁（高湯2大匙、酒1大匙、醬油1大匙、味醂1½大匙）、鹽1撮

作法：四季豆去蒂、去筋絲，以手折成容易食用的小段，投入沸水汆燙。撈起，移至竹篩上，撒鹽、放涼。盛盤，淋上浸漬醬汁。

四季豆

［豆科］

◎原產地

墨西哥～中美洲

◎產季

6月～9月

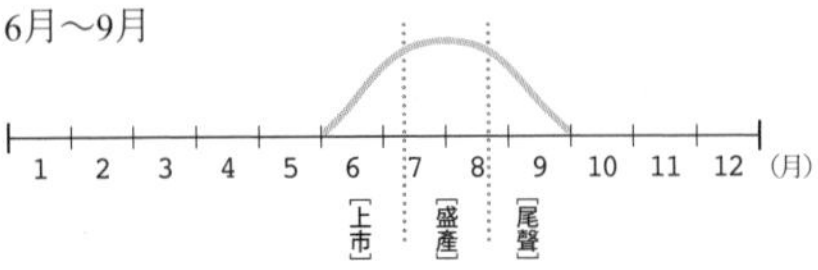

[上市] 外皮薄嫩，青澀味重。

[尾聲] 豆子飽滿，莢果整體撐得鼓鼓的。具有豆子的鬆軟口感。

◎日本主要產地

沖繩、鹿兒島、千葉

◎臺灣主要產季和產地

6月～9月

臺中、高雄、屏東

留有青澀味，才是四季豆的風味。脆嫩的上市期，整支使用。

趁菜豆還未成熟就採收下來，可連同莢果一起食用的嫩豆，就是四季豆。四季豆原產於墨西哥與中美洲的亞熱帶地區，經由歐洲傳到中國，然後到了江戶時期才傳來日本。據聞，當時是由明朝的隱元禪師作爲伴手禮帶過來的，所以才會命名爲「隱元豆」（譯注：日本對菜豆的稱呼；四季豆因爲可帶莢食用，則稱爲「莢隱元」）。不過，眞相究竟爲何呢？四季豆的產季從初夏橫跨到初秋，是可以長期享用的豆子。話說這也理當如此。因爲四季豆的栽種時間短，一年內甚至可以採收高達三次。所以，在關西地區也稱四季豆爲「三度豆」。

四季豆的特點，就在於它具有獨特的青澀味與口感。尤其是剛上市的，只要輕輕一折，青澀味便隨即撲鼻而來。四季豆水煮過後，青澀味會更加顯著，並且帶有微微甜味。這時，若再滴上一滴醬油，就是一道美味無比的佳餚。到了產季尾聲，當四季豆的豆子變大、莢果也變硬後，則可斜切油炒，享受那令人垂涎的香氣與嚼勁十足的口感。由於四季豆的產季很長，大家不妨多去嘗試些不同的吃法。

烹調技術

剛上市的，直接「啪」地折斷。產季尾聲的，斜切成小段。

基本烹調方式

1 剛上市的四季豆，以手摘折。
2 以沸水烹煮，盡快冷卻。

切法

上市期與產季尾聲的切法有所不同

上市期的四季豆皮薄脆嫩，以手摘折，不僅不易產生澀味，味道也比較柔和。進入產季尾聲後，因莢果整體變硬，改用菜刀斜切，增加斷面，比較容易受熱。

《剛上市的，以手摘折》

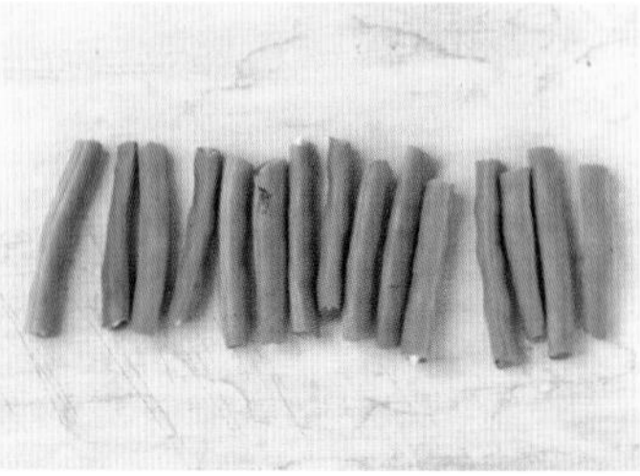
剛上市的，脆嫩多汁。依料理需求，分折成適當大小。

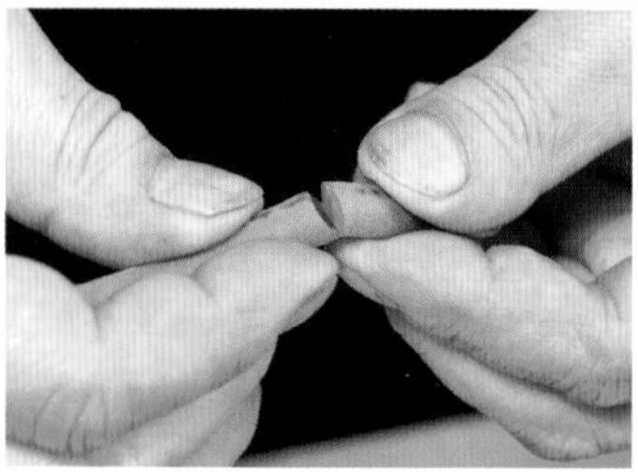
以手指夾住四季豆，往下扳成山形折斷。

《產季尾聲的，以菜刀切削》

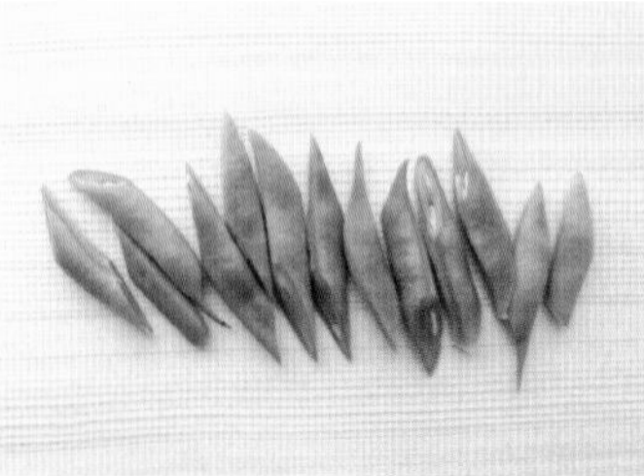
斜切成段，切斷纖維、增加斷面。

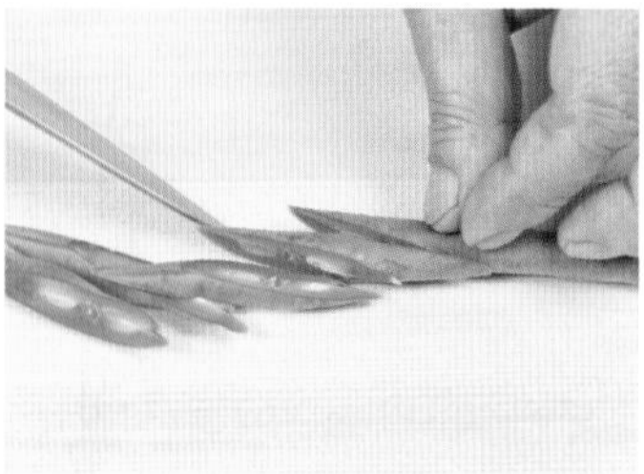
從豆子與豆子之間的凹陷處下刀。以拉切法斜切。

◎如何挑選◎

1 少有凹凸不平（沒有結過多的豆子），蒂頭紮實。

2 莢果呈淡綠色，寬幅均一，身形苗條。

※四季豆品種中，有扁莢帶筋絲的肯塔基（Kentucky）品種，以及無筋絲的軍刀型。最近，無筋絲的軍刀型四季豆已日益增多。

事前處理

油炒前，先搓鹽

四季豆炒食，事前不必汆燙，但得先抹上鹽加以搓揉。除了可以去除絨毛、澀味，使莢果顏色變鮮豔外，也得以保留絕佳的口感。

充分抹上鹽，加以搓揉（以手指搓揉莢果整體）。

搓完鹽後，先靜置10分鐘，再以水沖洗。

保存

以報紙包裹，放陰涼處保存。請於二～三日內食用完畢。

加熱

欲保留青澀味與口感，關鍵在於加熱。上市期的四季豆水分多，加熱時間短，也可以生的直接炒、炸。當水分逐漸減少後，就得額外補充水分，充分加熱。

1 水煮
以滾滾沸水烹煮

以沸水烹煮，乃爲基本原則。待去除形成保護膜的角質層（參閱p.183），莢果的顏色也如同覺醒般變鮮豔且定色後，便可移至竹篩上放涼。剛上市的脆嫩四季豆，水煮時間可短；不過，進入產季尾聲後，就得充分水煮。

《水煮法》

水煮開後，放入四季豆。以大火滾煮，待莢果顏色變鮮豔後，再續煮1～2分鐘。水煮途中，可以手指確認軟硬度。

《冷卻》

如果泡冷水，味道就會變淡。所以要置於竹篩上，以團扇搧風，加速冷卻。

《撒鹽》

撒鹽調味，提引出豆子特有的甜味。

2 炒
途中補充水分後，轉大火翻炒

若先汆燙過，口感就會變差。直接生的下鍋炒，於途中再加水。產季尾聲的四季豆，需要加多一點水，並充分炒熟。

當莢果開始變色，便加入水，然後以大火快炒。炒至水氣收乾後，即可起鍋。

3 炸
以170℃油溫，一口氣炸乾水分

剛上市的四季豆，生的下鍋油炸。外皮變硬後，先汆燙再油炸，不僅受熱快，口感也比較好。油溫維持在170℃，一口氣炸乾水氣，迅速炸熟，保留絕佳口感。

麵衣只要有沾裹均勻即可。

以170℃油溫，迅速炸熟。

烹調要訣

簡單的烹調法，最能凸顯出豆子特有的青澀味與口感。雖說四季豆也常被用來滷煮，不過夏天還是吃清爽一點，簡單做成麻油涼拌、浸漬菜、天婦羅或炒食等，餘味清新，同樣也很讚。

適合組合搭配的蔬菜

豆類、薯芋類，以及口感佳的蔬菜等

甜脆豌豆

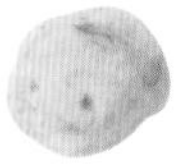

馬鈴薯

青椒

小黃瓜

炸整支四季豆

生的一整支使用。
炸得酥酥脆脆，啤酒也變美味！

《時期：上市》

材料［4人份］
四季豆……8～12支
鹽……適量
麵衣
麵粉與米穀粉分量各半
水……適量
炸油……適量
沾醬
梅乾（剁碎）……1大匙
義大利香醋……1小匙

1 以手摘除四季豆的蒂頭，抹鹽搓揉後洗淨，並拭乾水氣。
2 調製麵衣。調成以湯匙舀起後，流下的速度不會太快的濃稠度。至於沾醬，則在剁碎的梅乾中加入義大利香醋拌勻。
3 熱油至170℃，投入沾裹上麵衣的四季豆油炸。
4 盛盤，附上沾醬，趁熱享用。

重點☞ 麵衣加入米穀粉，比起只加麵粉，炸起來的口感更為酥脆。米穀粉也可以太白粉替代，而太白粉的用量為麵粉用量的1成。

麻油快炒四季豆

麻油刺激食慾
夏意滿點的炒食

《時期：尾聲》

材料［4人份］
四季豆……200g
麻油……1大匙
蔬菜高湯（p.23）或水……50cc
鹽……1撮

1 以手摘除四季豆蒂頭，抹鹽搓揉後洗淨，並拭乾水氣。以菜刀斜切成小段。
2 於平底鍋內倒入麻油加熱，放入四季豆，以大火翻炒。炒至整體呈油亮感，莢果顏色變鮮豔後，撒鹽拌炒，並加入蔬菜高湯。最後炒至水分收乾，便可起鍋。

重點☞ 莢果一變色，隨即加水，一口氣炒到熟。

內田流⑩ column

享受夏季蔬菜的鮮明強烈香氣與色彩
夏日湯品
——以蔬菜泥做成的一碗好滋味

說到夏天，果然還是生菜沙拉最對味。這種心情我十分瞭解。因為，我自己也曾經生啃過一整條小黃瓜。但事實上，在夏天，蔬菜加熱後再吃，不僅對身體比較好，蔬菜的特長也才得以完全發揮。因此，我就想到了冷湯。冷湯只要加熱過一次，然後放冰箱冰涼就好；而且，作法也很簡單。先做好蔬菜泥（p.77），接著再依個人喜好，加入高湯調整濃稠度即可。盛產於夏天的蔬菜，吸收了滿滿的太陽能量，並轉化為濃郁的香氣、鮮豔的色彩，以及豐富的營養。透過這一碗將蔬菜所有的精華全都濃縮其中的冷湯，我們便能獲取蔬菜本身的生命。縱使在沒有食慾的時候，蔬菜的生命力也能毫無阻礙地滲透我們身體的每個角落，使身體打從深處再次湧現出活力。當然，其風味也堪稱一絕。

小黃瓜冷湯

材料〔2～3人份〕

小黃瓜……1條（約150g）
薑……1段
蘘荷……1個
洋蔥……70g
青辣椒（小）……1根
芹菜（莖）……3cm
香菜……少許
蔬菜高湯（p.23）……100～150cc
鹽……少許
白酒醋……2小匙
番茄丁（裝飾用）……少許

1 小黃瓜要事先搓鹽、澆熱水。所有的蔬菜全切成適當的大小（約一口大小），與蔬菜高湯一起投入果汁機，打製成泥。
2 以鹽和白酒醋調味後，放冰箱冰涼。
3 以器皿盛裝，擺上番茄丁點綴。

甜椒湯

材料〔2～3人份〕

紅甜椒……1顆、洋蔥……50g、芹菜（莖）……10g、胡蘿蔔……10g、番茄……1小顆、橄欖油……1大匙、蔬菜高湯（p.23）……150cc、水……200cc、鹽……少許、酒精揮發的醋……1小匙

1 甜椒烘烤後剝皮去籽，切成適當的大小。洋蔥、芹菜、胡蘿蔔與番茄（已汆燙剝皮），則切成滾刀塊狀。
2 平底鍋熱油後，先放入洋蔥、芹菜和胡蘿蔔拌炒。接著，加入甜椒、番茄、蔬菜高湯和水，煮至食材熟爛。
3 以果汁機將食材打成泥，並以鹽和酒精揮發的醋調味。

形狀改變，風味也改變。
這就是小黃瓜獨有的樂趣。

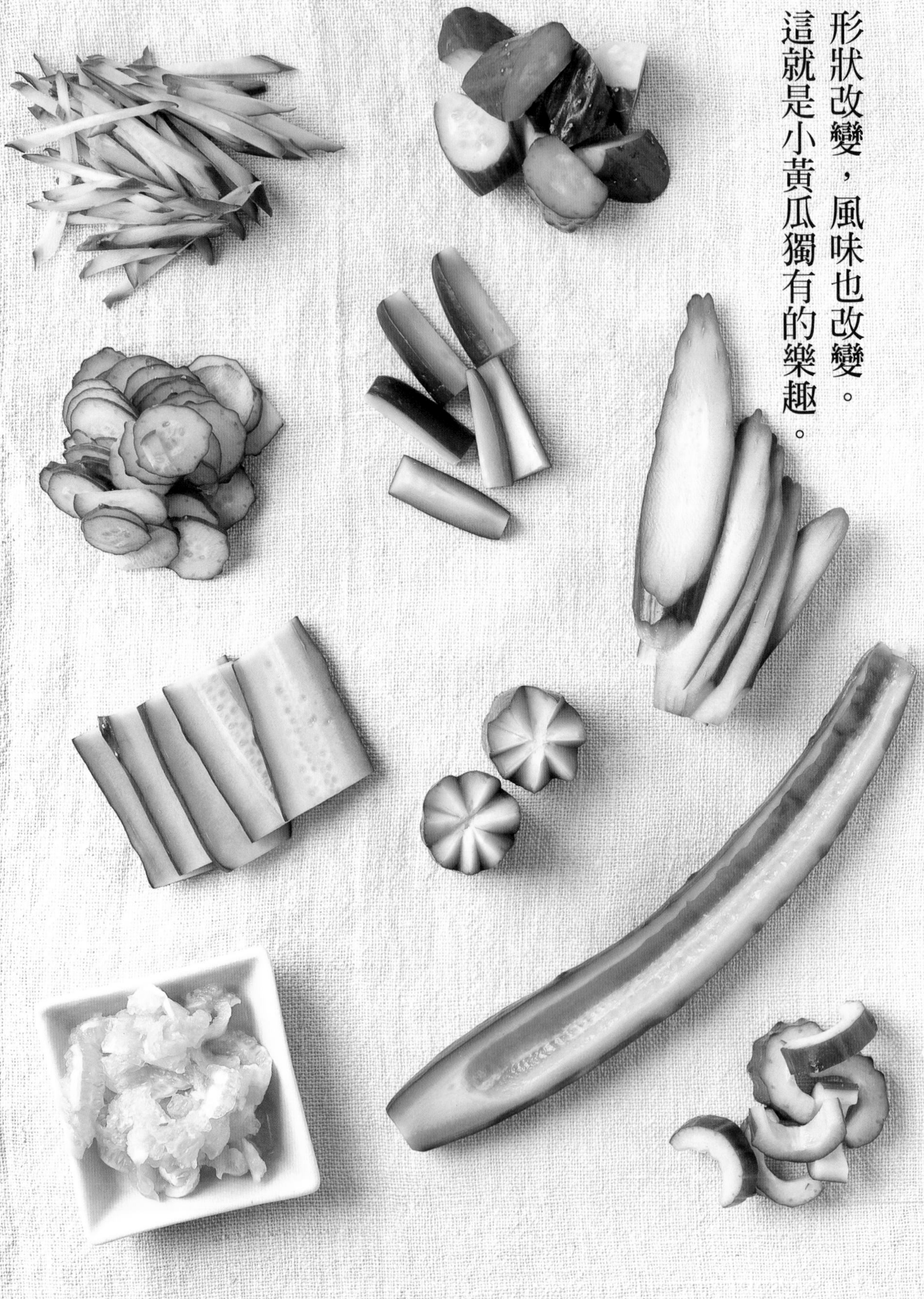

小黃瓜

[葫蘆科]

只做成冷食的沙拉，實在太可惜了。熱炒後的小黃瓜也很美味。

欲對抗酷暑，那就撒鹽在小黃瓜上，然後大口咬下。夏天的小黃瓜，單只是如此就美味十足。當然，這不乏是小黃瓜適逢當季，所以美味倍增的關係。不過其實在這時期，我們的身體也很愛吃小黃瓜。因爲具有利尿效果的鉀驅走了體內的熱氣，使身體彷彿有陣涼風吹拂而過般，感到暢快清涼。然而，盡是吃生沙拉與醋漬菜，吃到最後也會吃膩。再說，小黃瓜本來就是極富變化的蔬菜啊！

好比說，偶爾試著加熱烹調不也很好嗎？將小黃瓜切成大塊，並以大火快炒。突然之間，小黃瓜便展現出不同於生食時的口感與存在感。又或者是，改變切法。例如，平時老是橫切圓片的醃小黃瓜，只要改切成蛇腹狀，味道就會在瞬間完全改變。而進入產季尾聲的小黃瓜，也很有個性。要是你覺得它因外皮變硬、內部滿滿都是籽，很不好用，那就拿它做醃漬菜吧。變甜的籽將大顯身手，釀出醇厚芳香的風味。而當你一口咬下後，青澀味就從餘味中若隱若現地返回，真的很美味喔！說起來，媽媽每次做酒糟漬小黃瓜，一定都是在這個時期。因爲，那將成爲陪伴我們度過冬天的下飯菜。

◎原產地

印度・喜馬拉雅山脈

◎產季

6月～8月

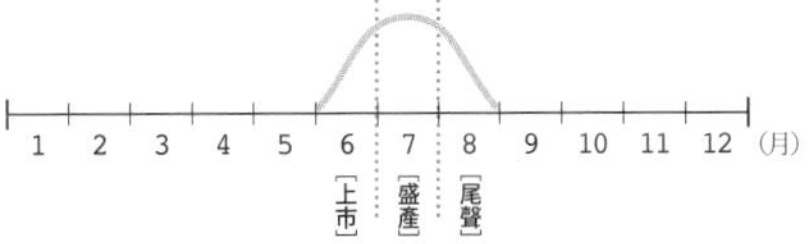

[上市] 水分多，帶有青澀味。

[尾聲] 外皮變硬，籽顯而易見，帶有甜味。

◎日本主要產地

宮崎、愛知、埼玉、茨城、福島

◎臺灣主要產季和產地

3月～11月　苗栗、臺中、南投、花蓮

12月～2月　高雄、屏東

解體

分切成無籽的上半段與有籽的下半段。下刀位置的判別，就在於外皮有無刺狀凸起。

首先是解體

小黃瓜並非從哪裡切都一樣。有籽與無籽的部分，在味道與處理方式上，就不盡相同。而下刀位置的判別，就在於外皮有無刺狀凸起。將小黃瓜分成無刺狀凸起的上半段（無籽），以及有刺狀凸起的下半段（有籽），各別使用。

頂端

頂端容易產生嗆味與苦味，因此要切除。

上 ¼

特徵◎外皮光滑，沒有刺狀凸起。因爲內部無籽，所以果肉滑順、含水量較少；但相對地，也比較容易產生嗆味。適合縱切薄片或切絲，做成沙拉與生魚片的配料等。

下 ¾

特徵◎內部有籽。進入產季尾聲後，籽會變大並釋出甜味。可採斜切或橫切圓片，以免切面全布滿籽。

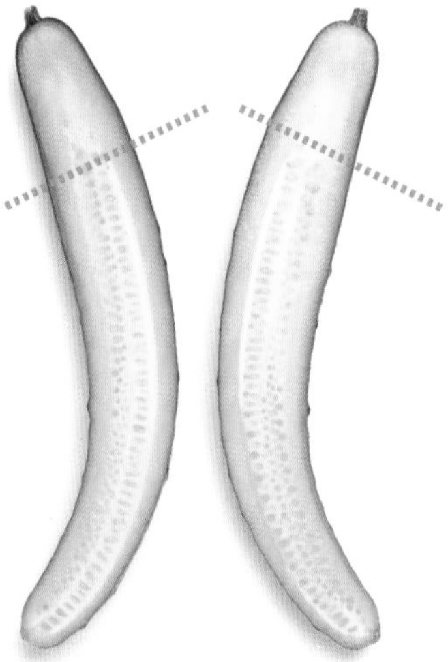

※以產季尾聲的小黃瓜爲例，無籽和有籽的部分一目瞭然。

保存

若吹到風，就會乾萎。以報紙包裹，常溫保存。請於二～三日內食用完畢。未用完的小黃瓜則以紙巾包裹，放冰箱冷藏。

以紙巾包裹，避免冰箱冷氣直吹。一～二日內使用完畢。

◎如何挑選◎

1 蒂頭的肩頭隆起。

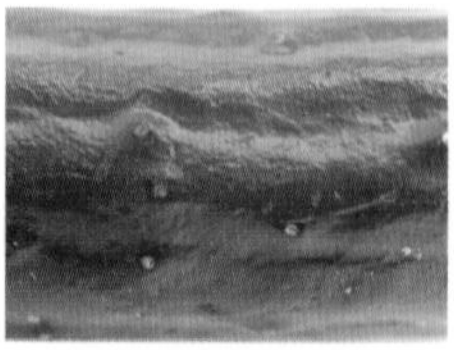

2 呈淡綠色，富彈性。拿在手上，感覺比外表所看起來的還重。

3 折斷後，會有汁液滲出。具高修復力，若馬上接回去，便會緊密貼合。

※小黃瓜身形彎曲並不是問題。只是縱切的時候，由於無法扭轉，最好挑選彎度較對稱的。

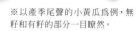

縱切成段。沒有籽的部分，肉質會比較均勻。若再細切成絲，便可作爲配料。

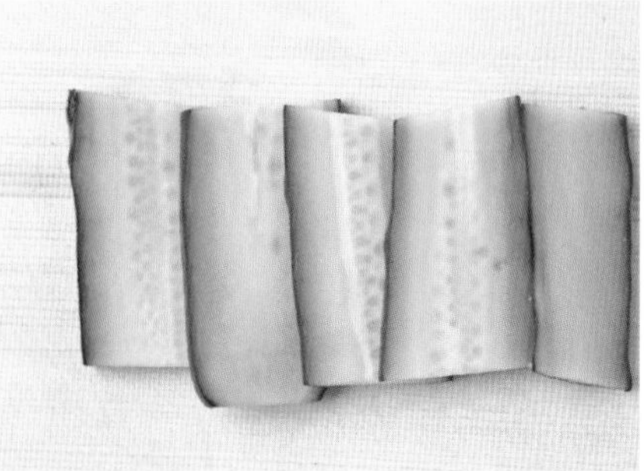

順著纖維縱切薄片。因爲無籽，切面較爲滑順，適合做沙拉或炒食。

切成滾刀塊狀，可以享受到嚼勁十足的口感。由於斷面增加，適合做成淺漬菜或炒食。

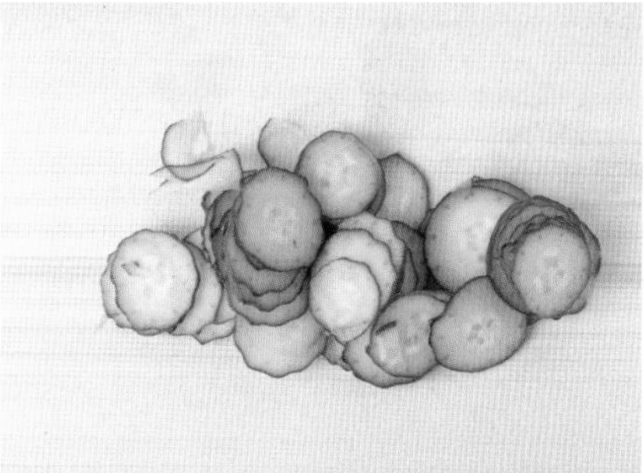

進入產季尾聲後，因外皮變硬，可橫切圓薄片。適合做沙拉，或以鹽搓揉，做成醋漬菜。

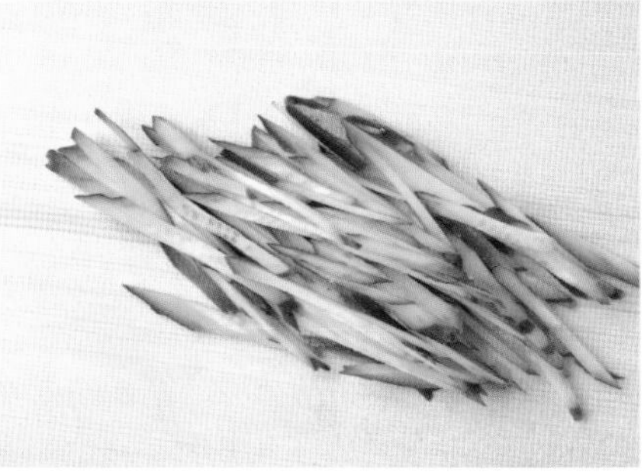

外皮、果肉與籽分布均勻的絲狀切法。口感滑順，易入口。籽顯而易見的產季尾聲，並不適合這種切法。

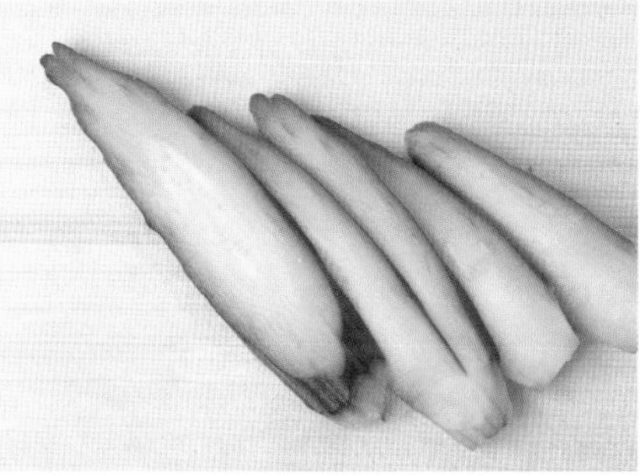

斜切薄片。斷面變大，即使是產季尾聲的小黃瓜也不容易產生澀味，且口感也變得較柔嫩。

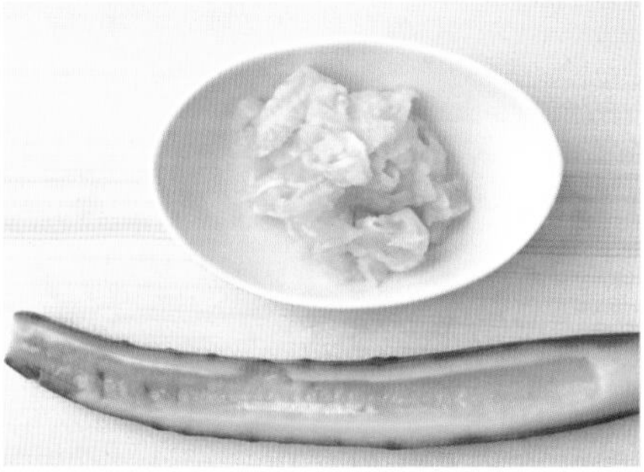

籽與果肉分開使用，也別有樂趣。小黃瓜籽可以用來做調味醬或佐料。

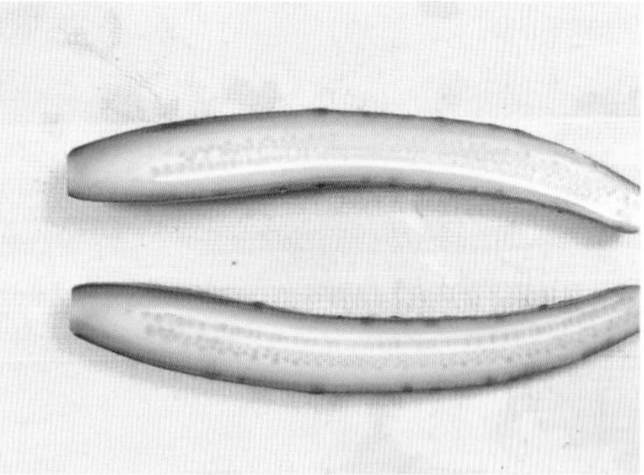

也可以先對切成兩半後再細切。

烹調技術

無論生食或炒食，小黃瓜的精緻風味，完全取決於前置作業。

基本烹調方式

1 一定要搓鹽、澆熱水，確實去除雜味。

2 按切法的不同，風味與口感也會有所變化。

前置作業

搓鹽、澆淋熱水

烹調前，整條小黃瓜先搓鹽、澆熱水，去除特有的青澀味，使味道變清爽。不僅如此，外皮顏色也會變得更鮮豔。

《搓鹽》

1 小黃瓜抹滿鹽，以雙手輕輕搓揉。

《澆淋熱水》

2 稍微出水後，置於濾網上，澆淋熱水。

《冷卻》

3 以團扇搧風，加速冷卻。

《拭乾水氣》

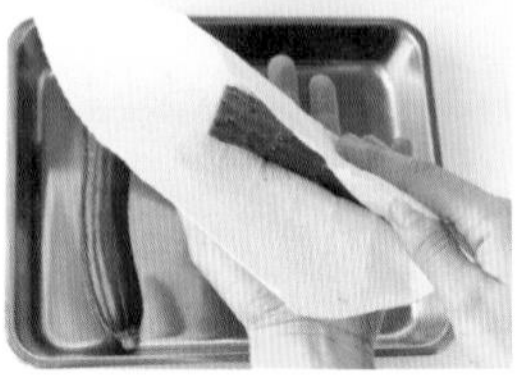

4 以紙巾仔細拭乾水氣，絕不能有水分殘留。

事前處理

1 削去頂端

頂端容易帶有苦味、嗆味，所以要事先削去外皮。

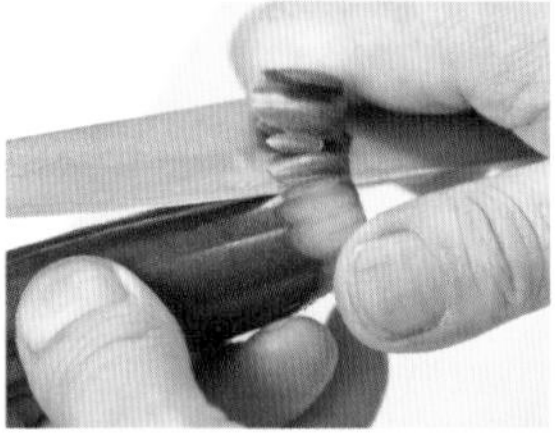

如削鉛筆般，削去頂端的外皮。

2 軟化

撒鹽，輕輕搓揉

如做涼拌菜等，需要軟化小黃瓜肉質時，可撒些鹽，以手輕搓。這樣不僅能保有適度的口感，也更容易入味。

小黃瓜橫切圓薄片，均勻撒上鹽。

以手和筷子，加以混拌搓揉。待肉質變軟後，輕輕擰乾水氣。

3 提引口感

切好後泡水

如要生食，切好後立即泡水。讓小黃瓜適度補充水分，使肉質變水嫩，並增添爽脆口感。

以水浸泡約5分鐘。若浸泡過度，就會變得濕軟無味。

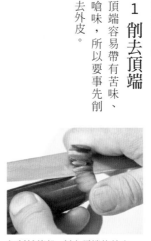

切法

要注意到時期的不同與籽的分布，適當調整切法

容易產生澀味的上市期，採縱切；澀味變少的產季尾聲，則採橫切圓片。切的時候，要注意到籽的分布。按切法的不同，有時會使有籽與無籽的部分都跑出來，導致口感參差不齊。所以，要選擇能夠讓籽與果肉的分布最爲平均的切法。

嚼勁十足、滑溜、爽脆
各種口感相互交錯

四種形狀混搭的芝麻涼拌

材料

取2條小黃瓜，切成3～4種形狀，如絲狀或滾刀塊等。切好後，以涼拌醬（高湯．醬油．味醂……各1大匙、酒……1小匙、鹽……1撮、半研磨的芝麻……2大匙）混拌均勻。

[基本] 常用於沙拉或炒食等料理上的切法

《斜切薄片》

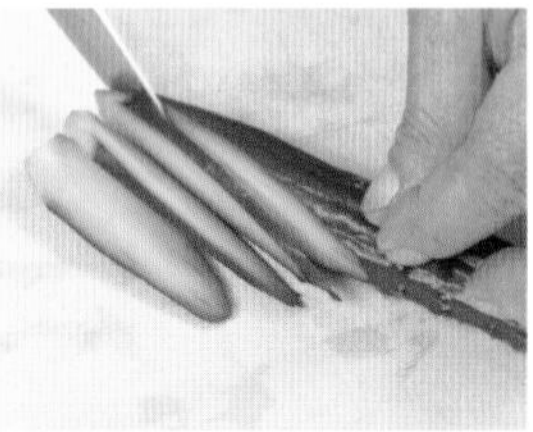

斜切薄片的斷面較大，口感滑順。下刀時，拉開角度，以刀尖斜斜拉切。

《切絲》

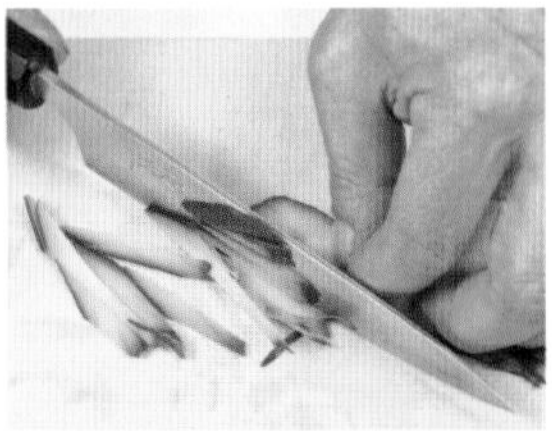

將斜切的薄片錯開疊放，從邊端下刀切成絲狀。這種切法，可使小黃瓜的外皮、籽與果肉分布均勻。

《滾刀切》

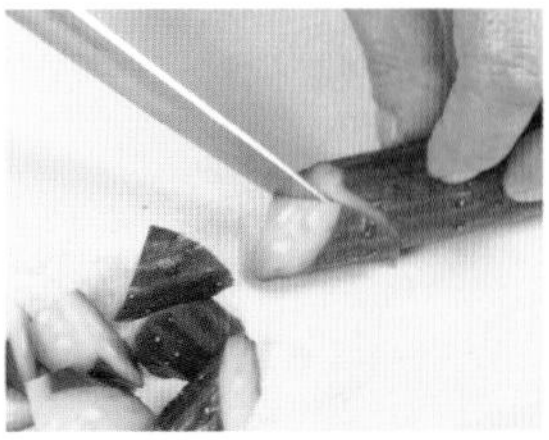

小黃瓜橫擺，從邊端下刀斜切。竅門在於，要一面將小黃瓜轉90度，一面以刀尖斜切。

[應用] 著重於獨特口感或外觀的切雕法

《對切、去籽》

產季尾聲的小黃瓜，籽變得顯而易見。可以縱向對切後，去籽。另外，若再橫切成小段，並於去籽後的凹洞內塞入其他食材，也十分有趣。

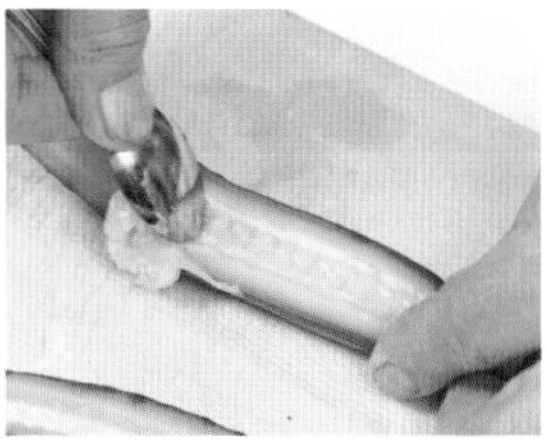

以湯匙的前端將籽刮除。

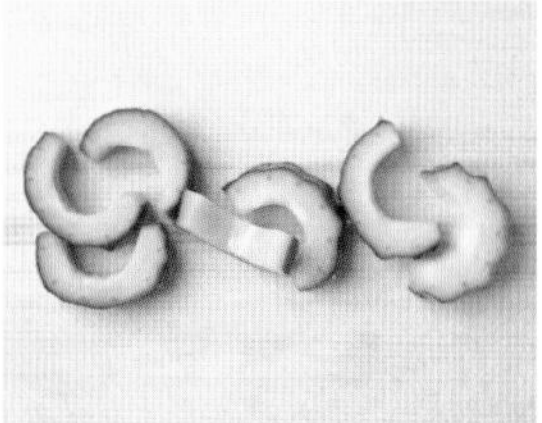

再橫切片後，不僅沒有澀味，還能享受到硬脆的口感。適合做成沙拉、涼拌菜或炒食等。

《王冠切》

適用於籽較少的上市～盛產期間。如同在刻王冠般，以刀尖劃入鋸齒狀切口，將小黃瓜切成兩半。可作爲別具風格的前菜。

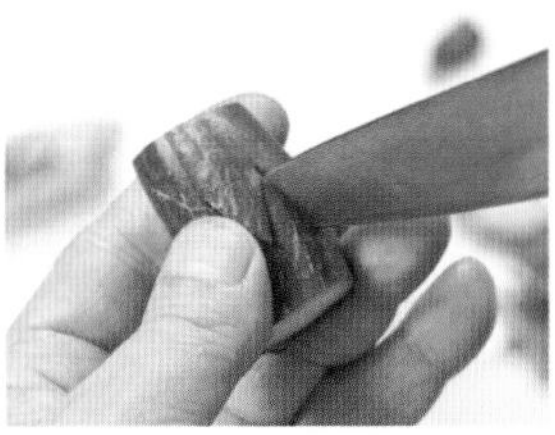

在切成約3cm小段的小黃瓜上，以刀尖往中心部位斜斜劃入。

單只是造型就很有存在感。可於切口處盛上沾醬或味噌；也可用來炒菜。

《蛇腹切》

這是小黃瓜特有的切法。劃入細且深的切口後，用手輕輕一推，展開的小黃瓜就像蛇腹一般。若再以鹽水浸泡軟化，那就更容易入味。

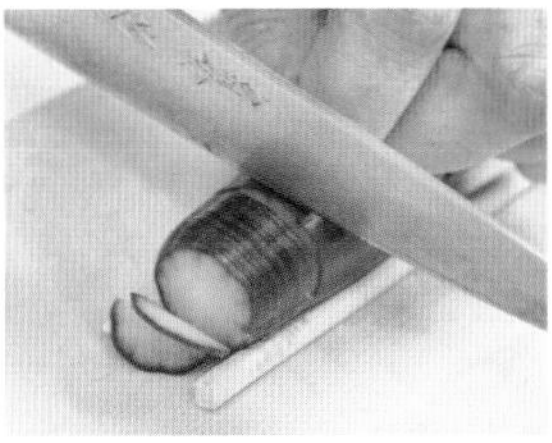

將小黃瓜擺在2根筷子之間，從邊端開始劃入切口。每一次下刀，都要切達筷子處。盡可能劃得越細越好。

劃好刀後，以手將小黃瓜推展開成如蛇腹般的長條狀。可做成醃漬菜或配菜。

加熱

以大火一口氣加熱，保留口感

該如何蒸發掉水分，是小黃瓜加熱烹調的重點所在。以小火慢炒，會使小黃瓜出水而變得濕軟無味。若改以大火加熱，迅速蒸發掉水分，便能充分入味，並且保留硬脆的口感。

熱油，放入小黃瓜與蘘荷。炒至油亮後，加入高湯或水。如此一來，在提引風味的同時，也能充分入味。完成的料理請參閱（p.165）。

內田流

綻放小黃瓜的魅力

小黃瓜的烹調法其實很多樣，並非只能用來做沙拉與醋漬菜，也可以做成炒食、醃漬菜，或普羅旺斯燉菜等燉煮料理。而調味方面，除了美乃滋醬與調味醬外，跟醬油、味噌等發酵食品也很對味。小黃瓜的烹調要訣在於，籽的處理方式。隨著時期的推進，籽也會越變越醒目。如果不想口感變得濕軟，那就把籽刮除。不過，也有的烹調法是反過來利用籽的特性。譬如說，醃漬產季尾聲的小黃瓜，便是其中一例。

◎產季尾聲的醃菜

清新爽脆、嚼勁十足。

利用籽的甜味來醃漬

進入產季尾聲後，小黃瓜要做成沙拉或醋漬菜，籽總是會來搞破壞。唯有醃漬菜，可以使籽的特性大顯身手。因爲籽變甜了，美味自然倍增。只要確確實實做好前置作業（p.162）與整形，口感就會變溫和。

材料［4人份］

小黃瓜……2條

醃漬液

- 昆布高湯（p.21）……300cc
- 鹽……1撮
- 醬油……2½大匙
- 味醂……1大匙
- 紅辣椒……1根
- 煮高湯時使用過的昆布（切絲）……少許

1 小黃瓜完成前置作業（p.162）後，先對半縱切，再切成3cm的小段，並一一調整形狀。

2 醃漬液的材料，除了紅辣椒外，全都加熱煮開、冷卻。

3 將1的小黃瓜泡入2的醃漬液中，並加入紅辣椒。約醃漬1小時後，便可享用。

醃漬液的量要夠多，也可以直接浸泡在保存容器裡醃漬。

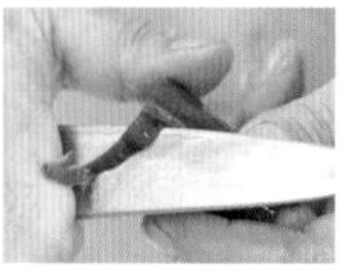

有確實做好整形加工，就能醃出醇厚而圓潤的味道。

適合組合搭配的蔬菜

茄科、葫蘆科的蔬菜，以及有香氣的蔬菜

茄子　青椒　玉米　秋葵　蘘荷　薑　青紫蘇

◎其他適合組合搭配的食材

冬粉、乾燥蝦

爽口的解膩小菜

《時期：盛產～尾聲》

將籽刮除下來，再盛裝於果肉的凹洞。
清新的香氣滿溢

材料[4人份]

小黃瓜……2條

青紫蘇……3片

蘘荷……1個

綜合調味料

- 白酒醋……½小匙
- 酒精揮發的味醂……1小匙
- 昆布高湯（p.21）……1小匙
- 鹽……少許

1 黃瓜做完前置作業（p.162）後，分切成無籽的上半段與有籽的下半段。下半段縱切，刮除籽，果肉部分切成3cm的小段。上半段縱切薄片，平鋪在方盤裡，撒鹽。青紫蘇與蘘荷切碎末。

2 混合綜合調味料的材料，與小黃瓜籽、蘘荷和青紫蘇拌勻後，靜置片刻。

3 將**2**的佐料盛裝於小黃瓜果肉的凹洞，擺盤。最後再擺上小黃瓜薄片。

重點☞ 將佐料盛裝於果肉凹洞前，要先輕輕擰乾汁液，口感才不會變得濕軟。

炒小黃瓜與蘘荷

《時期：上市～盛產》

即使熱炒也不會流失的清涼感。
彈牙的口感也魅力十足

材料[4人份]

小黃瓜……2條

嫩薑片……8片

蘘荷……2個

蔬菜高湯（p.23）或水……3大匙

鹽……1撮

醬油……2大匙

味醂……1大匙

麻油……1大匙

※嫩薑可以老薑替代。若使用老薑，所需分量較少。

1 黃瓜做完前置作業（p.162）後，切成滾刀塊。蘘荷縱切成8等分。

2 於平底鍋內倒入麻油，放入嫩薑片爆香。接著，加入小黃瓜，轉大火翻炒。炒至整體呈油亮感後，加入蘘荷續炒。

3 待小黃瓜變鬆軟後，倒入蔬菜高湯加熱，然後依序加入鹽、醬油和味醂調味。起鍋前，以大火拌炒，直至湯汁收乾。

重點☞ 加入蔬菜高湯後，要讓被提引出的小黃瓜風味，轉移到調味料中。

捲啊捲啊捲。
這是生的夏南瓜
才有辦法做到的
神奇造型。

作法在p.170

夏南瓜

［葫蘆科］

可別錯過品嚐年輕南瓜才有的水嫩多汁喔！

夏南瓜現已十分普及，但以前卻經常被誤認爲小黃瓜。因爲二者的外形十分近似。話雖如此，夏南瓜事實上是美國南瓜的品種之一。不同於完熟後才食用的一般南瓜，夏南瓜是吃開花後五～七日的未成熟果實。當幼瓜長至二十公分左右，就會進行採收。因爲要是放著讓它繼續生長，外皮就會越撐越開，變得非常龐大，到那時就完全無法食用。正因爲如此，挑選夏南瓜的祕訣就在於，重量約200g，只要挑選拿在手上感覺沉甸甸的就對了。

夏南瓜雖然味道略顯不足，口感卻十分獨特。含水量高的果肉吃起來鮮嫩多汁，極富彈性。剛上市的前兩週，甚至可以生食。只要縱切薄片，略撒一點鹽，就會變得水潤而帶有透明感。那清涼的口感，用來做夏天的沙拉是再恰當不過了。另外，這時期的夏南瓜，與其水煮烹調，我更推薦以油烹調。無論是清炸、裹粉油炸，還是燒烤，果肉都會鬆軟到入口即化，並充滿獨特的美味。而進入產季尾聲後，一旦外皮變硬，便可做成普羅旺斯燉菜等燉煮料理。將夏南瓜與其他晚夏的蔬菜，一起丟進厚鍋裡慢火細燉，這般美味可是一大享受呢！

◎原產地

北美大陸南部

◎產季

6月～8月

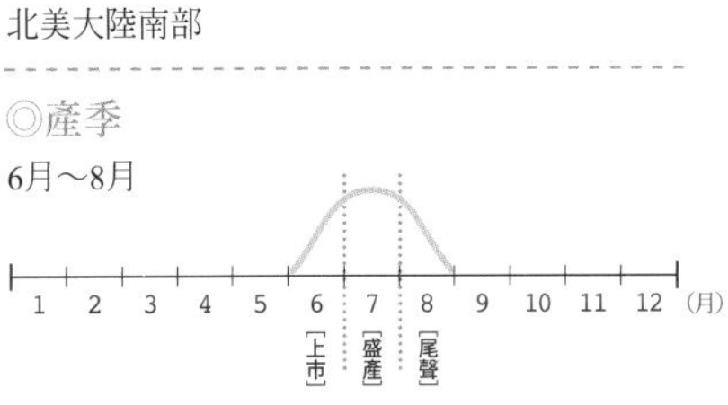

[上市]脆嫩多汁，籽少。呈淡綠色。

[尾聲]外皮變老硬化，籽顯而易見。呈深綠色。

◎日本主要產地

宮崎、長野

解體

以有籽、無籽爲分界。分切成上半部與下半部。

上半部

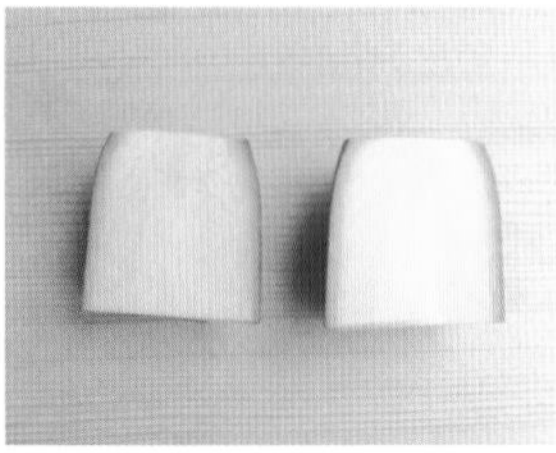

特徵◎無籽，果肉緊緻。由於纖維紮實，加熱所需時間略長於下半部。又因爲無籽，也適合切絲。

首先是解體

切除蒂頭，然後分切成無籽的上半段與有籽的下半段。下刀處落在從蒂頭端算起，約占整體長度¼的窄身處。剛上市時，上下段並無太大的差別；但進入產季尾聲後，由於下半段的籽變醒目，就得去籽或調整切法。

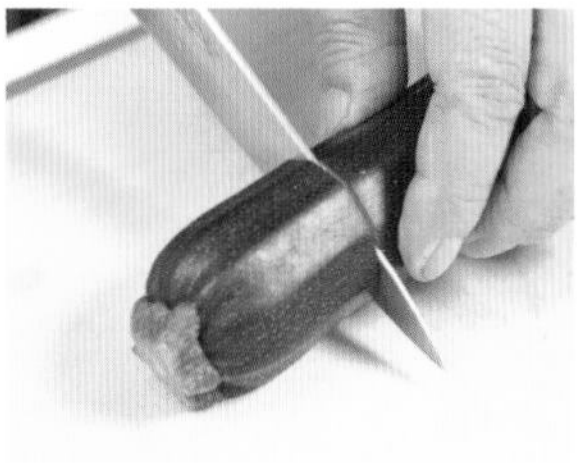

從瓜果的窄身處下刀。

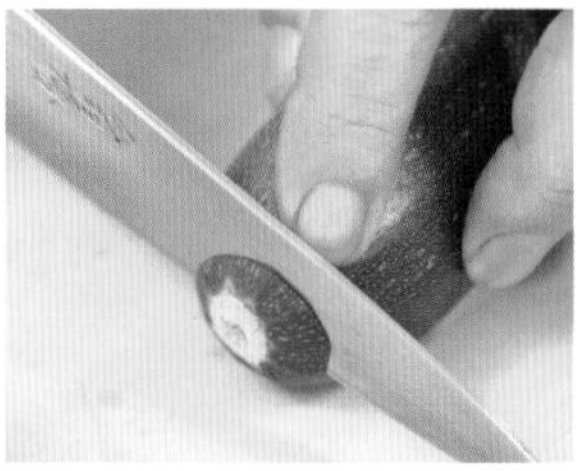

切除質地老硬的尾端。

上半部

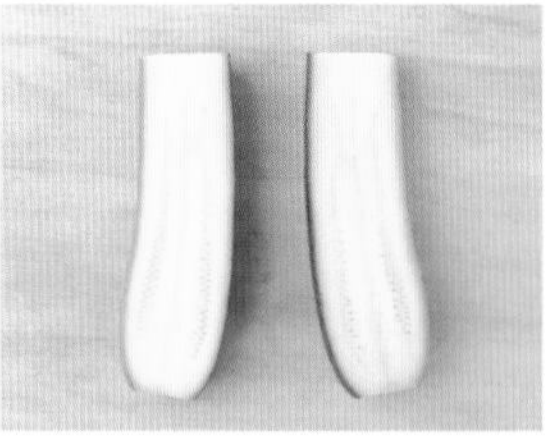

特徵◎有籽，果肉柔軟。剛上市時，籽較不醒目；進入產季尾聲後，中央部位的籽增多。依料理所需，有時也會將籽刮除。

保存

隨著時間的流逝，果肉會因水分蒸發掉而變得乾澀。夏南瓜討厭冷氣，不要放冰箱冷藏。請以報紙包裹，放陰暗處保存，並於四～五日內食用完畢。

◎如何挑選◎

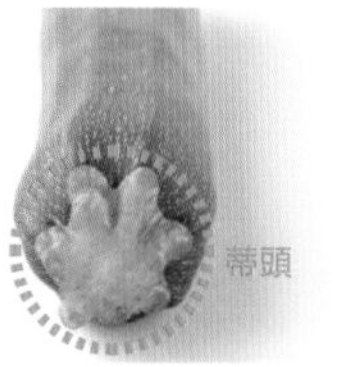

1 蒂頭粗碩，整體粗細均一。

2 尾端的紋路條數與子房室數量相當。紋路多者，果肉緊緻。

3 個頭過大，味道也較差。大小判別約以200g爲基準。

一切開，就有大量汁液滲出；再接回去後，兩切面便隨即緊密貼合。這就是新鮮的證明。

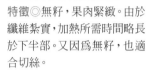

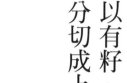

烹調技術

剛上市的，採縱切、以油烹調。進入產季尾聲後，改採橫切圓片，燉煮烹調。

基本烹調方式

1 處理上市期與產季尾聲的夏南瓜，切法與加熱方式必須有所調整。

2 主要以油烹調。進入產季尾聲後，以燉煮方式烹調也很美味。

切法

1 上市期，亦可縱切長片

上市期的夏南瓜水分多，且皮薄、纖維軟嫩。若橫切圓片，會切斷纖維，使澀味跑出來，因此，要採縱切。無論是切薄片、切方條，還是切絲都行，切法十分多樣化。

《縱切4等分》

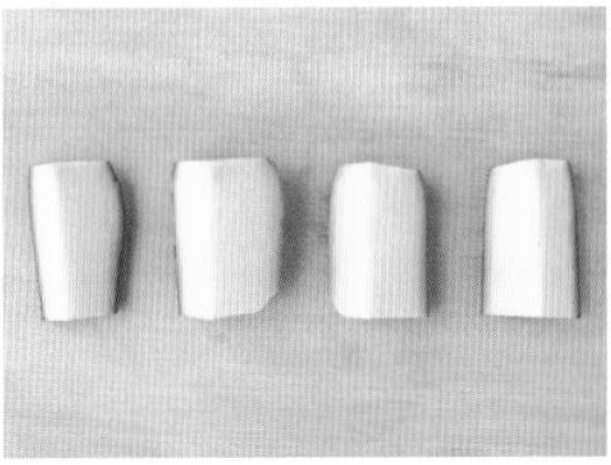

適用於欲凸顯果肉彈性的料理烹調，如油炸、醃漬或燉煮等。

《對切》

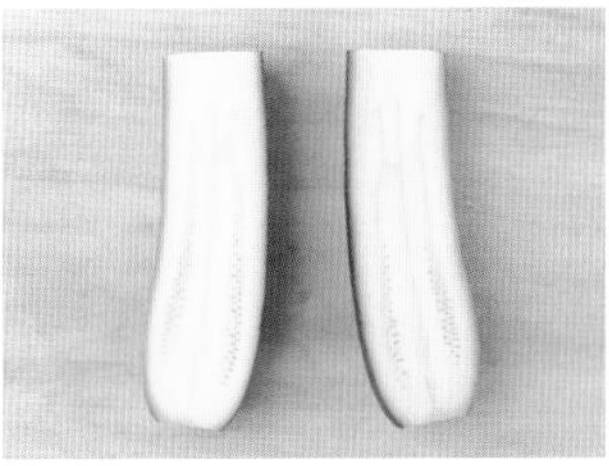

使用下半段，完整享受夏南瓜的個性。適合乾煎或炸天婦羅等。

《縱切長片》

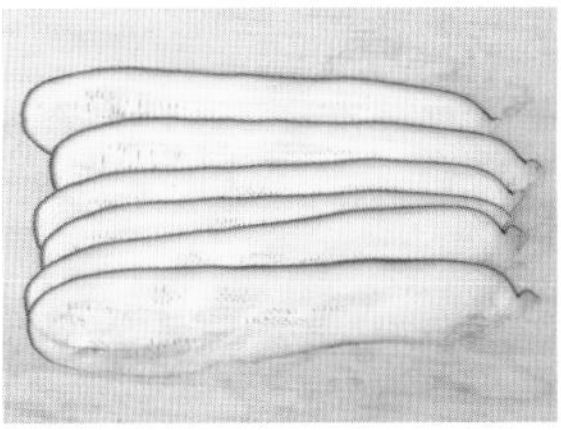

寬身長薄片的水潤口感極富魅力。可做成沙拉，或炒成義大利麵風味。

《切方條》

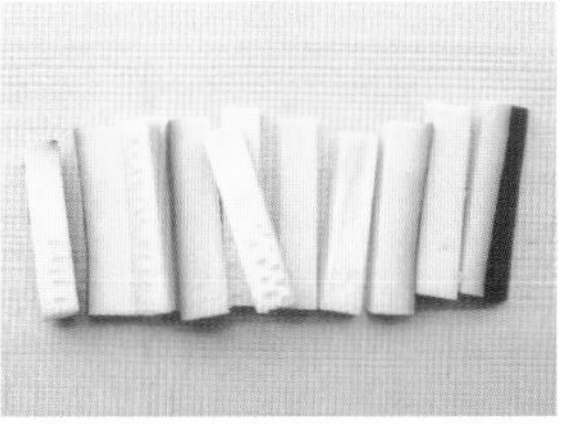

按料理所需，縱切成適當的大小。因為烹調容易，所以用途廣闊，可做成炒食或西式醃菜。

《切絲》

可以吃出軟嫩的細緻口感。適合做成沙拉、涼拌菜或醋漬菜。

2 產季尾聲，採「橫」切

產季尾聲的夏南瓜，外皮增厚變硬。由於澀味減少，可切斷纖維，增加斷面。橫切圓片或切成滾刀塊，比較容易受熱。

《切圓片》

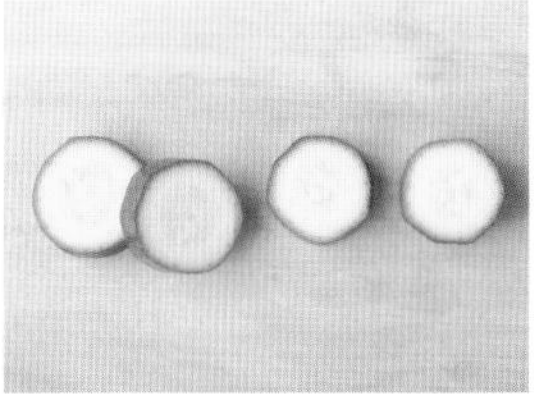

切厚片，適合燉煮或炒食。切薄片，澆淋熱水後可做成沙拉。

《滾刀切》

因為斷面增加，受熱更均勻。適合炒食、燉煮或油炸。

事前處理——去澀

切好後，撒鹽

於切口處撒鹽，可去除澀味與雜味。待滲出水後，再以紙巾拭乾。

撒完鹽後靜置片刻，讓澀味隨同水分一起滲出。

內田流 綻放夏南瓜的魅力

將夏南瓜切成薄片之際，我如此思考著——這寬身的長條形狀，是否能做出什麼有趣的造型呢？於是，我試著把它捲起來，結果就成了漂亮的漩渦狀。恰巧當時身邊有番茄泥，我便塞了一點番茄泥進去。喔！這個很不錯呢！如此這般，最後完成的，就是夏南瓜捲沙拉。創意總會在與蔬菜嬉戲玩耍中，突然浮現出來。所謂的料理，就像是一場遊戲呢！

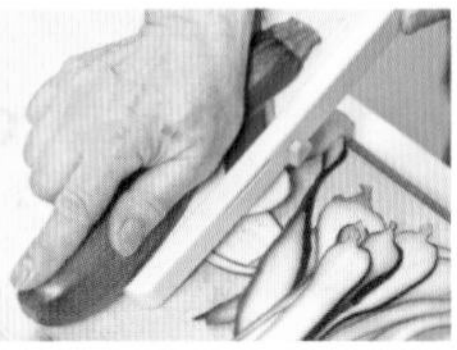

1 將夏南瓜平放在削皮器上，削成厚度均一的薄片。

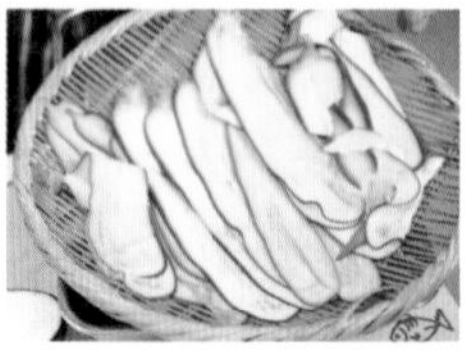

2 置於竹篩上，撒鹽，讓水分滲出，軟化果肉。

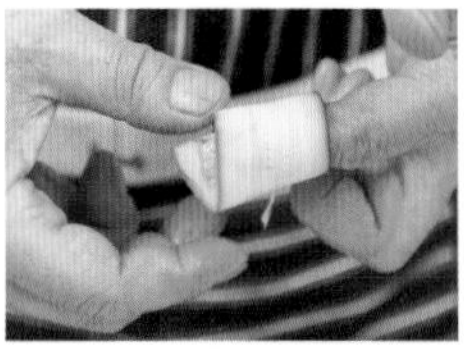

3 從邊端捲起，將薄片整個繞在手指上。直接拔出後，便成了漂亮的捲狀。

4 最後，將調味醬倒入夏南瓜捲的漩渦中心。

加熱

原則上，以油烹調。進入產季尾聲後，也適合燉煮

因為水分多，若直接水煮，味道容易流失。夏南瓜適合以油烹調，尤其是剛上市時，無論是清炸還是裹粉油炸都很美味。當外皮變老硬後，先撒鹽、汆燙，再乾煎。另外，以燉煮方式烹調，也能展現出產季尾聲的夏南瓜特性——濃郁的甜味。

1 煎炒

煎至焦黃前，不要翻動

倒入略多的油加熱至高溫，從外皮煎起。如果常去翻動，會很容易出水，因此，等到煎至焦黃後再翻面。

欲保持顏色鮮綠，油就要倒多一點。從外皮開始煎起，並煎至焦黃。

果肉很會吸油，煎炒中，要勤於以紙巾吸取多餘的油。

2 炸

以高溫一口氣油炸

尤其適用於產季尾聲。以高溫一口氣炸乾水分，炸出酥脆口感。

外皮朝下，放入170℃高溫的油鍋，迅速加熱，以免口感變油膩。

3 燉煮

適用於產季尾聲的加熱法

以保溫性高的厚鍋，直接生的放入燉煮，便能提引出夏南瓜的甜味。如果想煮出濃郁風味，則先油炒後再燉煮。

以燉煮方式烹調時，夏南瓜要切厚片，增添存在感。

適合組合搭配的蔬菜

葫蘆科、茄科的蔬菜

小黃瓜

茄子

青椒、甜椒

番茄

乾煎夏南瓜佐香味蔬菜泥

乾煎至水嫩多汁，以香味蔬菜凸顯風味

《時期：上市》

材料［4人份］
夏南瓜……2條
橄欖油……3大匙
大蒜……1瓣
鹽……¼小匙
胡椒……適量
香味蔬菜泥（p.129）……適量

1 夏南瓜縱切4等分後，再切成3～4cm的小段。
2 於平底鍋內倒入橄欖油，大蒜整瓣投入，以小火爆香。接著，放入夏南瓜，轉中火先從外皮煎起。
3 撈起大蒜，將夏南瓜翻面續煎。以紙巾吸取多餘油分。加入鹽、胡椒調味。起鍋後盛盤，佐香味蔬菜泥。

重點☞ ①油多倒一點，煎出來的顏色就會很鮮豔。②從外皮先煎，不僅可防止褪色，也能縮短加熱時間。

番茄燉夏南瓜

混搭親和性出衆的產季尾聲番茄，做成充滿夏意的新鮮燉菜

《時期：尾聲》

材料［4人份］
夏南瓜……1條
洋蔥……⅛顆
大蒜……1瓣
青辣椒……1支
橄欖油……1大匙
番茄泥（p.46）……1杯
蔬菜高湯（p.23）或水
……1杯　20g
鹽……2撮

1 夏南瓜對半縱切後，再切成厚度約爲1cm的半月形，並撒上適量的鹽（另備）。洋蔥縱切薄片，大蒜切末。
2 於厚鍋內倒入橄欖油，放入蒜末爆香後，加入洋蔥翻炒。
3 接著，加入夏南瓜與青辣椒快炒。倒入蔬菜高湯、番茄泥，以中火燉煮10～15分鐘。起鍋前，以鹽調味。

重點☞ 夏南瓜撒鹽去澀後，味道會變得更精緻。

一支接著一支，
細心切削蒂頭，
以鹽搓揉。
變得美味吧，
親愛的秋葵。

秋葵
[錦葵科]

富黏性是身強體健的祕密，生長於熱帶的個性派蔬菜。

前端直挺挺地朝向天空聳立著的秋葵果實，我們實在很難從它那在網路上販售的溫和模樣上想像得到。說起來，秋葵原產於非洲，那雄赳赳的身姿所展現出的，正是它得以在那片炙熱的土地上活下去的生命力。其實秋葵的身體構造相當耐操，表皮上密布的絨毛，可以很靈敏的感受到吹拂而來的風，進而巧妙的掌控著身體的溫度調節。至於獨特的黏性，則是爲了保護自身避免受到酷暑乾燥侵襲的保濕術。而作爲其主要成分的果膠等膳食纖維，對我們而言，在消暑、增進食慾與消除夏日疲勞上也有所幫助。

秋葵的黏性，即便在料理上也同樣魅力十足。切得越細，黏性就越強。要是再加入調味料等液體，黏性又會變得更強。於此，若將秋葵與薑或青紫蘇等佐料混拌，搭配素麵一起食用，哪怕是夏天的倦怠感也會一掃而空。不過，這般美味正是由做得紮實的前置作業所換來的。一支支地削去蒂頭外皮，抹鹽搓揉，打洞水煮。只要有花上這些工夫與時間，秋葵也會再次竭盡全力，以最棒的美味來回應。

◎原產地
非洲東北部

◎產季
6月～8月

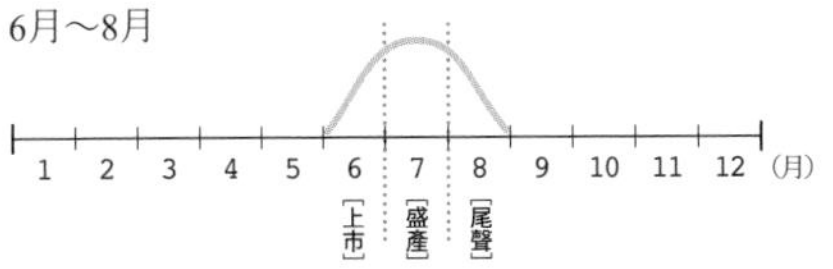

[上市] 脆嫩多汁，可生食。
[尾聲] 雖然質地變老、外皮增厚，且籽也變大；但風味倍增。須充分水煮。

◎日本主要產地
沖繩、鹿兒島、高知

◎臺灣主要產季和產地
5月～9月
嘉義

烹調技術

去蒂、搓鹽、打洞。秋葵的風味，完全取決於前置作業。

切法

秋葵的魅力在於其獨特的黏性與口感。按切法的不同，如橫切圓片、縱切或切末等，黏性與口感也會有所改變。大家可試著享受這份變化的樂趣。

整支使用

特徵◎適用於纖維軟嫩的上市期。整支咬下的爽脆感相當吸引人。纖維尚未老化前，只要有做好前置作業，生食也沒問題。

料理◎迅速水煮後淺漬／滷菜／醃漬／炒食／天婦羅

對切

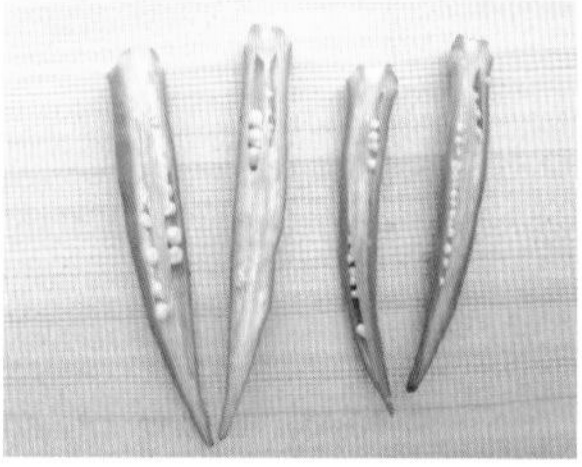

特徵◎同整支使用，適用於上市期。做好前置作業、水煮後，對半縱切，即可享受清爽的黏性與口感。不適用於產季尾聲。

料理◎涼拌／醋漬／沙拉

橫切圓片

特徵◎從上市期一直到產季尾聲都適用的切法。切得越薄，越能享受到秋葵的黏性與籽的顆粒口感。

料理◎涼拌／醋漬／沙拉／湯品

切末

特徵◎切成碎末，使黏性發揮最大效益。由於會變成黏稠的液狀，因此也可以應用於各式沾料或麵食的沾醬。進入產季尾聲後，黏性會增強，風味也更加強烈。

料理◎麵食的沾料／佐料（如涼拌豆腐等）／湯品

◎如何挑選◎

1 蒂頭下方的肩頭隆起。

2 角形的稜角分明，稜角之間並無凹陷。

3 呈淡綠色，絨毛密布。表皮的黑點若越顯著，就表示秋葵已變不新鮮。

4 果柄置中。這便是生長均衡良好的證明。

基本烹調方式

1 不要省略去蒂、去絨毛的步驟。

2 透過切法與攪拌方式，調整黏度。

前置作業

以大量的鹽搓揉，去除絨毛

水煮前的前置作業，分成3階段。處理蒂頭、去除絨毛，以及打洞。這些都是可以讓秋葵口感變好、保持美觀的必要作業。

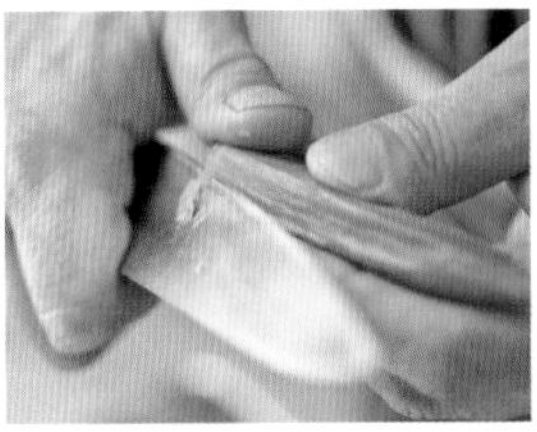

1 蒂頭的處理

只要削去蒂頭周圍的外皮，連蒂頭也能美味享用。

2 去除絨毛

塗抹大量的鹽，以手輕輕搓揉，去除絨毛。抹上的鹽，同時也能做基本調味。

3 打洞

使用牙籤，先在表面上打數個洞。這樣水煮完後，秋葵的身形才不會整個扁掉。

水煮

以沸水煮1分鐘。撈起後撒鹽

以沸水滾煮約1分鐘後，移至竹篩上，迅速冷卻。秋葵撈起後，記得撒鹽。若要再以油烹調，可事先淋上少許的油，以免變色。

《水煮》

水煮開後投入。煮至表面呈鮮綠色，有香氣溢出後熄火。如果在煮軟之前就先熄火，只以餘溫加熱，便能保持清脆的口感。

《冷卻》

置於竹篩上，以團扇搧風，加速冷卻。如此靜置片刻後，再撒鹽或淋油。

拌出黏性

攪拌至發黏，加入水，可增加黏性

想讓秋葵發黏，最好是切成碎末，並充分攪拌。加入調味料或水，可以增加黏稠度，因此也適合用來做成醬汁或沾醬。

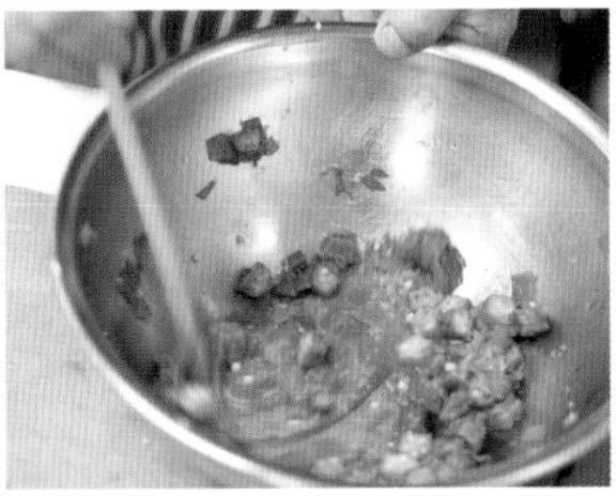

以長筷攪拌秋葵碎末。調味後，繼續攪拌片刻。如此一來，不僅黏性增加，味道也會完全融爲一體。

烹調要訣

秋葵的魅力無限。無論是牽絲的黏稠感、整支咬下的爽脆口感、籽的顆粒口感，還是那苗條的身形都很吸引人。如果能明確選定其中一項特點作爲主題，那烹調出的料理也會很有個性。另外，比起以油烹調，秋葵更適合水煮，做成滷菜或涼拌菜。至於調味方面，無論是調成和風、洋風、中華風，還是以辛香料見長的異國風都相當美味。

炒

加入水，與油融爲一體增添濃郁風味

秋葵水煮後，若直接油炒，將無法與油融爲一體，風味也不夠濃郁。所以要在翻炒途中加入水，使油乳化，才能炒出濃郁風味。

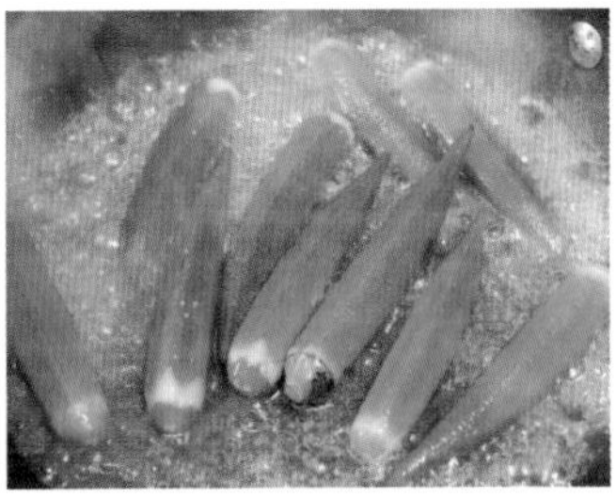

秋葵炒至油亮後，加入水或高湯，一口氣炒熟。

既黏呼呼又清新爽口，一吃就上癮
讓人打起精神來的夏天午餐

秋葵與青紫蘇的黏稠素麵

《時期：上市～尾聲》

材料［4人份］

秋葵……4根
薑……20g
沾醬
- 昆布高湯（p.21）……50cc
- 醬油……1小匙
- 酒精揮發的醋……½小匙
- 麻油……1小匙
- 鹽……2撮

青紫蘇……1片
素麵……200g

1 秋葵完成前置作業後，水煮、橫切圓片。青紫蘇泡水後，拭乾水氣，切成碎末。

2 將秋葵放入調理碗中，加入沾醬的材料、去皮研磨成泥的薑，充分攪拌至食材整體成黏稠狀。最後，加入青紫蘇碎末。這段時間，同時將素麵煮好。

3 素麵以器皿盛裝，淋上**2**的黏稠沾醬。

重點☞ 沾醬中的高湯分量，可依個人喜好做增減。若想調得黏稠一點，高湯就多加一點，充分拌勻。

口感清爽。
冷了也好吃

浸漬炒秋葵

《時期：上市》

材料［4～5人份］

秋葵……10根
薑……1段
蔬菜高湯（p.23）或水……½杯
醬油・味醂……各½大匙
麻油……1大匙
鹽……1撮

1 秋葵完成前置作業後，略微水煮，保持硬脆口感。薑切絲。

2 於平底鍋內倒入麻油加熱，放入秋葵以大火翻炒。加入鹽、蔬菜高湯，煮至水分收乾，並以醬油、味醂調味。待食材整體完全入味後，熄火。

3 盛盤，擺上薑絲做點綴。

重點☞ 因為秋葵已經事先水煮過，下鍋油炒時，請以大火快炒。若加熱過度，不僅會褪色，口感也會變差。

內田流 11 column

香味2強的潛力
大蒜×薑
——在相乘效應下，創造出絕妙美味

自太古以來使用至今的這兩種香味蔬菜，在我的料理中也絕不可或缺。因為我使用頻繁，甚至有時視情況還會大量使用，所以常有人甚感訝異：「薑和蒜你是這樣在用的喔？」然而，比起只是隨便加一加，薑蒜有好好使用，才能提引出食物的美味。這便是我個人的使用方法。薑蒜各有各的風味、香氣與個性，因此在與蔬菜的搭配上，二者也無法一概而論。不過，若將它們的力量相乘，無論遇到什麼樣的蔬菜料理，都有辦法相處融洽。尤其運用在夏季蔬菜上，更能發揮出無與倫比的威力。這或許是因為它們都與油的親和性佳，而且產季也都是在夏天的緣故吧。特別是薑蒜同量混搭時，所呈現的美味更是強而有力、醇郁倍增。該說這是一種包容力嗎？它們就像是通曉人情世故的組頭，能夠將各式各樣的蔬菜凝聚成一個世界。這份風味，我想是既有的調味料無論如何也呈現不出來的。

薑

×

大蒜

《使用多種蔬菜時》**1：1**
《想凸顯香氣時》**2：1**
《想增添風味時》**1：2**
若同量混搭，則呈現複合美味。

薑蒜炒夏季蔬菜

材料［4人份］

夏南瓜……¼條、青椒……1顆、玉米筍……2支、玉米……¼支（削取玉米粒）、秋葵……2根、甜椒（紅）……1顆、洋蔥……½顆、胡蘿蔔……3cm、圓茄……1顆（橫切圓片）、義大利芹菜（裝飾用）……適量、大蒜．薑（切末）……各2大匙、橄欖油……2大匙、水……1杯、鹽……¼小匙、胡椒……少許、焦燒醬油（p.21）……2大匙

1 蔬菜切成容易食用的大小。
2 於平底鍋內倒入油，放入薑蒜爆香後，按質地的軟硬度，依序加入除了茄子與義大利芹菜外的蔬菜拌炒。加水，待所有食材都炒熟後（烹調中，水分若不足，要再適量補充），以鹽和胡椒調味。

3 茄子放入另一個平底鍋油煎，並以加入1～2大匙水煮化的炒味噌調味。
4 將**2**與**3**的蔬菜合盛一盤，最後撒上義大利芹菜即可。

最討厭被粗魯對待了。
要像哄小孩般，溫柔以待。
如此一來，你瞧瞧，
毛豆笑了呢！

毛豆

[豆科]

◎原產地

中國

◎產季

7月～9月

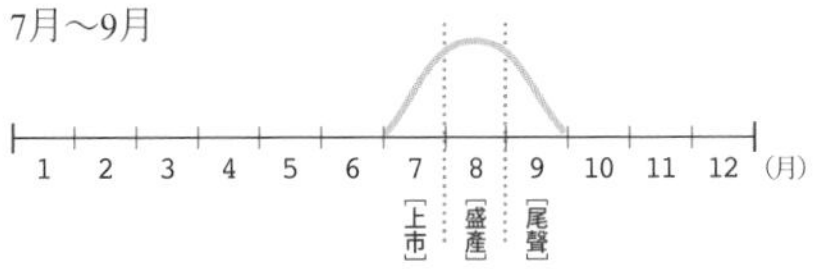

[**上市**] 水分多而嫩脆，風味清淡。

[**尾聲**] 水分減少，肉質變鬆軟，甜味增加。

◎日本主要產地

山形、埼玉、千葉、新潟、北海道

◎臺灣主要產季和產地

4月～6月、11月～12月

雲林、高雄、屏東

梅雨季過後，夏天越是酷熱，毛豆就越美味。

毛豆會因梅雨季過後的天候狀況，在味道上有不一樣的呈現。梅雨季才剛過，炙熱的太陽便高掛天空，而氣溫也隨即衝高，足以酷暑稱之。在這當下的毛豆，卻顯得精神百倍。結實飽滿、富有濃厚美味的上等品，於此時盛大上市。毛豆乍看之下似乎都長得一模一樣，品種卻意外的多。例如：山形的Dadacha豆和新潟的黑崎茶豆，都非常有名。不過，毛豆的味道因地而異，各有各的個性。如果可以吃遍各地的毛豆來做比較，也不失爲一種樂趣。

毛豆水煮食用最美味，是我個人的一貫主張。雖然也有人說水煮毛豆配啤酒吃最對味，但我會如此主張，是因爲這樣最能吃出豆子道地的風味。也就是這樣，抹鹽搓揉的工夫才需要以細膩的心思來做，甚至連完成水煮的時間點，也會使毛豆的風味大爲不同。另一方面，若將毛豆搗碎做成豆泥，則會展現出新的魅力。從那濃稠的青綠色泥中所溢出的青澀香氣，不禁讓人爲之陶醉。同時，也教人心裡也開始盤算起：那接下來該用它來做成濃湯？沾醬？還是豆泥味噌湯呢？

烹調技術

要細心水煮。毛豆的美味，全顯現於此。

基本烹調方式

1 首重鮮度。買回當日水煮完畢。

2 美味水煮要訣
- 搓鹽，去絨毛
- 別讓水滾沸，迅速冷卻

水煮

不放鹽，倒入豆子後，別讓水滾沸

以鹽水煮，豆子容易變硬，所以要等水煮完後再撒鹽。如毛豆這類帶莢一起煮的豆類，水煮的竅門就在於，別讓水滾沸。投入豆子後，水溫維持在下降後的狀態，煮個5～6分鐘。

《剪下莢果》

1 以剪刀從莢果的蒂頭處剪斷。

《搓鹽》

2 抹上大量的鹽，以雙手輕輕搓揉，去除絨毛。450g的毛豆，大約使用3大匙的鹽。

《靜置5～10分鐘》

3 鋪在方盤裡，靜置5～10分鐘。使澀味跟著水分滲出，同時也能去除髒汙。

《倒入沸水中》

4 以清水沖洗掉澀味後，將豆子全倒入沸水裡。

《別讓水滾沸，煮5～6分鐘》

5 豆子倒入後，轉小火，水溫維持在下降後的狀態，別讓水再滾沸。慢火細煮，使澱粉質糖化，釋出甜味。

《當莢果開了口…》

6 約煮5分鐘後，莢果就會開口。這便是水煮完成的訊號。如果希望豆子的口感鬆軟一點，那就再續煮1～2分鐘。

◎如何挑選◎

1 莢果仍掛在枝條上的，比較新鮮。挑選莢果密集叢生的。

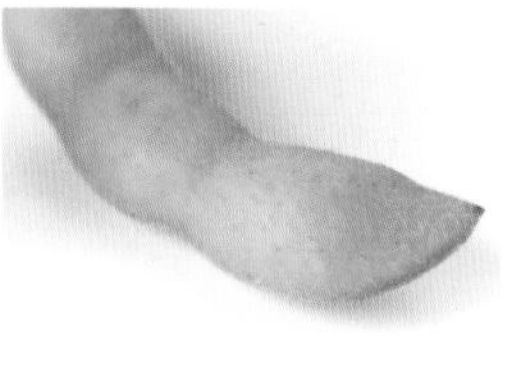

2 莢果呈淡綠色，表面絨毛密布。

3 豆子的輪廓分明，大小均一。

《撒鹽》

7 將毛豆置於竹篩上，一面撒上大量的鹽，一面輕輕的翻攪。不要泡水。

《迅速冷卻》

8 別讓餘溫繼續加熱，以團扇搧風冷卻。靜置1～2小時，促進糖化，使甜味增加。

烹調要訣

從「豆泥」變化出各式各樣的料理

毛豆是風味的凝塊。若再加以濃縮，便能成爲很棒的豆泥。作法很簡單，只要將已水煮、剝去薄皮的毛豆再水煮一次，然後以果汁機打成泥。完成的豆泥，經加工後，可做成湯品、洋菜凍、豆泥味噌湯或慕斯等料理。

《豆泥的作法》

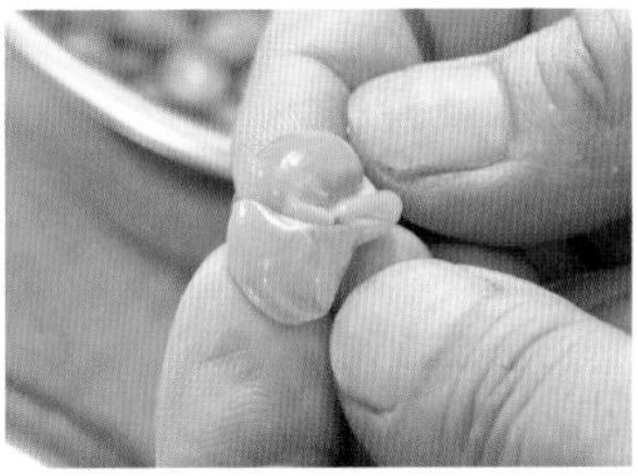

1 毛豆水煮過後剝除薄皮。只要以手指輕輕捏壓，豆子就會「啵」地跑出來。

2 豆子放入鍋內，加入剛好蓋過豆子的水，煮至豆子變軟。

3 連同煮豆水，一起以食物攪拌機打成泥。

4 打成綿密滑順的泥糊狀，便完成。可作爲乾煎蔬菜或法式香煎魚的佐料。

保存

毛豆首重鮮度。一放久，豆子就會變乾癟。買回當日吃完是基本原則。若眞要保存，則水煮後冷凍保存。

水煮過後，連同莢果一起冷凍保存。要使用時，再取出，自然解凍。

炒

不剝薄皮，迅速加熱

烹調水煮過的豆子，不可加熱過度。帶薄皮下鍋炒，豆子比較不會碎掉，同時也能保有漂亮的色澤。

豆子最後加，略微拌炒即可。要注意，可別炒過頭了。

適合組合搭配的蔬菜

含有澱粉質的同科豆類、薯芋類

玉米

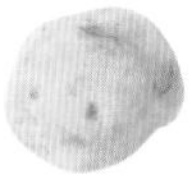

馬鈴薯

夏南瓜

酪梨

炒毛豆與羊栖菜

療癒看似有點熱疲勞的身子，營養滿點的家常菜

《時期：上市～尾聲》

材料［4人份］

毛豆（已水煮去莢）……100g
長羊栖菜（乾燥）……6g
胡蘿蔔（切絲）……5cm分量
昆布與乾香菇高湯（p.21）
……各2大匙
麻油……1大匙
醬油．味醂……各1½大匙
鹽……1撮

1 於平底鍋內倒入油，開大火炒胡蘿蔔。炒至油亮後，加入已泡軟的羊栖菜拌炒。

2 於**1**的食材中加入高湯，以醬油、味醂和鹽調味，慢慢滷煮。

3 待羊栖菜充分入味並溢出香氣後，加入毛豆再續煮約1分鐘，直至湯汁收乾，便可熄火。

重點☞ 毛豆不需要剝薄皮。待羊栖菜煮至充分入味後再下鍋，便能保持顏色鮮豔。

毛豆洋菜凍

口感柔和滑溜。濃郁的毛豆風味整個在嘴裡化開

《時期：尾聲》

材料［4人份］

毛豆（已水煮去莢）……120g
砂糖……1⅓大匙
鹽……1撮
洋菜糊
　葛粉……1小匙
　洋菜（粉狀）……¼小匙
　水……100cc
糖漿
　砂糖……¼杯
　水……¼杯
醋橘（橫切圓片）……適量

1 毛豆剝除薄皮，煮軟後以食物攪拌機打成泥（p.181）。

2 於鍋內放入砂糖和洋菜糊的材料，以小火煮化。

3 於**2**的材料中加入**1**的豆泥和鹽，再次以食物攪拌機混拌均勻。

4 倒入容器內，放冰箱冷卻，使其凝固（約1小時）。這段時間，將糖漿的材料倒入小鍋內拌勻，並加入醋橘稍微煮過、冷卻。

5 從冰箱內取出洋菜凍，淋上糖漿，再擺上醋橘做裝飾即可。

重點☞ 洋菜糊裡加入葛粉，便可做出滑嫩的口感。

內田流 12 column

美味的交流
接收來自蔬菜的訊號

煮至軟爛：食材煮至變軟後，就會加快，所以後面的動作要快。

變化最常表現在香氣上。「嗅聞」這個行為本身，就是個能有效測量變化的計時器。

顏色變化：綠色蔬菜煮到顏色變鮮豔後，便可熄火。

狀態：毛豆煮熟後，莢果就會開口。

硬度：莖稈較粗的蔬菜，以手指按捏，確認軟硬度。如變得有彈性，那就是快煮熟了。

聲音：剛下鍋時，因為水分蒸發之故，所以會「啪滋啪滋」作響。等到開始油炸後，就會靜靜地發出「咻哇咻哇」的聲響。

透明感：如薑蒜等白色蔬菜，充分受熱後便會呈現透明感。

水分：待水分減少後，試嚐一下蔬菜的軟硬度與味道。

我經常被問到的問題，不外乎是：要煮幾分鐘才可以呢？鹽要加多少才好呢？老實說，我每次都不知該如何回答。因為說是建議用量，那也不是正確的用量。再說，每種蔬菜的個性都完全不一樣，根本沒有所謂的絕對數值。所以，我真的很想這樣告訴對方：請去問蔬菜吧！

蔬菜當然不會說話，但不時卻都在發送訊號。如同產季到來的蔬菜會呈現出當季應有的模樣般，即便在烹調過程中，它們也仍不間斷地在發送訊號。好比說，葉菜類的煮熟訊號。將葉菜類投入沸水滾煮片刻後，葉片的顏色就會像脫了衣服般，「唰」地變成純綠色。這是因為葉片受熱後，表皮的角質層（※）被溶解掉的緣故。這時候，就是從鍋子裡撈起的時間點。另外，透過香氣，我們也能明白一些事。例如：炒菜時，當蔬菜一炒熟，香氣一定會有所改變。因為纖維變鬆軟了，香氣的成分自然開始動了起來。而這時候，就是調味的時間點。如此這般，只要養成以五感去感受蔬菜變化的習慣，那就沒什麼好怕的了。希望大家都能確實接收到蔬菜發送給你的訊號。因為這是成為蔬菜通的最短捷徑。

※角質層：綠色蔬菜的表皮上，都覆有一層可保護表皮避免受到外界侵襲，如紫外線或乾燥等，名為「角質層」的皮膜。葉片看起來之所以會帶有一點白色，正是因為有這層皮膜的關係。葉片一經水煮，只要水溫超過65℃，角質層就會被溶解掉，而變成鮮綠色。如果葉片的顏色在加熱前是純綠色，也有可能是因為其角質層的形成不夠完全。

咻哇咻哇的聲響，
正是美味茄子所發出的聲音。

茄子

［茄科］

南方的茄子身形長，北方的茄子身形圓小，按各地氣候風土的不同，茄子的品種也五花八門。

日本人對茄子的喜愛，絕非模稜兩可。以出產量最多的千兩茄子爲首，無論是長茄子、小茄子，還是圓茄子，種類可謂各色各樣。在各地域與時代中反覆不斷地分化下，就品種而言，至今已有近二百種。所以說，自從茄子引進日本以來，在這一千二百年間，茄子一族的繁華盛況是遠遠勝過其他的蔬菜。耐人尋味的是，南方的茄子總是長得又長又細，而北方的茄子總是長得又圓又小。好比說，福岡的久留米長茄子，長度甚至可達四十公分。反之，山形的出羽小茄子，卻長得圓滾而小巧；利用它嬌小的身軀所做成的芥末漬，十分有名。雖說這兩種形體，都是爲了配合與適應土地的風土所發展成的結果；但令人吃驚的是，它們的基本特性卻一點都沒有變。無論是耐熱畏寒，還是適合以油烹調。這些特性，都完全一樣。因此，不管是哪種茄子，都不適合冷藏保存；再者，茄子下鍋油炸或炸成天婦羅，不分品種，都一樣美味。

至於在烹調上，我希望大家能先記住一件事—那就是茄子的切法。剛上市的茄子，因水分多且軟嫩，所以採縱切；而產季尾聲的茄子，因水分減少、外皮變硬，所以採橫切圓片。這便是所有茄子都通用的美味法則。只要你實際做過，就會明白。

◎原產地

印度（推斷）

◎產季

7月～9月

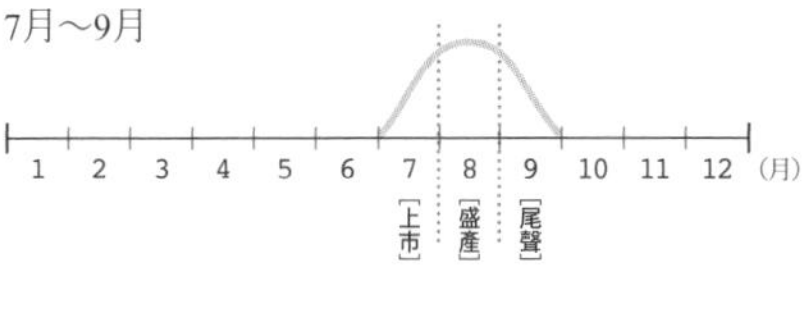

[上市] 外皮薄，軟嫩多汁。味道清淡。

[尾聲] 水分減少，外皮變硬。茄子獨有的風味倍增。

◎日本主要產地

愛知、高知、熊本、福岡、奈良、新潟

◎臺灣主要產季和產地

5月～11月

高雄、屏東、彰化、南投

烹調技術

上市期採縱切，產季尾聲採橫切圓片。若想凸顯出茄子隨著時期變化的美味，就得以各色各樣的烹調法來應對。

基本烹調方式

1 剛上市的，順著纖維縱切，並以油烹調。

2 進入產季尾聲後，改採橫切圓片，切斷纖維。適合以油烹調或滷煮。

切法

有多種切法。選擇最適當的切法，展現茄子在不同時期的最佳魅力

按時期的不同，調整切法。另外，茄子整顆使用，或是以不同切法分切，如對切、縱切、橫切圓片等，味道也會有所改變。烹調時，大家要注意到這一點。

《蒂頭與花萼的處理》

花萼蘊藏著茄子的美味

花萼同樣富有美味。留下花萼，外觀看起來也漂亮。茄子整顆使用或對切時，可以留下花萼好好運用。

《進入產季尾聲後，整顆使用》

剝皮

產季尾聲的茄子，外皮較硬。整顆使用時，要將外皮剝除，

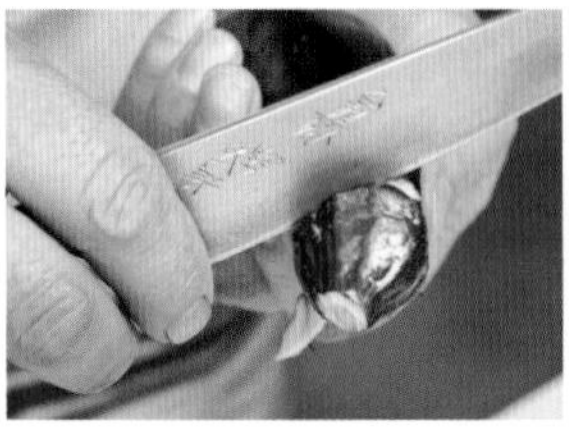

1 於蒂頭與花萼的交界處，以菜刀劃出一圈切口。

2 從切口處剝除花萼的前端。

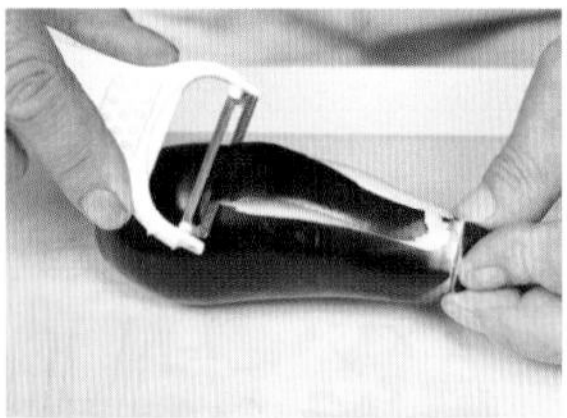

3 以削皮器從蒂頭處一口氣削下外皮。竅門在於，外皮要厚削下來。

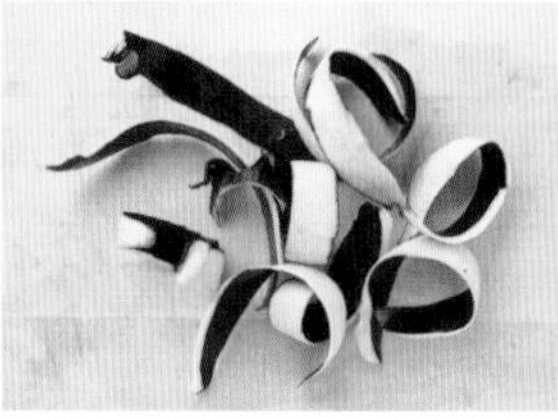

4 削下來的外皮不要丟棄，留著使用。

5 茄子整顆削完皮後的樣子。以能夠補充水分的蒸或滷等方式烹調。

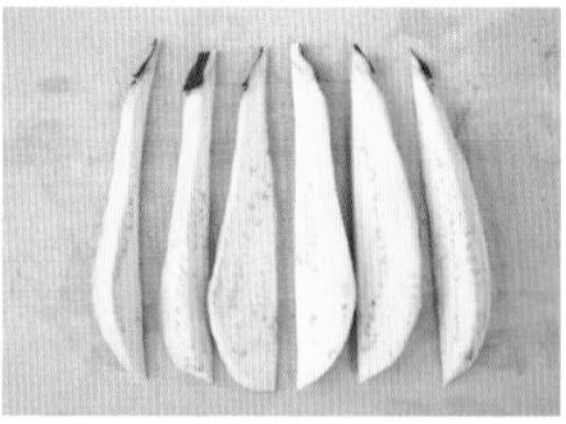

6 若再縱切成數等分，便可做成滑嫩蛋液、湯品或勾芡料理等。

保存

喜歡高溫多濕的茄子，最討厭低溫乾燥。若放冰箱冷藏，會產生低溫障礙，導致籽變黑或容易碰傷。因此，只要以報紙包裹，避免接觸到空氣，常溫保存即可。請於二～三日內食用完畢。

◎如何挑選◎

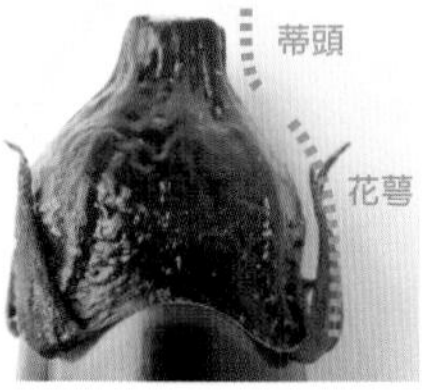

1 蒂頭下的肩頭隆起，花萼帶有三角狀尖刺。

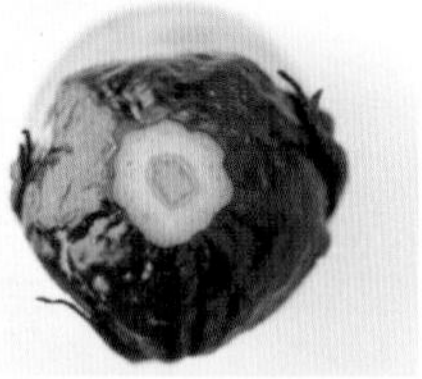

2 果柄置中，花萼包覆完全。
※花萼具有保護果實避免過度日曬或乾燥的作用。如果偏掉，果實質地就容易變不均勻。

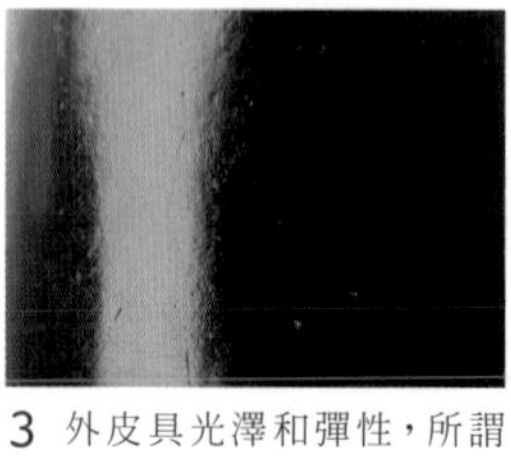

3 外皮具光澤和彈性，所謂茄子色就是深紫色。

《剛上市時，對半縱切使用》

不剝皮

剛上市時，建議留下花萼，對半縱切使用。適合淺油油炸、炸天婦羅或烘烤等。

1 切除蒂頭。

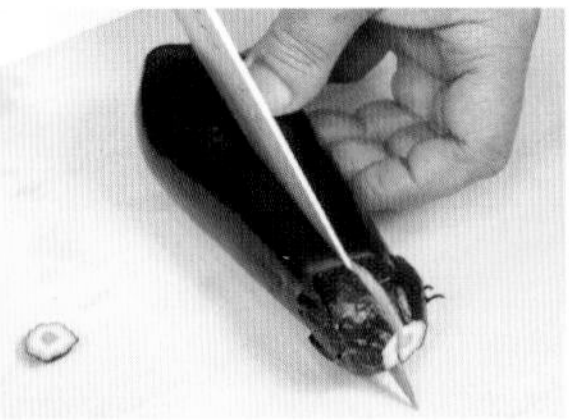

2 不剝皮，連同花萼一起對切成兩半。

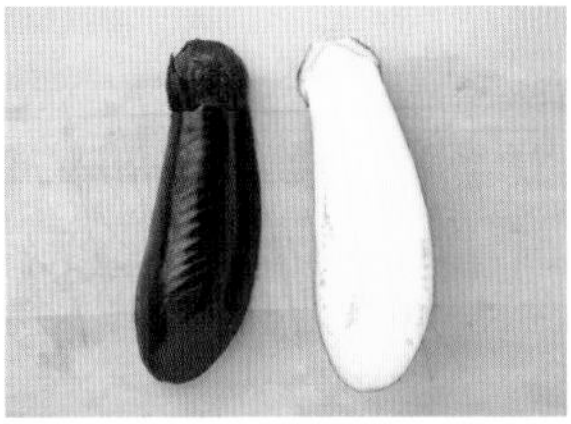

3 爲了使受熱均勻，在外皮與果肉上淺劃數刀。

《上市期的切法》

採縱切，以免產生澀味

上市期的茄子，導管（p. 14）較細又多。採縱切，不要切斷纖維，以免產生澀味。

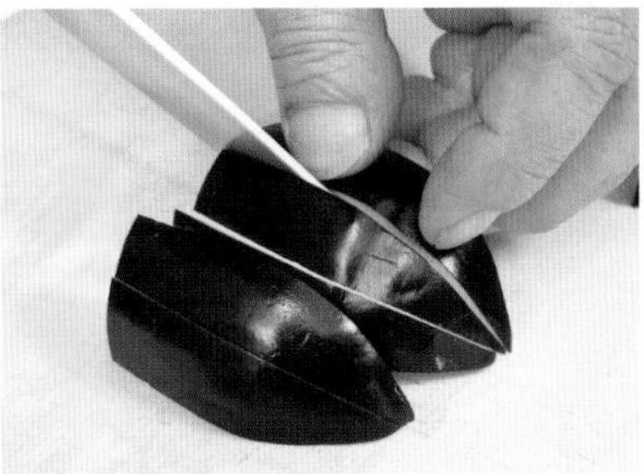

切成梳狀片。順著纖維縱向拉切。這種切法可以在烹調中，均衡獲得茄子果肉與外皮的美味，並縮短加熱時間。適合用來做炒食。

《整個產季都通用》

增加斷面，加快受熱

切成滾刀塊，不分時期，都能完美呈現出茄子的美味。因爲富彈性，又增加了斷面，所以能夠確實入味，縮短加熱時間。

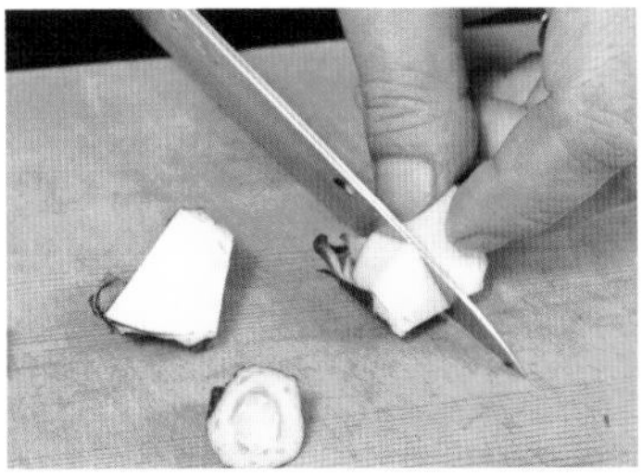

花萼不僅富有美味，吃起來的口感也很好。因爲比較硬，所以切成滾刀塊使用。

滾刀切。縱切成4～8等分。先從頂端斜切一刀後，將切口的凸起處朝上，再斜切一刀。可做成受熱快的炒食或紅燒。

《產季尾聲的切法》

擴大果肉面積，易於入口

茄子進入產季尾聲後，雖然水分減少、外皮變老硬，卻少有澀味產生。以間隔式削皮法削皮，橫切圓片，切斷纖維。

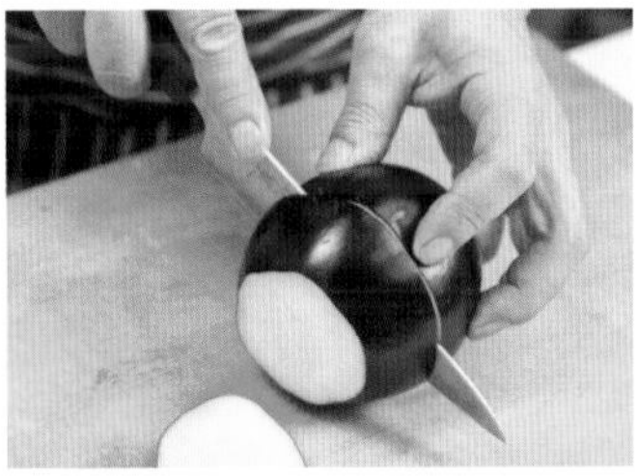

圓茄體型大，即使在上市期，外皮也一樣厚。可橫切圓片，增加果肉面積，做成茄子排。

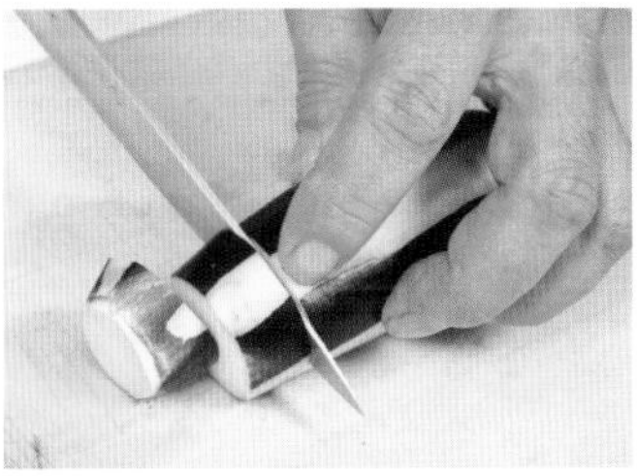

以間隔式削皮法縱削外皮後，橫切圓片。因爲果肉的部分較多，容易入口。適合炒食、滷煮或醃漬。

醃漬

凸顯當季茄子 水潤滋味的醃漬菜

適合用來醃製的，是水分多、外皮和果肉都軟嫩的水茄、小茄子，以及長茄。若想凸顯出茄子的風味與口感，可撒鹽軟化纖維。

《淺漬水茄》

只要醃漬半天就好的淺漬茄子。味道清爽、口感也很棒。

材料

水茄……500g、蘘荷……1包、醃漬液［昆布高湯（p.21）……150cc、鹽・醬油……各1小匙、味醂……1大匙／混合醃漬液的材料，煮開、冷卻］、鹽……適量

1 去蒂。從尾端下刀，直切至花萼處，深劃出十字切口。

2 從切口處撒入大量的鹽。

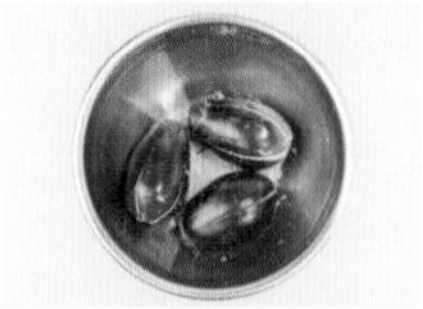

3 撒好鹽後，就這樣靜置約10分鐘，使纖維軟化。

4 從頂端處劃刀，以手撕開。由於纖維被撕裂，會更容易入味。

5 與蘘荷一起浸泡在醃漬液中，醃漬半天即可。

事前處理——去澀

水煮前泡水，油炒前撒鹽

若以油烹調，如炒食、油炸等，因爲油可以抑制澀味，事前只要撒鹽去除雜味就好。至於滷煮與醃漬，則得先泡水，防止變色。

果肉的斷面越多，越容易產生澀味。如果要做成滷菜或日式湯品，茄子切好後，隨即以水浸泡10分鐘。

以油烹調時，必須先在切面上撒適量的鹽，靜置片刻。待茄子出水後，再以紙巾拭乾水氣。

外皮也富有甜味。厚削使用，口感絕佳。
迅速快炒，做成炒金平風料理

茄子外皮不要丟，用來做炒金平

材料

水茄外皮與花萼……3條分量、薑絲……適量、A（水……3大匙、醬油……2大匙、味醂……1大匙）、沙拉油……1大匙

茄子外皮與花萼泡水後，依個人喜好切成適當大小。於平底鍋內倒入油，放入薑絲爆香後，加入茄子外皮與花萼炒熟。以A的調味料調味，起鍋前，炒至水分收乾。

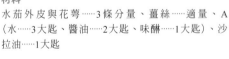

加熱

剛上市的，以油烹調；產季尾聲的，燒烤或滷煮

水分多的上市期，適合以油烹調，可以油炸或炒食。到了產季尾聲，由於水分減少、果肉變緊緻，則適合以燒烤或可以補充水分的滷煮方式烹調。

《加熱前的處理》

劃入切口，受熱更均勻

《於外皮上劃刀》

茄子對切後，以刀刃在外皮上，每間隔5mm斜劃一刀。

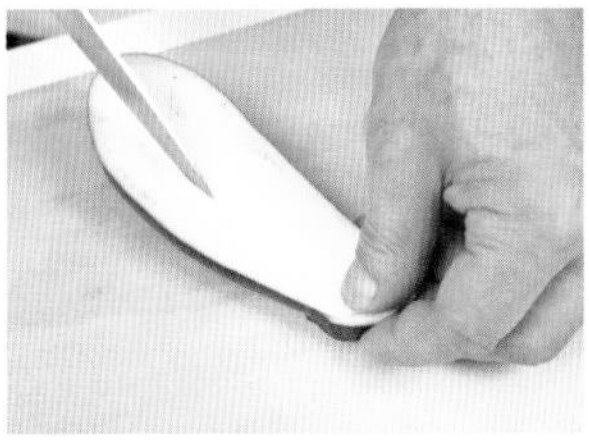

果肉的部分，以刀尖縱劃2～3道切口。

若是橫切圓片，則以刀尖從圓片切面的邊端一刀劃到底，深劃出十字切口。

《上市期的加熱法》

以高油溫一口氣炸乾水氣

以高溫、大量的油炸乾水氣，封鎖美味，炸出香氣。油溫若過低，由於逼油的效果差，就會炸得油膩膩的。

《油炸》

倒入大量的油熱至170℃，從外皮開始炸起（約1分鐘），就不易褪色。

炸至切口翻開後，再翻面續炸（約1分鐘）。油溫維持在起泡的程度。

淺油油炸茄子。剛炸好的燙口茄子佐薑泥，並滴上一滴醬油。油炸前，先於切口撒鹽，待出水後再以紙巾拭乾水氣。

《產季尾聲的加熱法》

凸顯果肉彈性的烤茄子與滷茄子

產季尾聲的茄子，因爲纖維變粗變緊緻，果肉富彈性，而風味也較濃厚。適合以烘烤，或是可以補充水分並充分加熱的滷煮方式烹調，凸顯其特色。

《烤茄子》

茄子料理的招牌菜。搭配佐料（蘘荷、薑、青紫蘇）享用茄子原有的風味。

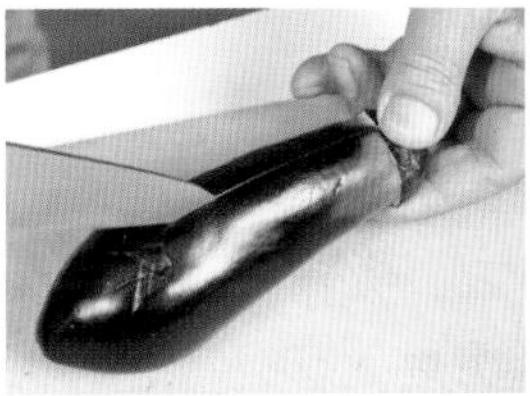

1 去蒂，在外皮上，以等間距劃出4道切口，縮短加熱時間。

2 烤箱設定1000W，烘烤約10分鐘。烤至外皮焦黃、開始龜裂即可。

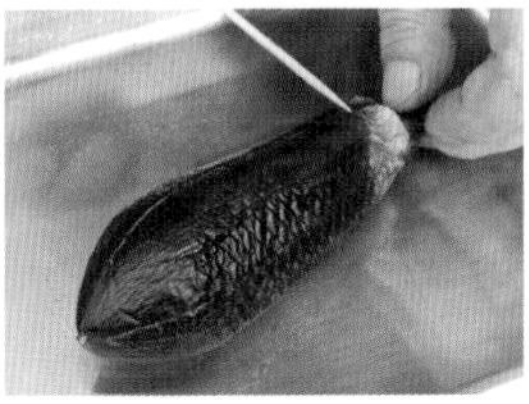

3 烤好後，以竹籤從蒂頭處插入，掀開外皮。

4 以手一口氣撕除外皮。如果無法順利撕除，就表示茄子烤得不夠熟。

《乾煎》

先煎後蒸，水嫩多汁的茄子料理

以乾煎的方式烹調，無論選用哪個時期的茄子都好吃。尤其是圓茄。單只是厚切圓片乾煎，果肉就非常柔嫩多汁。要煎到內熟外不焦，竅門就在於，必須以小火慢慢加熱，並於途中再蓋上鍋蓋燜蒸。

風味香醇、入口即化的茄子排。厚煎最美味。

乾煎圓茄排佐味噌醬

搭配薑泥享用，更加美味。

1 圓茄不剝皮，厚切圓片，撒鹽、拭乾水氣後，沾裹上滿滿的麵粉。麵粉若裹得不夠多，就會吸收過多的油。茄子切面也別忘了要劃上十字切口。

2 倒入略多的油，以小火分別煎熟茄子兩面。如果開大火，麵粉會很容易煎焦。

3 當一面煎至上色後便翻面。接著，火稍微轉大，蓋上鍋蓋燜蒸。

4 再次翻面。最後轉小火略煎一下便可起鍋。

《味增醬汁》

材料

味噌……80g、大蒜末與薑末……各½大匙、青蔥（5cm）末與青辣椒（3支）末……各½大匙、A [酒……1大匙、粗糖……2大匙、味醂……3大匙]、麻油……1大匙

於平底鍋內倒入麻油，放入薑蒜、青辣椒爆香後，加入青蔥翻炒。接著，加入味噌炒至焦香。最後，倒入A的調味料熬煮至水分收乾即可。

內田流 綻放茄子的魅力

我喜歡大塊的醃漬菜。其中排名第一的，就是「茄子」。尤其是小茄子，嬌小的身形可以直接利用，而且皮薄肉嫩，最適合用來做先略微油炸後再醃漬的醃漬菜。醋的部分，就選用義大利香醋等風味深邃的醋。醃好的茄子，希望大家可以試著冰涼後享用。

《醃漬小茄子》

材料

小茄子……6條
沙拉油……適量
醃漬液
- 洋蔥片……¼顆分量
- 紅酒醋……½杯
- 義大利香醋……3大匙
- 醬油……1小匙
- 蔬菜高湯（p.23）……1大匙

1 小茄子去蒂，對半縱切，並於外皮上斜劃出數道切口。
2 將醃漬液的調味料倒入鍋內煮開，冷卻。
3 於平底鍋內倒入略多的沙拉油加熱，然後從茄子的外皮開始炸起。
4 將炸好的茄子鋪在方盤內，趁熱淋上醃漬液浸泡。約醃漬1小時後便可享用。

煮湯

《茄子玉米濃湯》

與玉米混搭，增加甜味

只要利用茄子一經燉煮，纖維便會鬆軟而變成像奶油般柔滑的特性，再加上玉米的甜味就好。重點在於，茄子得剝皮、泡水去澀，而蔬菜則必須炒到有香味出來爲止。另外，若將湯汁熬煮至水分收乾，也可以做成義大利麵的醬汁。

光用眼睛看，根本看不出這是茄子濃湯。但只要喝上一口，茄子特有的風味，便會在嘴裡擴散。

材料［2～3人份］

茄子……3條
玉米（生）……½支（約70g）
胡蘿蔔……30g
芹菜（莖）……15g
洋蔥……60g
大蒜（對切）……1瓣分量
蔬菜高湯（p.23）……400cc
水……150cc
橄欖油……2大匙
酒精揮發的醋……1滴
鹽……少許

1 茄子剝皮、泡水後，切成適當大小。胡蘿蔔、芹菜和洋蔥切成滾刀塊，玉米則削下玉米粒。

2 於平底鍋內倒入橄欖油，放入大蒜爆香後，加入洋蔥、胡蘿蔔和芹菜拌炒均勻。接著，加入茄子和玉米粒續炒後，再加水煮至提引出蔬菜的風味。最後，加入蔬菜高湯，燉煮到蔬菜完全熟爛。

3 將**2**的蔬菜以食物攪拌機或果汁機打製泥，並以鹽和醋調味即可。

1 茄子的外皮完全剝除，泡水後下鍋拌炒。接著加水，提引蔬菜的風味。

2 蔬菜煮軟後，加入蔬菜高湯，繼續熬煮到整個熟爛。

烹調要訣

因爲茄子味道清淡，可以好好享受各種調味的樂趣。在我家，一定會做的就是味噌炒茄子。油、味噌與茄子，這三樣果眞是黃金組合啊！比起只用鹽炒，搭配醬油等發酵調味料，更能提引出茄子醇厚的風味。另外，由於茄子原產於印度，因此，與咖哩等辛香料也非常對味。

適合組合搭配的蔬菜

具深度風味的蔬菜，以及茄科的蔬菜

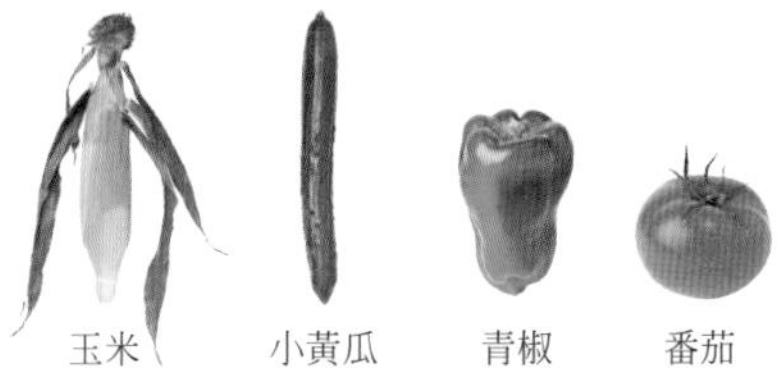

玉米　小黃瓜　青椒　番茄

油炸出分量感的夏季蔬菜拼盤

醬淋茄子與粉炸豆腐

《時期：尾聲》

材料［4人份］

茄子……2條

絹豆腐……1塊

夏南瓜……⅙條

小甜瓜*（冬瓜亦可）……4顆

芡汁

- 昆布高湯（p.21）與蔬菜高湯（p.23）……各50cc
- 醬油・味醂……各2大匙
- 鹽……1撮
- 太白粉……1小匙

炸油……適量

1 茄子去蒂，以間隔式削法縱削外皮後，橫切成寬約2cm的圓片。夏南瓜也同樣橫切圓片。豆腐置於濾網中，瀝乾水分。小甜瓜剝除外皮。

2 炸油熱至170℃，放入夏南瓜和茄子油炸。接著，豆腐切成8等分，拍上太白粉後也下鍋油炸。

3 除了太白粉外，將芡汁的其餘材料倒入鍋內煮開後，放入小甜瓜蒸煮。小甜瓜一煮軟，便取出。接著，太白粉以多於其分量的水調勻，倒入鍋內勾芡。

4 將2的炸物與小甜瓜盛盤，最後淋上芡汁即可。

重點☞ 豆腐要拍上足夠的太白粉。

*譯注：哈密瓜在栽培過程中，爲了維持果實品質，授粉結果後，每一株瓜莖只能保留1～2顆果實，其餘幼果都得摘除。「小甜瓜」便是指這些被摘除的幼果。

適合下飯、下酒的異國風小菜

辣炒茄子

《時期：上市～尾聲》

材料［4人份］

茄子……2條

大蒜……1瓣

香菜……適量

橄欖油……2大匙

印度綜合辛香料……1小匙

鹽……1撮

醬油……1～2滴

1 茄子切成滾刀切，大蒜切薄片。香菜以手摘取葉片。

2 於平底鍋內倒入油，放入大蒜爆香後，加入茄子，以大火拌炒，一口氣蒸發掉水分。

3 待炒至油亮，便撒上鹽和印度綜合辛香料，加入2大匙水，使食材如同在鍋內翻滾般翻炒。熄火後，滴上醬油。

4 以器皿盛裝，再擺上香菜即可。

重點☞ 最後滴上醬油，可以使味道變得更緊緻。

蔬菜的世界 column

茄子一族

引進日本，已一千二百年。在日本落地生根、生存至今，茄子一族的繁華風貌

1

2

3

4

1 小茄子

尺寸迷你，深濃的紫色帶有光澤。皮軟籽少，由於其形體可直接利用，因此最適合用來醃漬或滷煮。代表品種有東北的民田茄子與山形的出羽茄子等。

2 水茄

大阪泉州的特產。屬於多汁性質，水分甚至多到會滴落下來。皮薄，風味清爽且少有澀味，用來做淺漬菜，堪稱人間美味。只要撒上一點鹽略微搓揉，味道就十分豐富。

3 千兩茄

擁有8成市占率，是最大衆化的品種。無論大小、形狀、顏色和風味等，都十分均衡。在烹調上的運用範圍廣闊，例如：可炸天婦羅，或用來滷煮、炒食等，而這也正是千兩茄的魅力所在。

4 美國茄

改良美國品種的大型茄子。蒂頭為綠色，尾端圓胖，肉質緊緻。由於外皮較硬，並不適合做成醃漬菜。若橫切圓片，則可用來滷煮或烘烤。

5 圓茄

體型大而圓滾，果肉緊密。適合以油烹調。橫切圓片後，無論是乾煎、燒烤佐味噌，還是油炸，都很美味。代表品種有奈良的丸茄、京都的賀茂茄，以及魚沼的巾著茄等。

6 青茄

紫色色素沒有形成的品種。形狀多樣化，如圓形、細長形或小巧等。無論哪種形狀，外皮都是漂亮的淡綠色。經烘烤後，果肉變得入口即化。適合以烘烤、滷煮或乾煎等方式烹調。

7 紅茄

熊本特產。誠如其名，外皮的紅色為一大特徵。身長約25～30cm，屬於大型茄子。外皮、果肉均軟嫩，水分多，清爽的甜味令人印象深刻。可做成烤茄子、醃漬菜，或是夏天的咖哩。

8 大長茄

九州常見的南方系茄子。身形修長，甚至可長到30～40cm。外皮雖硬，果肉卻十分軟嫩，在料理上的運用範圍廣闊，可烘烤、滷煮或炒食。代表品種有福岡的久留米長茄、長崎長茄等。

5

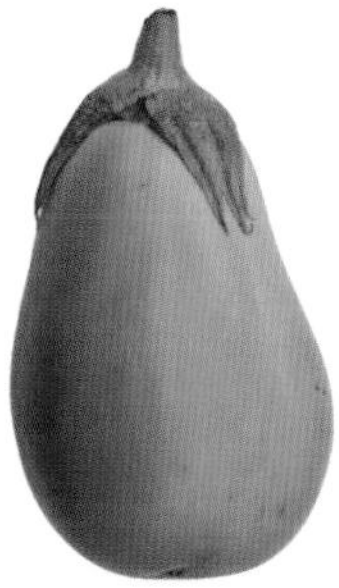

6

7

8

茄子，在日本以前寫作「奈須比」。「奈」是奈良的奈。這似乎是源自於茄子是在奈良時代被引進奈良之都的緣故。事實上，著名的京都賀茂茄若追本溯源，原本是奈良的圓茄。後來，隨同遷都一起遷移到京都，在那裡落地生根的第二代圓茄，便是賀茂茄。話說茄子現今的品種數量，單在日本國內，就已經增加到近200種。因此，若要說茄子是日本的國民蔬菜，應該不為過吧？品種有這麼多，風味自是千變萬化。有如乒乓球般的小型茄，也不乏有身長超過四十公分的超長型茄；有皮薄果肉軟嫩的茄子，自然也會有果肉緊緻、富彈性的茄子。當然，每種茄子的烹調方式也大不相同，有適合醃漬的，適合烘烤的，也有油炒烹調最讚的。

茄子產季很長，從七月橫跨到九月。希望大家可以趁這段期間，多挑選不同的品種。像是，今天吃千兩茄，明天吃圓茄等，盡情享受茄子多采多姿的風味。

冬瓜規則，其一，
要確實做好整形。
這樣，才會有入口即化的好味道。

冬瓜 白瓜

［葫蘆科］

◎原產地

印度～東南亞

◎產季

7月～9月

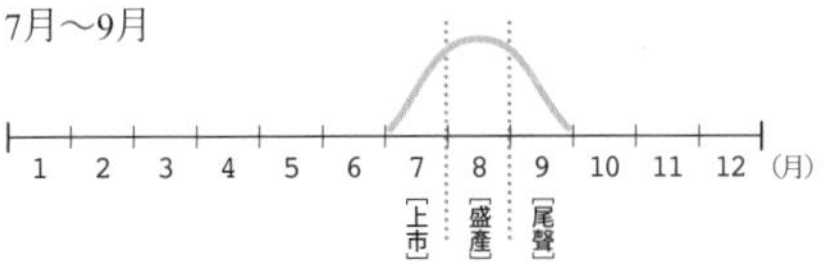

[上市] 水分多，質地軟嫩，籽小。

[尾聲] 水分減少，外皮增厚，果肉緊緻，籽變大。

◎日本主要產地

愛知、岡山、靜岡、神奈川

◎臺灣主要產季和產地

冬瓜：5月～9月

彰化、屏東、臺東

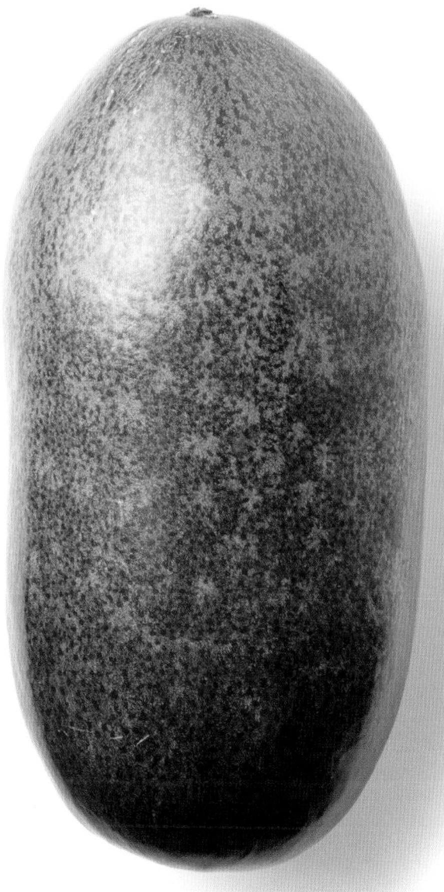

白瓜

冬瓜

果肉的水嫩多汁，就靠一層皮度過嚴冬的健壯冬瓜。

明明在盛夏結果，卻取名「冬瓜」，這是怎麼回事？答案很簡單。因爲冬瓜只要整顆放在陰暗處，就能一直保存到冬天。冬瓜的95％都是水分，厚厚的外皮便是爲了防止水分蒸發，所以才能以剛採收下來的狀態長期保存。不過，這如同堅固城牆般的外皮，一旦菜刀切下，就會露出多到滿溢的乳白色細緻果肉。質地細膩而鮮嫩多汁，燉煮後更是入口即化。由於味道清淡，因此很適合用來做和食的滷菜與清湯的主要湯料。

另一方面，於初夏上市的白瓜反倒皮薄。去籽、切片後，口感更上層樓，不僅適合生食，也適合做成奈良漬等醃漬菜。至於最難以應付的，則是苦瓜。對於身爲北方人的我而言，苦瓜是既陌生又棘手的蔬菜。不過，出自於身爲蔬菜店店長的好勝心，我還是努力做了許多嘗試，而最後完成的，就是雪酪（sherbet）。只要將苦瓜與水果一起打製成泥，然後凍結成塊即可。大家對這道甜點的反應都很不錯。

遽聞瓜類在世界上有超過六百多種。有西瓜、南瓜、絲瓜、苦瓜……冠名雖不同，但每一種瓜都很適合用來消暑。就讓我們借助瓜類的力量，來度過一個清涼的夏天吧！

烹調技術

冬瓜煮了，入口即化。
白瓜切了，清脆爽口。

基本烹調方式

1 瓜果風味清淡。
與具深度風味的蔬菜搭配烹調。

2 冬瓜越煮越軟。
要仔細整形後再使用。

3 白瓜橫切圓片，
凸顯其爽脆口感。

切法

《冬瓜的切法》

厚削外皮
直至導管內側。
果肉一定要做整形處理

厚削外皮。若有筋絲殘留，便會破壞口感。因此，外皮要削至導管內側（p.14）。由於果肉細緻，爲了避免煮到碎爛，一定要做好整形，切削成大小均一的塊狀。

1 從正中央對切成兩半。以鋒利的菜刀，並借助身體的重量來切斷。

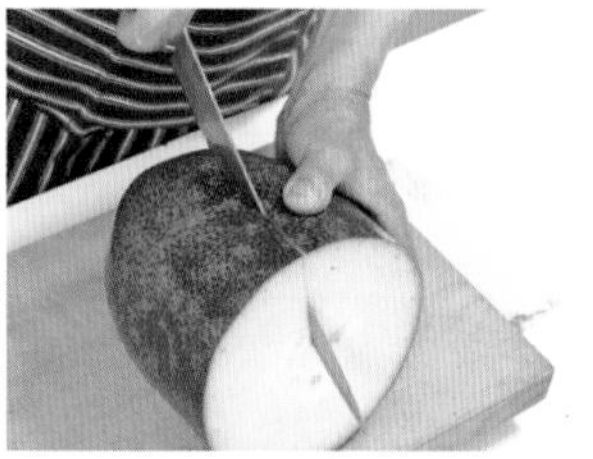

2 切成兩半後再對切，切成4等分。

3 切成厚度均一的半圓形。

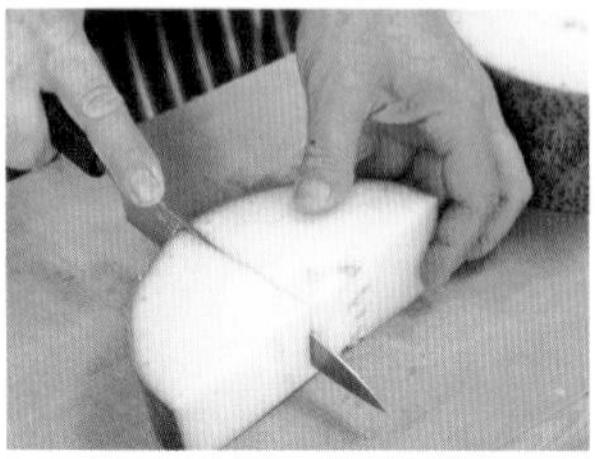

4 爲了方便整形，分切成可以放入手掌心的大小。

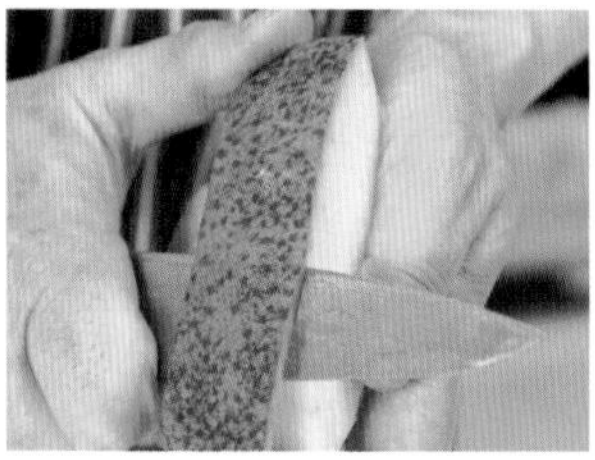

5 用手拿好，以菜刀厚削外皮。

6 切除果囊。

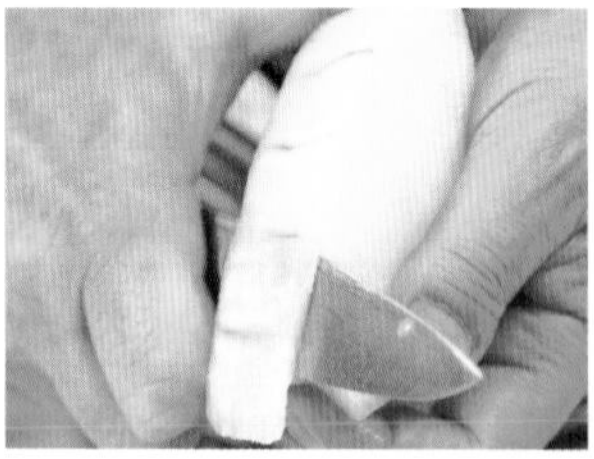

7 削去內側的筋絲（呈縱向分布的導管部分），以免破壞口感。

◎如何挑選◎

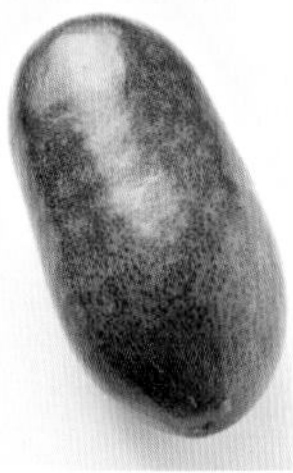

1 果實整體飽滿，抱起來感覺沉甸甸的。

2 蒂頭置中。

3 果肉白而水潤，籽小。

※白瓜的挑選要點也是如此。

8 按料理需求切成適當大小，做好整形處理。

9 每一塊的大小都一致，受熱也會比較平均。

《白瓜的切法》

結籽纍纍，刮除籽後，連皮橫切薄片

白瓜皮薄，生食也不覺得硬。不過，因爲籽多，對半縱切後，必須將籽刮除，再橫切薄片。如此一來，便能吃出白瓜極佳的口感。

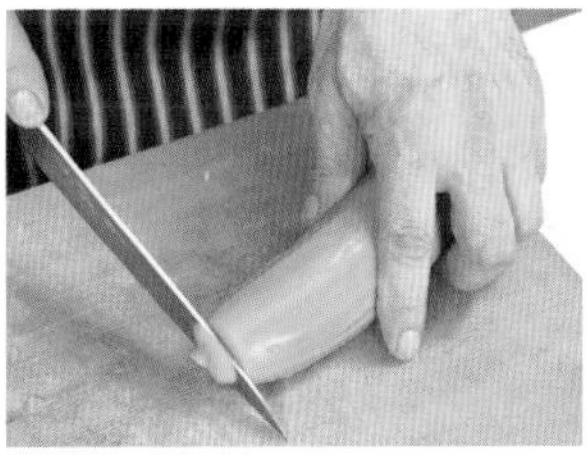

1 稍微切除一點蒂頭。

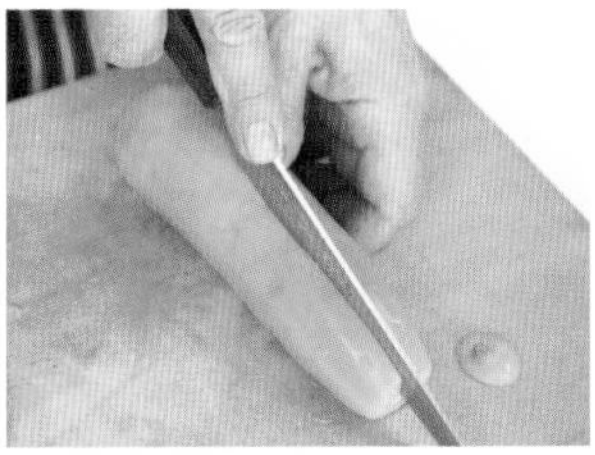

2 縱切成兩半。

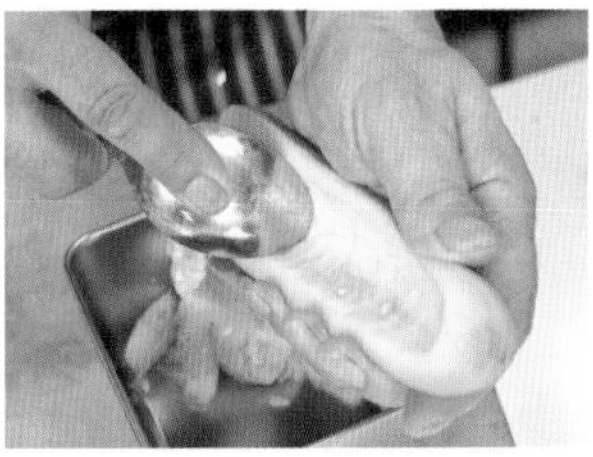

3 以湯匙前端刮除籽。

4 依個人喜好，從邊端橫切成厚度適當的片狀。

保存

瓜類九成以上都是水。如果是一整顆瓜，只要以報紙包裹，置於陰暗處，便能長期保存。至於已切開的瓜類，爲了避免水分流失及變色，請以保鮮膜包住切口斷面，放冰箱冷藏，並於一～二日內食用完畢。

保鮮膜只要有包住切口斷面即可。

事前處理

澀味雖少，但也不能略過去除雜味的步驟

冬瓜與白瓜的糖度較低，味道清淡，少有澀味。只要去除雜味，就很好調味，並呈現出清新精緻的風味。

《冬瓜的事前處理》

以沸水汆燙

滷煮前，先以沸水汆燙。雜味去除後，高湯與調味料也比較容易滲入。

將冬瓜投入沸水中。

水煮30秒後，撈起，置至濾網中。這樣便能去除雜味。

《白瓜的事前處理》

切好後泡水

有事先泡過水，不僅能去除青澀味，也能縮短加熱時間。

以大量清水浸泡約10分鐘。

加熱

水分多的瓜類，按加熱程度的不同，味道也會改變

冬瓜的纖維，比表面上看來的還要硬，因此較難入味；而白瓜則受熱快。大家要根據這兩種瓜類的特徵，選擇適當的加熱方式。

《滷冬瓜》

慢火細煮

果肉細緻、味道清淡的冬瓜要煮到入味，以「慢火細煮」爲基本原則。於厚鍋內倒入高湯煮開後，放入冬瓜慢慢煮30～40分鐘。只要煮至果肉呈透明感，就能吃出入口即化的圓潤口感。

滷煮途中會有澀味跑出，必須勤於撈除渣沫。

《炒白瓜》

迅速加熱

白瓜受熱快。爲了保留口感，重點在於不要加熱過度。

以大火拌炒。若想保留清脆口感，就縮短加熱時間；而若想炒至軟爛，則增長加熱時間。（成品p.199）

烹調要訣

像冬瓜與白瓜這般欠缺味道的瓜類，很適合與具有深度風味的食材搭配烹調，吸收對方的風味。例如：冬瓜與高湯的風味最對味。只要與菇類、雞肉等一起下鍋煮，便能適當入味且口感也佳。至於白瓜，剛上市時，適合做成沙拉生食或炒食。過了盛產期後，則適合做成淹漬菜。如淺漬、味噌漬等，即使在家裡也可以簡單醃漬，再加上保存期限又長，眞的很方便。

說到醃漬菜，冬瓜的外皮也能加以運用。只要以鹽搓揉，然後與昆布一起醃漬即可。約浸泡一天後，就是一道口感爽脆清新的醃漬菜了。

削下來的大量外皮不要丟掉，可以用來做醃漬菜或炒金平。

適合組合搭配的蔬菜

[冬瓜]

薑

[白瓜]

青椒

蘘荷

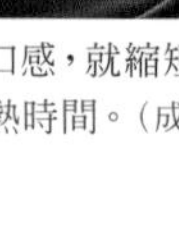

青紫蘇

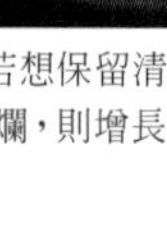

薑

◎其他適合組合搭配的食材

[冬瓜] 蝦、干貝、腐皮、薄片油豆腐

[白瓜] 米粉、乾燥蝦、木耳

簡單的料理

葛芡冬瓜與金針菇

金針菇的美味完全滲入
呈現出入口即化的圓潤風味

《時期：上市～盛產》

材料[4人份]

冬瓜……¼顆
紅色金針菇（金針菇亦可）……1包
昆布與乾香菇高湯（p.21）
……2½杯
手捲腐皮（乾燥腐皮亦可）……100g
細香蔥……適量
醬油……½大匙
鹽……適量
葛粉……1小匙

1 冬瓜切成¼大小，去籽與果囊。接著，再分切成約3cm的塊狀，削去外皮、整形後，略微汆燙，置於濾網中放涼。紅色金針菇去根，分成小株，澆淋熱水後，放入小鍋乾炒，使水分蒸發掉。

2 於鍋內倒入高湯煮開，放入冬瓜，以小火煮約40分鐘。燉煮途中，要勤於撈除渣沫。

3 待冬瓜煮熟變軟後，加入紅色金針菇，續煮4～5分鐘，並以醬油和1撮鹽調味。撈起紅色金針菇，加入腐皮，再續煮片刻。味道若仍不夠，熄火前可加1撮鹽調味。撈起冬瓜和腐皮。葛粉加入少量的水和匀後，以小火煮化，並加入湯汁調成濃稠狀。

4 如果想吃熱的，這階段便可直接盛盤。如果想吃冰涼的，靜置冷卻後，放冰箱冷藏約1小時。之後再取出盛盤，擺上細香蔥點綴即可。

重點☞ 菇類乾炒過後，可提引出美味。

白瓜炒米粉

白瓜的爽脆感
是最佳的陪襯

《時期：盛產之後》

材料[4人份]

白瓜……1條
綠・紅青椒……各1顆
蒜片……1片
薑片……3片
米粉……60g
麻油……2大匙
醬油・味醂……各1大匙
鹽……¼小匙
蔬菜高湯（p.23）或水……4大匙

1 白瓜縱切、去籽，橫切成薄片。青椒縱切成絲。米粉泡軟後，切成同樣的長度。

2 於平底鍋內倒入油，放入薑蒜爆香後，依序加入白瓜、青椒和米粉拌炒。

3 撒鹽，加入蔬菜高湯煮至水分收乾後，以醬油和味醂調味。起鍋前，轉大火一口氣拌炒均勻。

重點☞ 在蔬菜高湯煮至水分收乾的這段時間，蔬菜的香氣與美味就會滲入到米粉裡去。

鬚根的數量＝玉米粒的數量
這就是玉米的法則。

※鬚根即爲雌蕊。

玉米

［禾本科］

◎原產地

中美洲（？）※眾說紛紜

◎產季

7月～9月

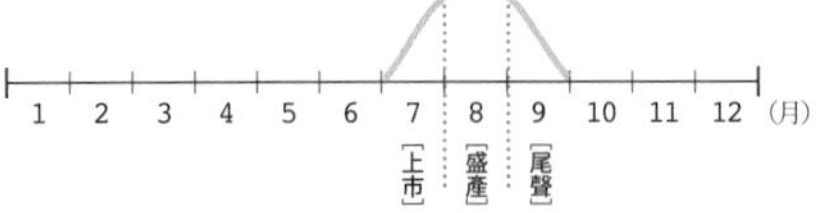

［上市］水嫩多汁，甜味清爽。

［尾聲］肉質緊緻，富彈性。甜味倍增。

◎日本主要產地

北海道

◎臺灣主要產季和產地

10月～5月

遍布全臺

只是燒烤、水煮，
實在太可惜了。要懂得善用
當季才吃得到的濃郁甜味。

鬚根與玉米粒
數量相同

有一種北海道特有的玉米，叫作「八列玉米」。一般的玉米，玉米粒的縱列通常都有十列～十五列，但「八列玉米」只有八列。也因爲如此，它的玉米粒較大，口感軟嫩彈牙，味道雖清淡，烤過後吃起來卻香氣四溢。然而，誠如它有個別名—「古早玉米」，如今早已退出主流，成爲甚至可說是夢幻逸品的稀有品種。說起來，玉米是古代人們很重要的蛋白質來源。若說玉米的宿命總是逃不過對收穫量與甜味的追求，而八列玉米的命運，也是被這番考量吞噬掉的吧。話說回來，在玉米鬚根與玉米粒之間，存有一條奇妙的法則。那就是鬚根的數量等同於玉米粒的數量。要是玉米的鬚根十分濃密，它的結實肯定也很緊密。

當季玉米，單只是烤或水煮，就很美味。不過，新鮮且強而有力的甜味，正是玉米在這時期的醍醐味，怎能不加以利用呢？譬如說，炒蔬菜時，只要加入少量玉米，風味就會變得更鮮甜醇厚；又或者是搗製成泥，使甜味濃縮其中，也可以做出上等的玉米泥與湯品。例如，p.191的「茄子玉米濃湯」，如果少了玉米的力量，就煮不出那般味道了。

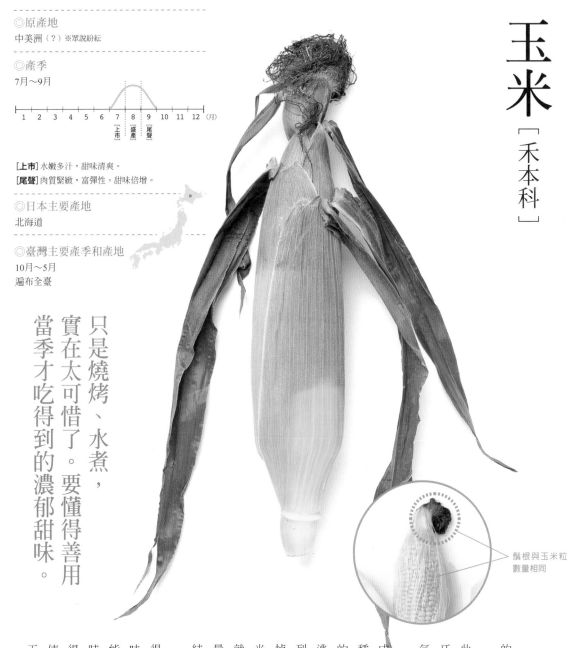

解體

切除鬚根，皮的部分，留下內側的薄皮

首先是解體

水煮前，先切除鬚根前端已枯萎的部分，並剝除外皮。外皮的部分，保留內側的2～3片。

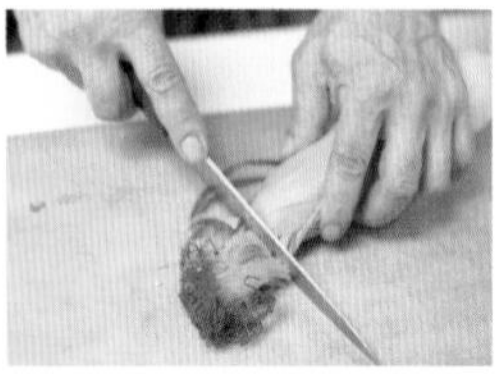

鬚根只須切除前端已枯萎的部分，年輕的部分可以留著。因爲鬚根不僅富有甜味，也具有利尿作用與降血壓的功效。

外皮往下拉扯，撕除。之所以要保留內側外皮，主要是因爲在水煮之際，可以避免玉米的美味流失。

保存

玉米一旦處於高溫環境，就會把糖分轉爲能量使用，導致甜度降低。所以說，玉米得一大清早採收並於當日就出貨，也是基於這個緣故。再者，玉米採收後，甜味便會逐漸流失，因此最好買回當天就食用完畢。若要保存，水煮完後馬上以保鮮膜包裹，放冰箱冷藏。

◎如何挑選◎

1 鬚根叢生，若完全枯乾並呈褐色，便是熟成的證明。

2 直至玉米頂部爲止，身形整體飽滿。

3 外皮呈淡綠色，紋路多且漂亮。

4 選擇體型大的，以及拿在手上感覺沉甸甸的。

烹調技術

冷水下鍋，慢慢煮至糖化。提引甜味。

基本烹調方式

1 水煮——連同外皮一起水煮，以免甜味流失。

2 生的——善用玉米粒的顆粒口感，而其甜味則可運用在調味料上。

水煮

連同內側外皮，一起冷水下鍋慢煮

買回當日就水煮。使澱粉質慢慢糖化，正是提引甜味的竅門所在。冷水下鍋，不要讓水煮滾，以水面略起波動的程度，煮15～20分鐘。連同內側外皮（連同鬚根）一起水煮，不僅不會流失風味，玉米也會變得更鮮甜多汁。水煮完後，外皮先不剝，就這樣靜置片刻，利用餘溫悶蒸。

《冷水下鍋水煮》

冷水下鍋，連同內側外皮一起煮約15分鐘。煮至外皮呈透明感後，便可撈起。

《冷卻》

置於竹篩上，先不剝皮，就這樣靜置冷卻。以餘溫燜蒸。

削下玉米粒

對切成兩半，以菜刀削下玉米粒

無論是生的還是水煮過的，都對切成兩半後立起，從玉米粒的部分，「唰」地一刀削到底。玉米芯可作爲蔬菜泥的食材。

從玉米粒與芯之間下刀，削下玉米粒。

芯的部分也富有甜味，可以用來做蔬菜泥。

加熱

要生的直接炒？還是水煮後再炒？

生的直接炒，能夠吃出清脆的口感。水煮後再炒，則可享受被提引出的甜味與軟嫩彈牙的口感。不過，若是與其他食材一起混炒，使用生的玉米粒，更能提引出玉米的甜味，與其他食材的味道融爲一體，增添濃郁風味。

提引出生玉米粒的甜味，作爲融合整體味道的橋梁。

蒸烤的玉米，鮮甜多汁

當季玉米單用烤的就很美味。重點在於，要直接烤生的。照片中的是玉米筍，保留數片外皮與鬚根，以平底鍋烘烤。如果再加水並蓋上鍋蓋蒸烤，不僅不會流失甜味，玉米也會變得更鮮嫩多汁。

單面烤至焦黃後，加水蓋上鍋蓋蒸烤。食用時，剝除外皮，連同鬚根一起享用。

烹調要訣

說到蔬菜泥的基本款，那就是玉米。利用甜味倍增的八月產玉米做成玉米泥冷凍保存，便能盡情享用好一段時間。製作的要訣就在於玉米芯。芯的纖維雖多，卻也是儲藏美味的寶庫。可以一起下鍋水煮，將儲藏在裡頭的風味全都提引出來。

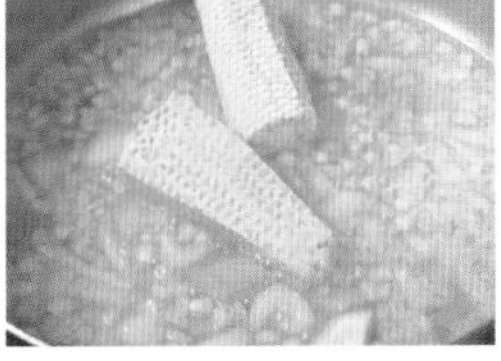

芯跟玉米粒一起下鍋水煮，充分利用它的甜味。玉米泥的作法請參閱p.204「玉米濃湯」之步驟1～4。

適合組合搭配的蔬菜

相對而言，玉米與任何一種蔬菜都很搭。例如，澱粉質含量多的蔬菜，或是口感類似的蔬菜

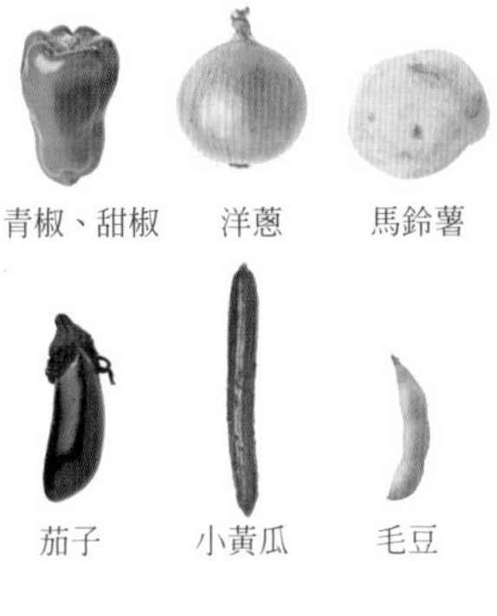

馬鈴薯　洋蔥　青椒、甜椒

毛豆　小黃瓜　茄子

當季蔬菜的新鮮美味，就從色、香、甜開始！

原味綜合蔬菜

《時期：上市～尾聲》

材料[3～4人份]
玉米（生）……2支
胡蘿蔔……½條
洋蔥……¼顆
青椒綠・紅……各1顆
絹豌豆……10片
橄欖油……1大匙
蔬菜高湯（p.23）或水……2大匙
鹽・胡椒……各1撮

1 削下生玉米的玉米粒。洋蔥、胡蘿蔔和青椒切成5mm的小丁。絹豌豆去筋絲，迅速汆燙。
2 於平底鍋內倒入橄欖油加熱，開中火拌炒洋蔥和胡蘿蔔。炒至食材整體呈油亮感後，加入玉米粒、青椒續炒。
3 接著，撒鹽，加入蔬菜高湯與絹豌豆，轉強火炒至水分收乾後，撒上胡椒即可。

重點☞ 要提引出玉米的甜味，就得充分炒熟。不過，一旦加入絹豌豆後，為了避免褪色，只要迅速拌炒一下就好。

不使用生奶油 僅靠玉米的力量做成的泥糊風味

玉米濃湯

《時期：上市～尾聲》

材料[4人份]
玉米（生）……1支
胡蘿蔔……20g
洋蔥……¼顆（60～70g）
芹菜（莖）……20g
大蒜……1瓣
蔬菜高湯（p.23）或水……3杯
橄欖油……適量
鹽……2撮

1 玉米削下玉米粒（芯也使用）。洋蔥、胡蘿蔔去皮後切成適當大小。芹菜去筋絲後也同樣切成適當大小。大蒜切成4等分。
2 於鍋內倒入橄欖油，放入大蒜爆香後，加入其餘蔬菜，炒至洋蔥呈透明感。
3 接著，加入蔬菜高湯，約煮15～20分鐘，直到玉米粒變軟為止。
4 連同煮汁一起以食物攪拌機或果汁機打成泥，並以鹽調味。
5 移至鍋內加熱，檢視濃稠度。水分若不足，可再適量加入蔬菜高湯做調整。

重點☞ 洋蔥一定要充分炒熟，不然會有菜腥味殘留。

內田流 13 column

夏季蔬菜的橄欖油醃漬

展現夏季蔬菜的魅力
——夏季蔬菜×親和性佳的油的世界

我所使用的橄欖油
(p.130)
「Castel di Lego」

蔬菜炒至略微焦黃後，加入香草，並均勻淋上橄欖油，這樣就成了一道簡單的料理，蔬菜的風味也會原原本本地呈現，如同投出直球般，直達我們的味蕾。無論是甜椒、秋葵還是玉米筍，無一不爭相展現自己獨特的味道。即便如此，它們之所以能和平共處、彼此不打架，全靠「油」的神奇魔法。利用油包覆蔬菜，守住各自的風味，也讓所有的味道融為一體。當然，油也保留了蔬菜顏色的鮮豔。絕大多數的夏季蔬菜都很適合以油烹調，因此大家可以試著挑選各種不同的蔬菜來組合搭配。完成的料理，若放冰箱冷藏，可以保存三~四日。不過，在此請容我提出一項請求：橄欖油，請盡可能使用品質較好的。因為油決定了蔬菜整體味道的呈現。

十種夏季蔬菜的橄欖油醃漬

材料

個人喜愛的數種蔬菜（萬願寺甜椒、秋葵、青椒、鴻喜菇、甜椒、蘘荷、玉米筍、夏南瓜、斑馬番茄、洋蔥等）、橄欖油……5大匙、百里香……適量、鹽．胡椒……適量

1 蔬菜分別做好事前處理，依個人喜好切成適當大小。
2 於平底鍋內加入2大匙橄欖油加熱，按蔬菜的軟硬度，從菇類開始，依序加入拌炒。炒到最後，再加入3大匙橄欖油和百里香，熄火。以少許鹽、胡椒調味。
3 移至方盤中靜置，數小時後便可享用。不過，如果繼續放到隔天，味道會更融合、更有深度。

大蒜的自由自在的世界

大蒜

［百合科］

新蒜

幕後功臣，在初夏的瞬間，送來了不一樣的味道

大蒜從以前就是珍貴品，人們視它爲強壯劑，甚至有時還會拿來當作除魔道具。在料理上，大蒜也是不可或缺的必需品，總是跟薑、洋蔥一起擺在廚房裡用於料理的提味。不論如何，大蒜的香氣與辣味都十分獨特，是超級個性派分子；然而，很不可思議地，它卻與任何一種蔬菜都很對味。當你覺得調味似乎哪裡還差一味時，只要加入一瓣大蒜，風味就會更加緊緻，富有安定感。所以說，大蒜眞不愧是幕後功臣啊！另一方面，初夏上市的新蒜，則展現出了不同的風情。例如，整瓣新蒜油炸，只要以低溫慢慢油炸，它就會像栗子般鬆軟甘甜。如果再進一步搗碎，放一點在青魚上，那美味可眞教人難以言喻。因此，我很希望大家也可以試著挑戰，那唯有在產季中才能享受得到的大蒜吃法。

處理大蒜之際，最需要留意的，就是加熱方式。突然以高溫油炒，或是炸得半生不熟，都無法消除辣味，只會留下腥臭味。如此一來，對胃也是一種負擔。以低溫慢慢而確實地加熱，這才是「大蒜規則」。

◎原產地

中亞

◎產季

6月～9月

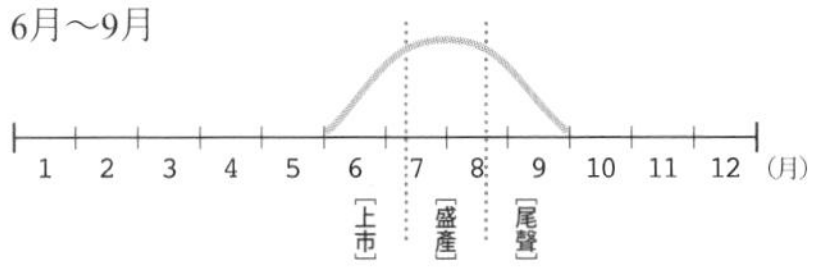

新蒜：特徵爲水分多，香氣與味道均清淡，且口感清脆。容易碰傷，不易保存。做成醬油漬、醋漬，或研磨成泥做成佐料等，都能凸顯其水潤多汁、清新爽口的風味。

※當季出產上市的大蒜，是生的新蒜。因爲生的大蒜不易保存，所以採收後，會先存放一段時間使其乾燥後才上市。這便是一整年在市面上都可看到的大蒜。

◎日本主要產地

青森、四國全區

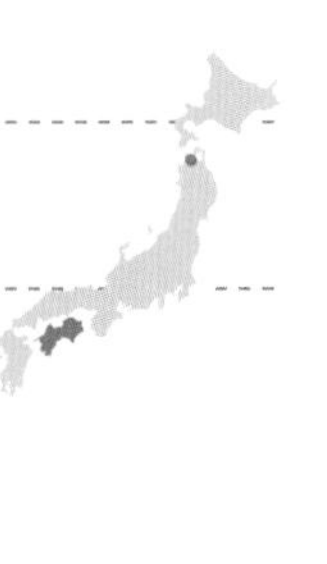

◎臺灣主要產季和產地

11月～4月

雲林、臺南、彰化

解體

是整顆使用？還是切片使用？要縱切？還是要橫切？辣味與甜味的表現，全取決於切法的選擇。

《對切》

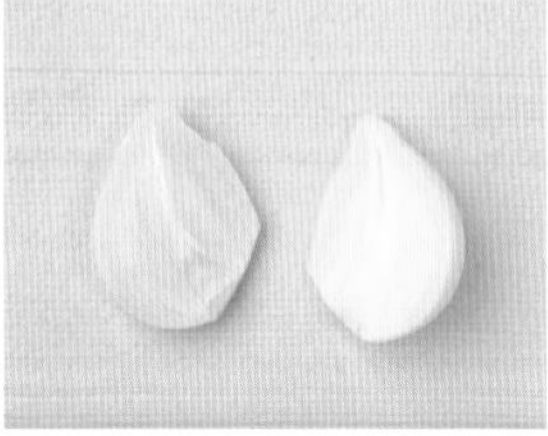

縱切成兩半。用於中華風炒食或馬鈴薯燉肉等滷菜，以增添香氣與提味。當你不想花時間，卻想完整提引出料理的風味時，對半縱切的大蒜就可以派上用場。

《整瓣使用》

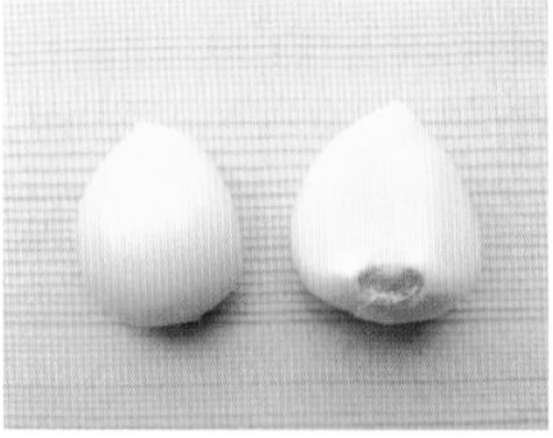

除了可以或炸或烤食用外，也可以作爲湯品的濃縮高湯。整瓣使用能抑制辣味，提引出柔和圓潤的風味。另外，也適合做成醬油漬或味噌漬。

首先是解體

分成小瓣後剝皮。從整瓣使用到切末，依個人希望大蒜有何等發揮的需要，調整切法。切得越細，由於纖維被切斷，酵素更容易釋出，辣味也越強。

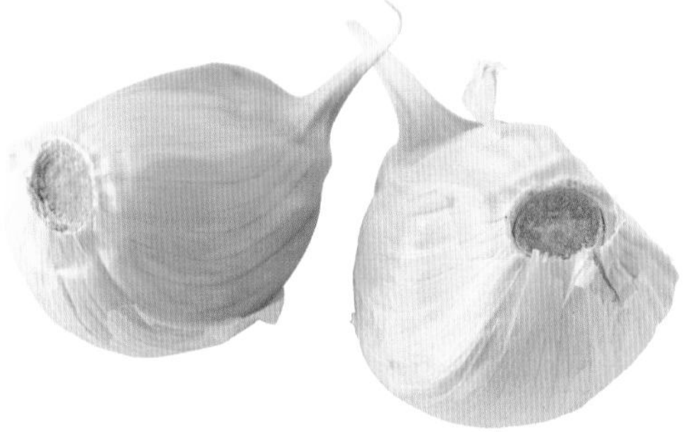

《橫切圓片》

橫切圓片，切斷纖維。由於蒜芯容易釋出嗆味，所以要挖除。比起縱切，香味與辣味都倍增，口感也佳。炸成蒜酥片，可以作爲沙拉或牛排的配料。

《縱切薄片》

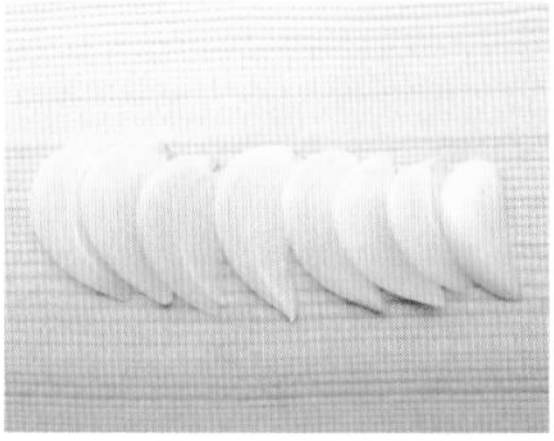

順著纖維縱切。可用來增添炒蔬菜與義大利麵的香氣，或是作爲沾醬的素材、炙烤鰹魚的佐料。

《研磨成泥》

最適合用來增添辣味，但大蒜的品質若不好，就會有嗆味產生。可作爲沾醬的素材或佐料。

《切末》

因爲纖維被切碎，香氣十分強烈。適合作爲義大利麵、炒食或沾醬的素材。

◎如何挑選◎

1 有重量感，外皮完全乾燥。

2 身形飽滿、腰部結實。

3 從正上方看起來，輪廓接近圓形，莖軸置中。

保存

大蒜討厭濕氣，所以只要放在通風良好處，便能保存數個月。如果能裝進網袋吊起來，更爲理想。蒜芽一旦長出，就得盡快使用完畢。

烹調技術

大蒜的魅力無窮。按使用需求，來調整切法與加熱方式。

基本烹調方式

1 按使用目的不同，如增添香氣·風味、去腥或作為佐料等，調整切法與加熱方式。

2 整瓣使用，可以增添風味與甜味。

3 切得越細，酵素越容易產生作用，使香氣與辣味增強。

事前處理——去芯

首先，去蒜芯

中間的蒜芯不僅具有強烈的苦味與嗆味，也容易焦掉，所以要先剔除。

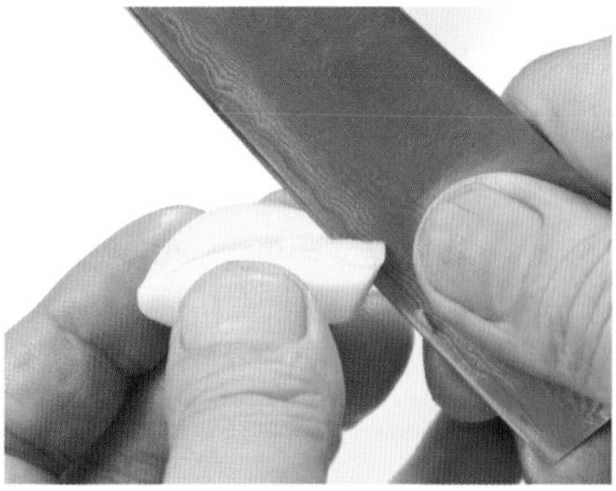

蒜瓣對切，從芯的邊端以菜刀劃入切口。

以刀尖挖除蒜芯。

切法

使用鋒利的菜刀刀尖

菜刀不夠鋒利，會傷及纖維，容易產生嗆味。挑選一把鋒利的菜刀，靈活運用刀尖分切。

《切末》

在步驟3（下方照片）的階段，劃刀要劃得細且平均，加熱時才不會受熱不均。尤其在用來增添油的香氣時，碎末若切得不平均，小碎末容易煎焦，大碎末卻又半生不熟，便會破壞香氣的呈現。

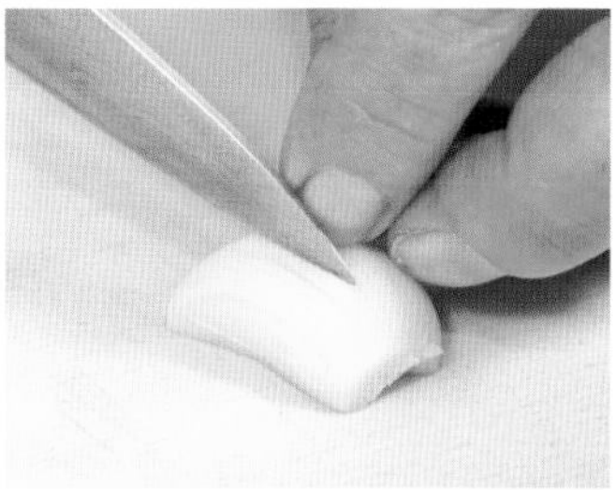

1 留下邊端部分，以刀尖縱向細劃出切口。

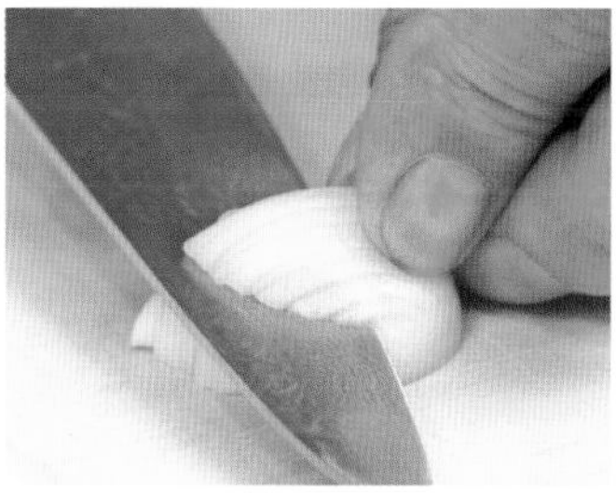

2 將菜刀平擺，與砧板平行，橫向劃刀。

3 劃刀盡量劃細，增加切口數量。

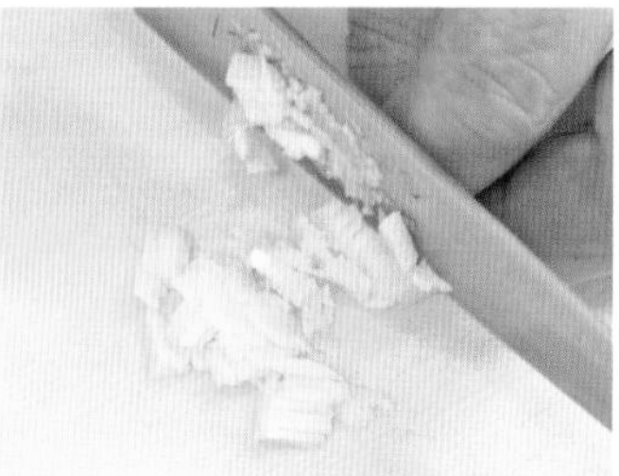

4 從邊端以相同的節奏切起，大蒜就不會整個散掉。

《切薄片》

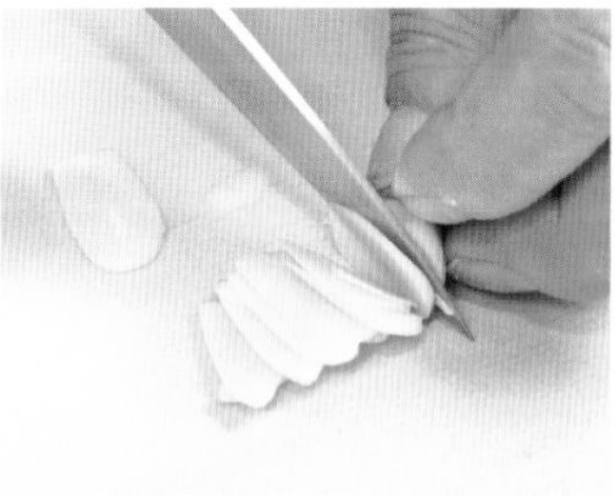

蒜瓣對切去芯後，順著纖維拉切成薄片。薄片厚度可按料理所需來調整。

烹調要訣

按藥效的強度，可運用於各種場面。其中，最大眾化的用法，便是作爲調味料。大家若能熟記以下五種用法，使用大蒜就更爲方便。

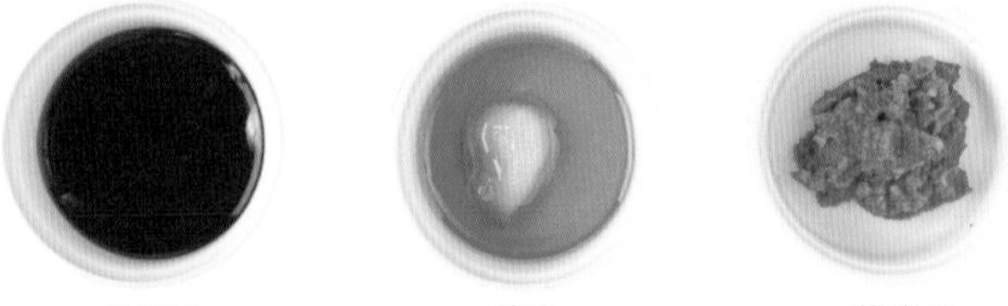

蒜醬油　蒜油　蒜味噌

只要將大蒜加入個人喜好的調味料裡，就能使調味料有更多的變化，擴大在料理上的使用範圍。

《基本1・2》

1 增添油的香氣

以小火慢煎，轉移香氣

讓油增添大蒜的香氣，可多方面運用，如用來炒蔬菜，或做成義大利麵醬汁等。重點在於，要以小火慢慢煎炒。大蒜煎焦會有苦味，沒煎熟則無法消除辣味成分，造成嗆味殘留。

大蒜和油先下鍋後再開火。若是熱鍋後才加入，大蒜很容易焦掉。

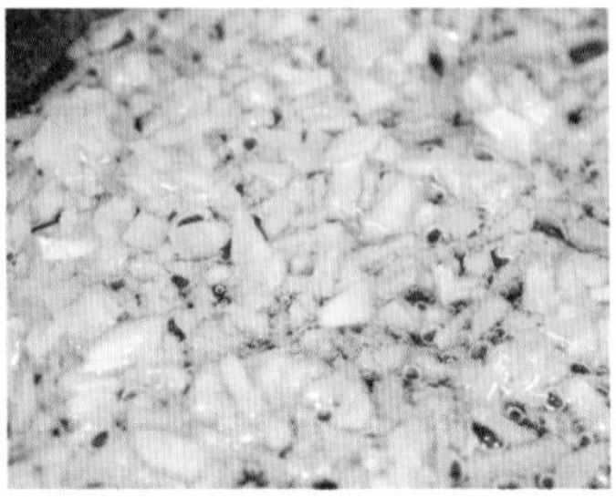

煎至油面略微起泡，大蒜呈透明狀、不再有生澀味即可。

2 濃縮高湯

將辣味變成美味精華

大蒜加熱後，辣味就會轉變成甜味與美味精華。是製作蔬菜高湯（p. 23）與雞骨高湯不可或缺的素材。整瓣下鍋煮，風味更十足。

大蒜整瓣冷水下鍋，慢火細煮出美味精華。

《基本3・4・5》

3 蒜醬油

只要混合大蒜與醬油就好

只要在已消毒殺菌過的瓶罐裡，放入大蒜、倒入醬油即可。事先滴一滴酒，便能達到殺菌的效果。適合用來炒菜、滷煮、炒飯、作爲烤肉沾醬或煎魚等。

裝入保存瓶，放冰箱冷藏。只要補充醬油，便能用上1年。

大蒜可整瓣使用或切薄片使用。醬油若變少就再補充。大蒜只要一直浸泡在醬油裡就好。

《建議用量：醬油1杯、蒜片3瓣分量、酒1小匙、鹽1撮》

適合組合搭配的蔬菜

百合科、繖形花科、豆科，以及有特殊香氣或口感的蔬菜

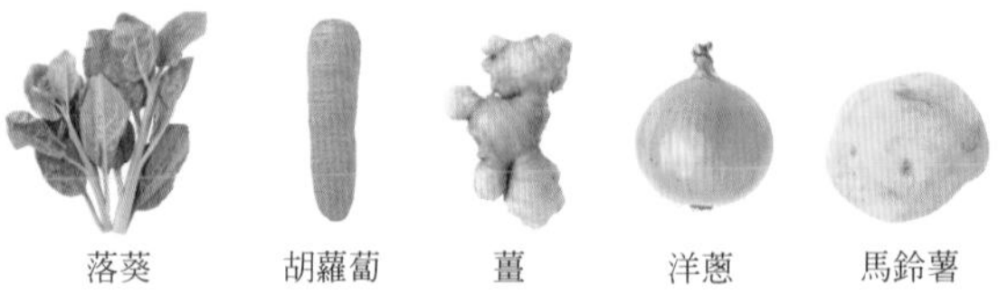

馬鈴薯　洋蔥　薑　胡蘿蔔　落葵

4 炸蒜頭＋蒜油

做一次工，享有兩種美味的大蒜調味料

對義大利料理或中華料理而言，蒜油是不可或缺的。做一次保存起來，要使用就很方便。而整瓣下鍋油炸的蒜頭，不僅可以作爲美味的解膩小菜；搗碎做成沾料，也很好用。

《建議用量：橄欖油2杯、大蒜6個》

《油炸》

大蒜剝皮，整瓣使用。倒入約略蓋過蒜頭的橄欖油，以小火慢慢炸出香味。炸至蒜頭表面呈焦黃色，並以牙籤刺得穿後便可熄火。

《炸蒜頭》

油炸過的蒜頭就像栗子般鬆軟甘甜，最適合拿來做下酒菜。

《蒜泥》

將剛炸好的蒜頭搗碎做成沾料，以鹽和胡椒等調味。少有蒜臭味的柔和圓潤風味，是最好的陪襯。可用於青椒、秋葵等炒蔬菜，或是烤魚料理上。（用法參閱p.212）

《蒜油》

於保存瓶裡，投入1～2個生大蒜。可以用來炒菜或稍微增添一點風味。因爲容易氧化，所以要放在陰涼處。約可保存1個月。

5 蒜味噌

輕鬆做香氣味噌

只要在平時所吃的味噌裡加入大蒜，就能使味噌大變身，用於燒烤、炒食或味噌滷煮等烹調上。若搭配剛煮熟的馬鈴薯一起食用，簡直就是人間美味。

《建議用量：味噌２００g、蒜末２大匙、酒３大匙，另可依個人喜好，加入砂糖或味醂等》

1 於鍋內倒入味噌和1大匙酒。開小火，以木製鍋鏟一面翻攪，一面炒至略成焦黃。

2 加入2大匙酒，熬煮至味噌香氣溢出後，加入大蒜。

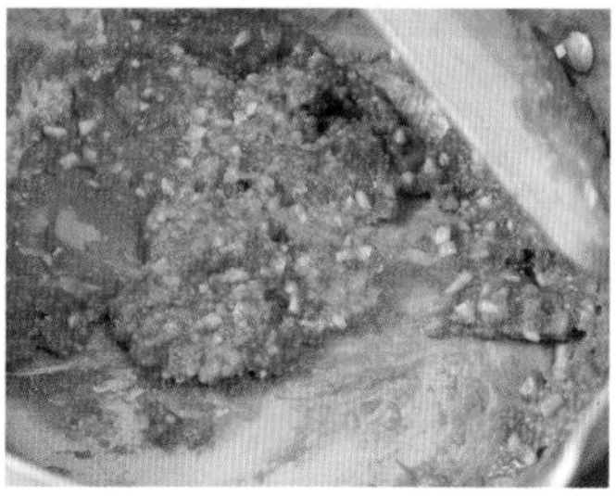

3 繼續翻攪，炒至蒜香溢出爲止。接著，可依個人喜好，加入砂糖或味醂調味。

4 起鍋前，沿著鍋邊淋上少許的水，刮落沾附在鍋邊的味噌。

裝入保存瓶，放冰箱冷藏。請於1個月內使用完畢。

簡單的料理

大蒜豆芽湯

滿滿的大蒜風味。
用來消除夏日疲勞再恰當不過

材料［3～4人份］
豆芽……1包
大蒜……3大個
高湯
乾香菇高湯（p.21）……250cc
昆布高湯（p.21）……100cc
水……150cc
麻油……1小匙強
醬油……1大匙
鹽……2撮
香菜……適量

1 豆芽摘除根部，大蒜縱切薄片。
2 於鍋內倒入麻油加熱，放入豆芽拌炒，炒乾水分。
3 加入高湯、水和蒜片，煮上片刻，去除澀味。
4 待有香氣溢出後，以醬油和鹽調味。最後滴上一滴麻油，便可熄火。
5 盛盤，擺上香菜點綴。

重點☞ 豆芽要炒到收乾水分、變得軟爛。

香煎萬願寺甜椒佐蒜泥

配上蒜泥
提升香煎蔬菜的力量

材料［4人份］
萬願寺甜椒……4條
沙拉油……1大匙
蔬菜高湯（p.23）或水……3大匙
蒜沾料
蒜沾料（p.211）……4個分量
鹽1撮
蔬菜高湯（p.23）
或昆布高湯（p.21）……3大匙

1 萬願寺甜椒縱切。蒂頭留下，去籽。
2 於平底鍋內倒入油加熱，放入萬願寺甜椒，從外皮開始煎起。煎至略呈焦黃後翻面，加入蔬菜高湯，轉大火煮至水分收乾，熄火。
3 蒜沾料以鹽和蔬菜高湯調味。
4 盛盤，佐3的蒜沾料即可享用。

重點☞ 保留萬願寺甜椒的口感與青澀味，搭配蒜沾料食用最對味。

蔬菜的世界 column

蔬菜的記憶

——蔬菜的原種與誕生地的故事

這圓滾滾的綠色蔬菜，大家知道它是什麼嗎？其實是番茄喔！它被稱作斑馬種，是最接近原種的番茄。現代的斑馬種番茄，直徑約為四～五公分；不過，在很久很久以前，生長於安地斯山脈西側斜面的原種番茄，似乎只有拇指般大，而且外皮上還長滿了絨毛。我之所以會說「似乎」，當然是因為我自己並沒有親眼看過。話雖如此，如果從斑馬種番茄的特性來看，我想最先採了原種番茄來吃的人，肯定會板起臉來吧。那味道很難說是甜味，不僅肉質老硬，甚至還有苦味殘留在舌頭上。然而，我是這麼想的——這頑強的味道正是延續生命而來的味道。對他們來說，果肉並不重要，能夠繁衍子孫的籽才重要。人類所重視的甜味之類什麼的，與它們一點關係也沒有。

但野生番茄為了延續生命而獨有的味道，很諷刺的，卻是藉由果肉增厚與甜味的增加，才得以在時代的演進中存活下來。因為人類開始栽培番茄，到了今天，番茄雖然有紅、黃、橘等各式各樣的顏色，但它們果真能完全依照我們人類所希望的，被栽種出來嗎？當然不可能。若沒有配合其生長環境，就算用再多的肥料與農藥也無濟於事。即便還有品種改良這種方法，也不可能從頭創造出全新的品種。看來，番茄果然還是以自身的生命力存活下來的。傳承於祖先，有關安地斯山既乾燥又冷冽的空氣，如今，這份記憶就深藏在那圓滾的紅色果實裡。

另一方面，像這樣，蔬菜們在頑強保存自己誕生的記憶的同時，事實上也大大利用了人工栽培，才得以留下子孫。比如，高麗菜就是個好例子。以地中海沿岸為故鄉的野生種，從不結球的形態變成了今日的結球形態。甚至在不同的系統下，更是誕生了如花椰菜與青花菜等，這類有花蕊的品種。而現在，早已有數也數不盡的高麗菜夥伴，遍布全世界。

看著這些因地域性的分化，而獲得適合在當地生長之特性，並獨自完成進化的蔬菜們，我肅然起敬，想對它們說句：「你們實在太了不起了！」

加水後，
就會變得如此濃稠。
完熟酪梨醬，
做起來，其實出乎意料之外的簡單。

酪梨

［樟科］

原產於熱帶的「森林奶油」，與豆類和馬鈴薯都很對味。

酪梨，一般被歸類成水果，富有甚至被喻為「森林奶油」的黏稠醇郁風味。當然，切塊直接食用，便已十分美味。不過，如同西式壽司捲的加州捲那般，被當成蔬菜來使用的酪梨，反倒更受歡迎。

就連我自己，一進入盛夏，也會想把酪梨用在料理烹調上。即便是一整年都買得到的墨西哥產進口酪梨，到了與其原產國氣候相當接近的這個時期，追熟度也會倍增。不知為何，這原產於南國的果實，竟會與日本的山葵醬如此對味。將酪梨削成如生魚片般的薄片，稍微沾一點山葵醬油食用，便可堪稱是絕品美味。如果想再擴大酪梨的使用法，那就搗碎過濾吧！只要有一只調理碗，在短短的15分鐘內，就能做出美味的酪梨醬泥。我想，再也沒有哪種醬泥的作法會像酪梨醬泥如此簡單、便利了吧？於製作途中加水，是我個人獨到的作法。按加水比例的不同，酪梨泥既可變身成柔滑順口的醬泥，也可化身為濃醇豐厚的沾醬。利用酪梨醬泥，配上豆類、馬鈴薯、黃麻菜或洛葵等同樣原產於南國的蔬菜，最後只要再撒點鹽，就是一道可以帶給人活力、風味與營養都滿點的夏季料理。

◎原產地

熱帶美洲

◎產季

7月～9月

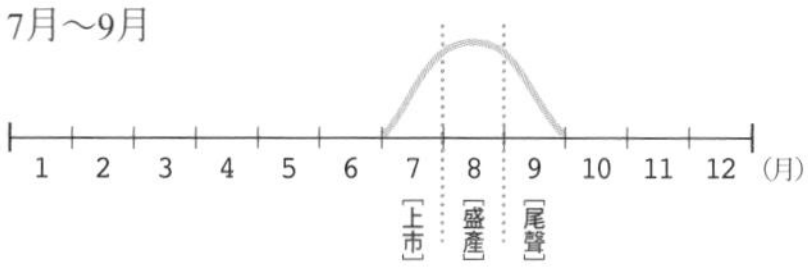

[未熟] 果皮硬、呈綠色。

[完熟] 果皮變成接近黑色的墨綠色，表面濕潤且富彈性。

◎日本主要產地

在日本找不到適合酪梨生長的環境，栽培困難。主要都是從墨西哥進口

◎臺灣主要產季和產地

6月～12月

嘉南平原、高雄、屏東、臺東

烹調技術

切開，搗碎，過濾。這就是製作醬泥的3步驟。

基本烹調方式

1 搗碎，做成沾醬、醬泥或湯品。

2 搗碎時，可加水調整濃稠度。

取出籽

劃一道切口。以雙手扭轉，扳成兩半

酪梨完全熟成後，籽便很容易取出。只要劃一道切口，以雙手扭轉，就能擰斷果肉，將酪梨漂亮地扳成兩半。至於籽的部分，則以刀刃底端挖除。

使用刀刃，從果柄處下刀，將酪梨縱向轉一圈，繞著酪梨劃出一道切口。

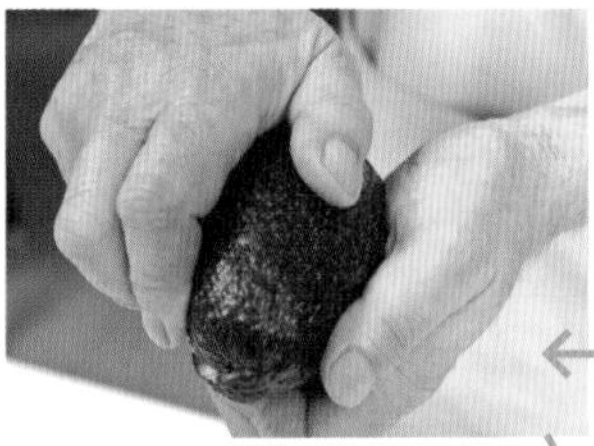

酪梨橫擺，以雙手扭轉。

只要如同在轉開瓶蓋般扭轉一圈，就能將酪梨漂亮地扳成兩半。

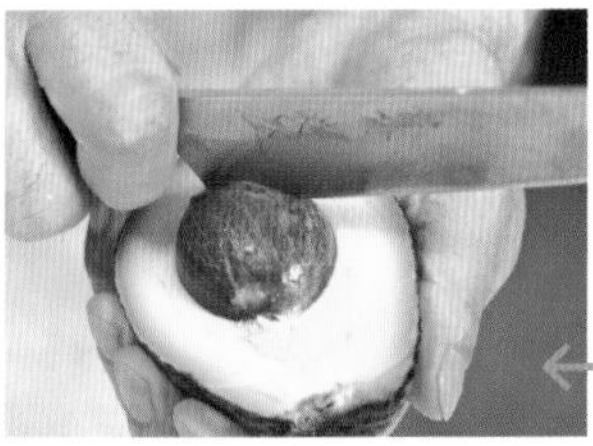

以刀刃底端「啪」地刺入酪梨籽，把籽挖出來。

保存

酪梨是具有追熟效果的果實。質地稍微硬一點的酪梨，只要置於常溫環境即可。不過，果肉變軟的完熟酪梨，最好於一～二日內食用完畢。因爲酪梨一過熟，果肉就會變黑且容易碎掉。

◎如何挑選◎

1 形體飽滿，左右對稱。

2 果皮的綠色若變得越接近紫黑色，就表示越接近完全熟成。

3 果皮富彈性，整體濕潤。

剝皮

切好後，淋上檸檬汁，防止氧化

當消除外皮，從果肉一接觸到空氣的瞬間起，酪梨就會開始褪色。可使用檸檬汁液來防止褪色。

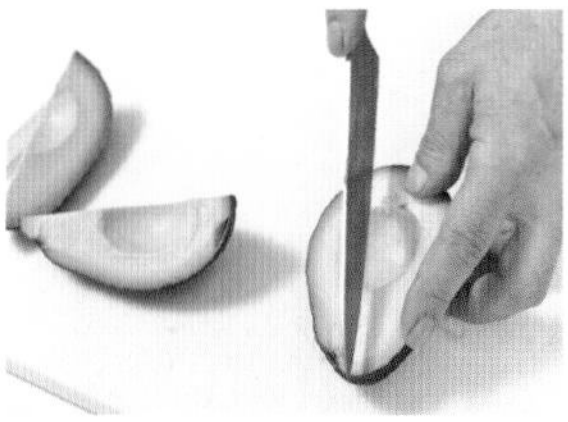

已扳成兩半的酪梨再對半縱切。

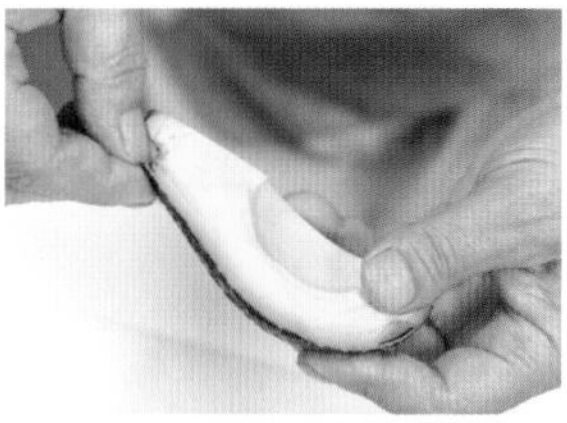

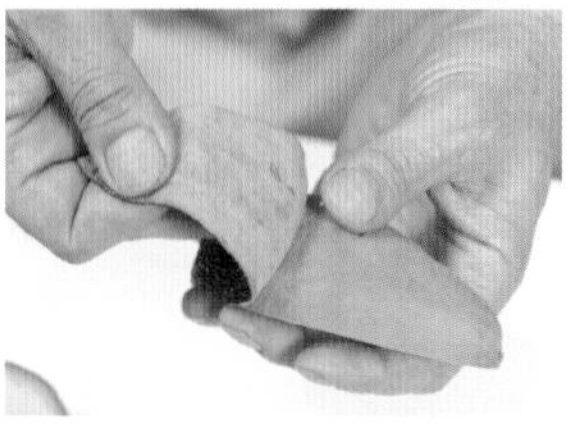

完熟的酪梨，外皮以手便能輕易剝除。

由於果肉一接觸到空氣就會開始褪色，所以要事先淋上檸檬汁液。另外，把籽跟果肉放在一起，也具有防止果肉變色的效果。

製作醬泥

斟酌水量，調整醬泥的濃稠度

酪梨因富脂肪成分、纖維較細，具有獨特的黏糊口感。將酪梨的果肉放進研缽或調理碗搗碎，然後再加水攪拌，就會乳化成如同優格般的泥糊狀。利用水量來調整酪梨泥的濃稠度，便可做成沾醬、醬泥與湯品。

酪梨切塊後放入研缽整個搗碎，直至看不出形體。

待酪梨泥整體攪拌出黏糊感後，斟酌加入水，調出必要的濃稠度。

以湯匙充分拌勻。直到這個階段，才以鹽、胡椒等調味。

以網眼較小的濾網過濾，讓質地變得更柔滑。

烹調要訣

酪梨完全熟成後，無論直接食用，還是做成湯品都很美味。然而，質地還有點硬的酪梨又該怎麼處理呢？就用炒的！倒入略多的油慢慢炒，酪梨的纖維就會變得鬆軟。由於風味稍嫌不足，建議大家可用辛香料調味。另外，還有一樣，這是我的底牌。如果大家手邊有百香果，可試著加入百香果汁液、鹽和橄欖油與酪梨拌勻。這樣，就能做出一道最上等的高級點心。

適合組合搭配的蔬菜

含有澱粉質的蔬菜，生長於熱帶的蔬菜

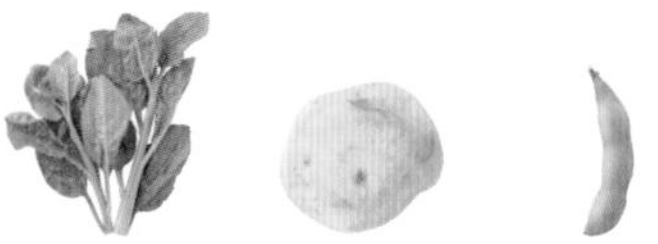

落葵　馬鈴薯　毛豆

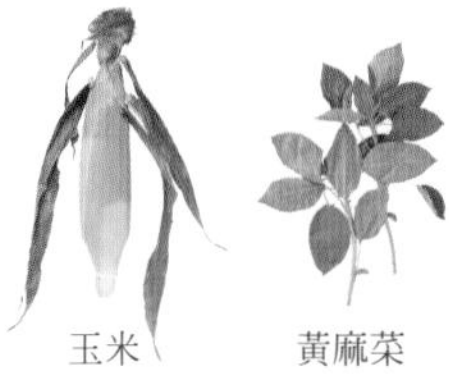

玉米　黃麻菜

酪梨毛豆沙拉

融合了相異的個性，
極富個性的解膩小菜

材料［4人份］
酪梨……1顆
洋蔥（小）……1顆
毛豆（已水煮去莢）……200g
鹽……2小匙強
橄欖油……1大匙
醋……1大匙
檸檬……少許

1 酪梨劃刀去籽，剝皮後切成容易食用的丁塊，淋上檸檬汁。毛豆剝除薄皮。
2 洋蔥切末，撒上2小匙鹽，充分搓揉至整體變軟後，以清水沖洗，擰乾水氣，加入2撮鹽（另備），並拌入橄欖油。
3 將毛豆與洋蔥放入調理碗內拌勻，然後加入酪梨略微混拌。最後以1撮鹽（另備）和醋調味即可。

重點☞ 洋蔥要充分搓揉，才不會有嗆味殘留。搓揉後，以清水沖洗。

清炸甜椒佐酪梨醬泥

色彩鮮豔的組合。
以濃郁醇厚的醬泥來襯托

材料［4人份］
甜椒黃．紅．綠……各½顆
沙拉油……適量
鹽……1撮
橄欖油……適量
酪梨醬泥
酪梨……1顆
芝麻醬……2小匙
鹽……2撮
醬油……1滴
胡椒……1撮
水……⅓杯強
白酒醋（醋）……1小匙

1 甜椒縱切成4等分，以沙拉油清炸。撒鹽，並均勻淋上橄欖油。
2 製作酪梨醬泥。酪梨劃刀去籽，剝皮後切成滾刀切備用。於研缽或調理碗內，倒入芝麻醬和1大匙水（另備）和勻，加入1撮鹽、醬油和胡椒混拌。接著，放入酪梨，整個搗碎至看不出形體，並加水充分拌勻。再以濾網過濾至另一個調理碗，加入1撮鹽和白酒醋混拌。

3 盤子上先鋪一層酪梨醬泥，然後再擺上甜椒即可。

重點☞ 檢視酪梨泥的黏糊感，斟酌加水調整濃稠度。

column

季節與身體，以及心

蔬菜店店長第30年的想法

2011

春天。在逐漸泛白的天際，行進在早晨送貨的路途中，我突然很想呼吸新鮮空氣，於是便下了車。正當我不經意地抬頭仰望種植於路旁的成排櫻樹時，就看到淡淡上了色的櫻枝。看到細枝直挺挺地往上伸展，而其前端則淡淡染上一抹粉紅。花蕾微微綻放，摺疊得好好的花冠，乍看之下好似暖意洋溢，卻又顯得涼意凜冽。東京的開花宣言，已是兩天前的事情。然而，今年與這個春天的重逢卻延遲了。由於察覺到自然界不尋常的現象，櫻樹似乎也已然做好準備。我如此想著。

御廚到了三月底，就會被從南部送上來、裝有春季蔬菜的紙箱塞滿。有油菜花、竹筍、水芹，以及款冬花莖。打開紙箱的瞬間，唯獨新芽蔬菜才有的鮮明強烈氣息，頓時充滿整間事務所。讓我不禁深切感受到：啊啊，看來春天又到了呢！溫度計顯示：氣溫11℃，濕度33%。雖然現在還是有點涼意，但沐浴在和煦的春陽下，心情也略顯蠢蠢欲動，令人想脫下上衣，玩起接球來。在東邊的天空下，橫列著深痛的傷口與哀戚。即便如此，今年，春天確實又再度到訪了我的身體。

這時期的伙食，有土當歸、蘆筍和竹筍料理。苦甘味刺激了身體，令毛孔打開，整個身體都緊繃起來。新芽蔬菜就是如此刺激人類的身體，使之活絡。而冬天積存在體內的老廢物質，就從張開的毛孔完全排出體外。這是生物鹼的功勞。即使稍微有點異常，吸收了戶外空氣的春日之身也逐漸被解放。而新芽蔬菜，正是這個推手。

夏天。在立夏的一個月後。溫度計顯示：氣溫22℃，濕度66%。我自豪地向夥伴們說道：「你們瞧瞧，正如我預料。」只不過，因為每年都是如此，所以也沒有人認真在聽。是的，的確如此。然而，每年夏天，總是會像這樣精準的計算好預定到來的時日，分毫不差地揭開序幕，不禁讓我覺得這正是大自然行事嚴謹的表現。只要最低氣溫若超過20℃，濕度超過50%，那就準是夏天沒錯。而蔬菜的世界，也將變換成不同的風貌。

就連御廚的置物架上，也堆滿開始進入盛產期的青椒，以及才剛上市、外皮尚薄的小黃瓜和茄子等蔬菜。今年，雖然東部的農地受到重創，不過夏天的蔬菜們仍舊平安無事地送達了。由於蔬菜們那看似光亮潤澤、精神飽滿的表情，引起了我們的食慾，因此我們也把它們做成伙食，大口大口地享用。有油炒，再加上沙拉和天婦羅。如此一來，燥熱的身體也降溫了。這麼說來，以前在海邊的露天攤販，也曾販賣過以竹筷串起的小黃瓜呢！就消暑而言，小黃瓜的水分最為強大。這全是因為有鉀這種成分的關係。真是好吃極了！雖說大多數的蔬菜，為了守護自己的身體，鉀似乎是不可或缺的；不過，我們也分沾到這一部分的好處。

無論如何，只要季節一到，蔬菜就會結果。而這果實竟然與我們的身體很奇妙地如此相稱。這就是季節的深度同步。若是如此，那我們食用當令的蔬菜，或許會成為一輩子的營養補給品也說不定吧？這是我最近突然想到的事。

[夏季的菜單]

著上有個性的色彩，如同在盤上繪圖

夏季蔬菜的魅力之一，就在於鮮豔的色彩。
看著那富有光澤且充滿力量的色調，
將純白的盤子輝映得美妙，
不禁興起了我的畫興。因此，夏天的菜單，
多半是我抱持著如同在設計般的心情所想到的。

色彩絢爛、涼感沁心的夏季前菜

夏季蔬菜凍

材料［4人份（15cmx10cm大小的模子1個）］

夏南瓜黃・綠……各½條
甜椒綠・紅……各½顆
玉米筍……2支
四季豆……4條
鹽……少許
洋菜液
蔬菜高湯（p.23）……350cc、洋菜粉……2g
葛粉……1大匙、鹽……適量
橄欖油……適量
紅醋醬
紅洋蔥……¼顆、續隨子……5g
白酒……1杯、橄欖油……1大匙
番茄（已汆燙剝皮）……1顆
紅寶石洋蔥……1顆
綜合香草
（時蘿、義大利芹菜、細葉芹、百里香等）
義大利香醋……適量

1 甜椒烘烤後剝皮，縱切薄片。黃色夏南瓜以橄欖油煎熟，綠色夏南瓜則縱切薄片後澆淋熱水。玉米筍汆燙後，對半縱切。四季豆汆燙。紅寶石洋蔥略微汆燙後，切取¼備用。香草部分，摘取葉片泡水後，以紙巾拭乾水氣。除了香草之外的其餘蔬菜，均撒上少許鹽。

2 於蔬菜高湯內加入洋菜粉與葛粉攪散，靜置片刻後開火加熱。爲避免結塊，以大火煮化的同時，必須以長筷不斷攪拌。煮至呈透明狀後熄火，連同鍋子一起泡水冷卻（小心別降溫過頭，不然會凝固）。加入2撮鹽調味。

3 製作紅醋醬。於小鍋內倒入橄欖油加熱，放入切末的紅寶石洋蔥炒香後，加入續隨子、白酒，以及切成5mm小丁的番茄（留一些做點綴用）煮開，冷卻。

4 **1**的蔬菜，配合模子的大小，適當分切、整形。

5 將切好的蔬菜塞入模子裡。一開始先鋪上綠色夏南瓜薄片，並且讓薄片邊端露出模子外（如以夏南瓜薄片包覆蔬菜整體般）；接著，依序塞入甜椒、黃色夏南瓜、玉米筍和四季豆。最後，以最先鋪上的夏南瓜薄片邊端，將蔬菜包捲起來。蔬菜塞入模子的同時，也要一面倒入洋菜液；待蔬菜包捲好後，表面同樣再淋上洋菜液，直至完全覆蓋。完成後，放冰箱冷藏約2小時。

6 從模子裡取出蔬菜凍，縱切成寬3cm的長方形，盛盤。以紅寶石洋蔥和番茄做點綴，佐香草、紅醋醬和義大利香醋。

酥炸秋葵佐秋葵醬

簡易秋葵沙拉

材料［4人份］

秋葵……10支
A
洋蔥（切末）……2大匙
青紫蘇（切絲）……1片分量
薑泥……1小匙
醬油……1小匙
鹽……1撮
麻油……1小匙
麵粉・太白粉……各適量
沙拉油……適量

1 秋葵做好前置作業（p.175）。從中取2支汆燙，橫切圓薄片。

2 將切好的秋葵圓片投入A的材料中拌勻。

3 混合等量的麵粉與太白粉，加水調成麵衣。剩下的8支秋葵裹上麵衣後，以熱至170℃的沙拉油炸熟。

4 將炸好的秋葵盛盤，再淋上**2**的醬料即可。

綿密而入口即化的絕品醬汁

茄子玉米醬斜管麵

材料［2人份］

茄子玉米醬（p.191）……300cc
斜管麵……160g
橄欖油……適量
洋蔥……⅙顆
大蒜……1瓣

1 於平底鍋內倒入橄欖油，放入切末的大蒜爆香後，加入縱切薄片的洋蔥翻炒。最後，加入水煮過的斜管麵略微混拌。

2 將茄子玉米醬加熱，淋在**1**的斜管麵上頭即可。

義式烤麵包佐同種的番茄涼拌

於義式烤麵包（法棍麵包切片，抹上大蒜及橄欖油後，以烤箱烤酥）上，添加同種的番茄涼拌（p.47）。

小黃瓜冷湯……p.157

築地御廚工作的一天

1:00

起床。生理時鐘早已設定好。

2:00

御廚工作人員全體集合。御廚的事務所裡，堆滿了從各地送來的一箱箱蔬菜。

2:30

清點預定今天送來的蔬菜是否有送達。今天的蔬菜種類共有150種。在鑑定蔬菜的同時，也一一做好處理。

4:00

我們也會去築地市場採購。

5:00

今天要去送貨的餐廳有60家。對照訂購單，揀選蔬菜裝箱。如有「本日沙拉用」或「法式香煎魚用」等。

6:30

將蔬菜搬上車，準備完畢。

7:00

收拾完堆積如山的紙箱後，稍微喘口氣，休息片刻。

8:00

出發送貨。由女性工作人員幫忙分裝個人宅配用的蔬菜BOX。

11:30

送貨回來。伙食的準備早已開始進行。在內田的指揮下，每個人都全神貫注投入烹調作業。

12:00

快樂的伙食時間。今天吃的是以自製番茄泥做成的燉雞肉。桌上擺滿季節蔬菜，這是御廚活力的來源。

13:00

工作告一個段落，大家都累了。這段時間，我會收集一些資料，或是做做行政工作。

15:30

大家辛苦了。明天也請多多指教，一起加油吧！

《蔬菜教室》

授課對象為希望對蔬菜有更多認識的人。每個月開課一次，採免費預約制。同時也開辦到全國各地去的蔬菜出差教室。

《個人宅配蔬菜BOX》

築地御廚是專以餐廳為對象的蔬果批發商。但基於有不少一般民衆紛紛表示：「我好想吃築地御廚的蔬菜喔！」因此，我們也準備了「蔬菜教室　內田嚴選蔬菜宅配組合」（¥3,150，運費另計）。以自然栽培的蔬菜為中心，每次都會挑選十數種當季蔬果，直接為您宅配到府。

《蔬菜教室》與《個人宅配BOX》相關的詳細資訊、申請辦法，請上公式網站http://www.yasaiyuku.com，或鍵入「內田悟　やさい塾」搜尋。

內田流「挑選重點」&「當季蔬菜與保存方法」快速對照表

☞影印下來，貼在容易看到的地方

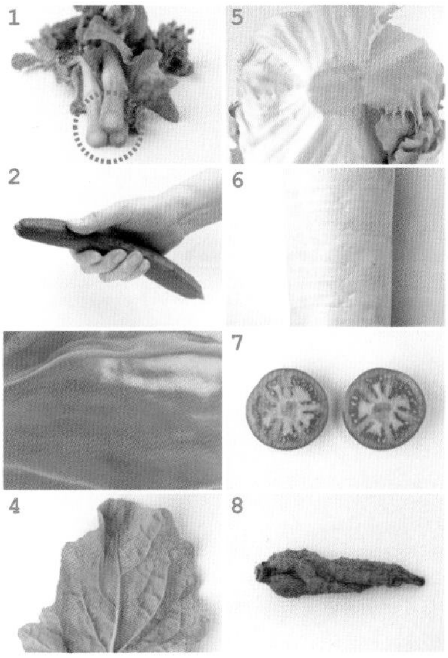

《內田流蔬菜挑選8要點》

1 【形狀】挑選圓形蔬菜（※）

2 【大小】不過大；但要挑選拿起來感覺沉甸甸的蔬菜

3 【顏色】挑選淡綠色的蔬菜

4 【均衡】挑選形狀或葉脈有左右對稱，且外形美觀的蔬菜

5 【莖軸】挑選胚軸小且置中的蔬菜

6 【鬚根】挑選鬚根痕跡筆直排列的蔬菜

7 【芽·子房室】繁衍下一代的生命力象徵
＝確認根、芽、子房室（有籽的房間）的數量

8 不要挑選腐爛的蔬菜，而是選枯乾的蔬菜

（※）健康生長的蔬菜，身上一定有個地方呈圓形。例如：莖稈的切口、從正上方看起來是圓形的番茄，或是從蒂頭處看到的小黃瓜頂部等。

《當季蔬菜與保存方法》

紅字為常溫保存；黑字為冷藏保存

春
油菜花
帶根山芹菜
番茄
水芹
竹筍
芹菜
土當歸
山菜
豆瓣菜
萵苣
蘆筍
蠶豆
款冬

夏
青椒
薑
四季豆
小黃瓜
夏南瓜
秋葵
大蒜
茄子
黃麻菜
瓜類
玉米
毛豆
酪梨

秋
蕈菇
山藥
馬鈴薯
茼蒿
青江菜
南瓜
蕪菁
胡蘿蔔
蓮藕
牛蒡
洋蔥
甘藷

冬
蘿蔔
芋頭
白菜
菠菜
青蔥
花椰菜
青花菜
小松菜
高麗菜
水菜

《保存方法》

[常溫保存] 以報紙等紙張包裹，置於通風陰涼處保存。（注）進入盛夏後，如果找不到恰當的保存場所，則以紙張確實包裹後，放冰箱冷藏。

[冷藏保存] 為防止水分流失，以報紙等紙張包裹後，放進冰箱「蔬果室」。

1 從包裝中取出蔬菜。悶在塑膠袋裡的蔬菜總算可以喘口氣。

2 以報紙等紙張包裹，避免蔬菜接觸到空氣。

3 利用噴霧器補充濕氣後，放進冰箱「蔬果室」。

4 如番茄等具追熟效果的蔬菜或夏季蔬菜，則常溫保存。

非虛構007

內田悟的蔬菜教室：當季蔬菜料理完全指南　保存版

春　夏

內田悟のやさい塾：旬野菜の調理技のすべて 保存版 春夏

料理……………內田 悟［助理：宍倉淳子、山田絵里子］
食譜協助………宍倉淳子
攝影……………平瀨 拓
版面設計………飯塚文子
編輯．撰稿……鵜養葉子
企劃……………三好洋子（三好洋子事務所）
攝影協助………Kai House

因為閱讀，我們放膽作夢，恣意飛翔—— 成立於2012年8月15日。不設限地引進世界各國的作品，分為「虛構」和「非虛構」兩系列。在看書成了非必要奢侈品，文學小說式微的年代，愛米粒堅持出版好看的故事，讓世界多一點想像力，多一點希望。來自美國、英國、加拿大、澳洲、法國、義大利、墨西哥和日本等國家虛構與非虛構故事，陸續登場。

作者：內田悟｜譯者：林仁惠｜出版者：愛米粒出版有限公司｜地址：台北市10445中山北路二段26巷2號2樓｜編輯部專線：（02）25622159 ｜傳眞：（02）25818761｜【如果您對本書或本出版公司有任何意見，歡迎來電】｜總編輯：莊靜君｜編輯：鄭智妮｜企劃：林圃君｜校對：陳佩伶｜印刷：上好印刷股份有限公司 ｜電話：（04）23150280｜初版：二〇一四年（民103）二月十日 ｜定價：430元｜總 經 銷：知己圖書股份有限公司 郵政劃撥：15060393｜（台北公司）台北市106辛亥路一段30號9樓｜電話：（02）23672044／23672047｜傳眞：（02）23635741｜（台中公司）台中市407工業30路1號｜電話：（04）23595819｜傳眞：（04）23595493｜國際書碼：978-986-899-507-9｜CIP：102024827｜